U0189829

主　编　李巍然
副主编　宋文红　马勇　季岸先　邹卫宁

海洋教育新进展

—2011年海洋教育国际研讨会论文集

中国海洋大学出版社
·青岛·

吴德星校长致欢迎辞

李华军副校长主持大会

冯士筰院士参加会议

英国学者Chris Frid作报告

苗振清教授作报告

江文胜教授作报告

加拿大学者
Serge Demers作报告

美国学者Piers Chapman作报告

日本学者Kazuhiro Kogure作报告

与会专家聆听报告

序　言

　　2011 年 10 月 23 日至 10 月 25 日，由国家海洋局、国家教育部主办，中国海洋大学承办的"2011 年海洋教育国际研讨会"在黄海之滨的青岛成功举行。来自日本、美国、英国、加拿大、韩国、新西兰等国家海洋教育方面的专家学者，会同中国海洋大学、上海海洋大学、广东海洋大学、大连海洋大学、浙江海洋学院等涉海高校，厦门大学、南京大学、河海大学、中国地质大学（武汉）等设有海洋类学科专业的高校，以及部分职业教育和基础教育界的代表，共同探讨中外海洋教育的改革与发展这个重大主题。与此同时，我们还邀请了清华大学、上海交通大学、北京师范大学、中国传媒大学等学校高等教育学方面的专家学者，围绕"大学改革与发展：特色、综合与国际化"这个议题，展开了交流讨论。从与会代表的论文中选取了 38 篇论文结集出版，这是我国大陆海洋教育研究领域的第一本论文集，将对推动海洋教育的学术研究，促进海洋教育事业发展等方面，产生重要的现实意义与理论价值。

　　众所周知，海洋是人类具有广阔开发前景的生存空间，海洋事业是实现当今繁荣和决定未来发展的伟大事业。纵观世界强国的崛起，无一不始于海洋。伟大的德国哲学家黑格尔在《历史哲学》中曾这样热情洋溢地盛赞大海以及它孕育的人类禀性："大海给了我们茫茫无定、浩浩无际和渺渺无限的观念；人类在大海的无限里感到他自己底无限的时候，他们就被激起了勇气，要去超越那有限的一切……平凡的土地、平凡的平原流域把人类束缚在土壤上，把他卷入无穷的依赖性里边，但是大海却挟着人类超越了那些思想和行动的有限的圈子……他便是这样从一片巩固的陆地上，移到一片不稳的海面上，随身带着他那人造的地盘，船——这个海上的天鹅，它以敏捷而巧妙的动作，破浪而前，凌波以行。"

　　21 世纪，已经成为海洋的世纪。研究表明，约占地球表面积 70％的海洋，在生态平衡、全球碳循环与能量传递以及气候变迁等问题上，都扮演着十分关键的角色。再就是，海上通道，为交通运输提供了便捷的路线与空间。而且，海洋蕴藏着丰富的生物及非生物资源。这些使得世界各国越来越重视对海洋的认识、开发、利用和保护。由此,世界各国围绕海洋资源、海洋权益等方面的竞争与争夺,甚至争端,日趋激烈。古希腊雅典将军地米斯托克利曾发出这样的警世之言:"谁控制了海洋,谁就控制了一切。"西方列强的强大,靠的就是控制浩淼无边的海洋,而中国的失败正是从海上开始的。鸦片战争,甲午海战,换来的一个又一个丧权辱国的条约,泱泱大国从此一蹶不振。惨痛的历史与现实拷问着中华民族的灵魂,中国人开始重新认识海洋,进而重新认识世界。近代大思想家梁启超在《地理与文明之关系》中,唱出了中国人的海洋之歌:"海也者,能发人进取之雄心也。陆居者以怀土之故,而种种之系累生焉。试一观海,忽觉超然万累之表,而行为思想,皆得无限自由。"中国作为一个拥有约300万平方公里海洋国土和1.8万公里海岸线的海洋大国,要实现中华民族的伟大复兴,亟需建设海洋强国。

我们应该清醒地认识到,世界海洋领域的竞争,归根结底是科技的竞争,是人才的竞争。然而,海洋科技的发展、海洋人才的培养,都有赖于海洋教育事业的蓬勃发展。目前,海洋事业、海洋科教事业,已经上升到国家战略的层面,提出了建设海洋强国的伟大构想。中国海洋大学建校近90年,秉承"海纳百川,取则行远"的校训,践行"崇尚学术、谋海济国"的价值取向,以引领海洋教育为己任,推动海洋科学与技术发展,现已发展成为以海洋和水产科学为显著特色,汇融理、工、农(水产)、医(药)、经济、管理、文、法、教育和历史等学科门类的国家"985工程"和"211工程"重点建设的综合性大学。作为海洋领军高校,学校将坚持"特色立校、科学发展、树人立新、谋海济国"的发展道路,从兴海强国和人类可持续发展的宏大视野着眼,把涉及行业面广、学科领域众多的辽阔海洋作为学校着力奋斗、凸现价值、实现长足发展的战略空间,努力在国家建设海洋强国、省市建设蓝色经济区的历史发展进程中赢得发展机遇,发挥一所战略性大学应有的特殊作用。

入选论文集的论文,主题涉及到了中外海洋教育的改革与发展、中国海洋教育的历史与现状、海洋人才培养实施策略、海洋意识与海洋素养、海洋学科专业教育以及海洋跨学科教育等诸多方面,相信论文集的出版,必将促进涉海高校之间共同分享海洋教育的办学经验,增进彼此的沟通与了解,促进多方的交流与合作,进一步拓宽涉海院校的蓝色经济人才培养的思路与视野,进一步推动国家海洋教育事业向前发展。

谨此为序。

中国海洋大学校长 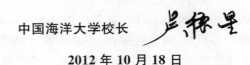

2012 年 10 月 18 日

目次　Catalog

1

Catalog 目次

第二部分

目次 Catalog

Catalog 目次

领导致辞

教育部高等教育司副司长刘贵芹致辞

女士们,先生们:

来到美丽的青岛,参加由中国海洋大学主办的海洋教育国际研讨会,感到十分荣幸。首先,请允许我代表中国教育部高等教育司对研讨会的隆重召开表示热烈祝贺!

当今世界海洋事业在人类社会发展中的地位和作用越来越重要,海洋经济在世界经济和国家经济中的拉动和支撑越来越突显,海洋高等教育在海洋事业,特别是海洋经济发展中的责任和使命越来越重大,在这样一个重要的时刻,来自日本、韩国、美国、加拿大、英国、新西兰以及中国高校的 100 余位专家学者共同研讨海洋教育的重大理论和实际问题,分享世界海洋教育的好经验,好做法。应当说,恰逢其时,意义重大。

海洋高等教育是高等教育事业的重要组成部分。发展海洋经济,推动海洋事业的科学发展,构建和谐海洋,海洋高等教育肩负着重大的历史责任和使命。当前,中国高等教育干线正在全面落实国家教育规划纲要,把提高质量作为高等教育的生命线,作为高等教育发展最核心、最紧迫的任务。提高高等教育质量必须大力提升人才培养质量,大力提高科学研究能力,大力服务经济社会发展,大力推进文化产品创新。人才培养在高校各项工作当中居于核心地位,提高海洋高等教育质量最根本的是提高人才培养质量。

从中国来讲,我体会,一是要优化学科专业结构。年底之前,教育部将发布新修订的普通高等学校本科专业目录和普通高等学校本科专业设置及管理办法。希望涉海的高校抓住这一契机,优化调整海洋的相关学科专业,大力培养应用型海洋人才,大力培养复合型海洋人才,大力培养拔尖、创新的海洋人才。二是要创新教育方法,创新海洋人才的培养模式,形成高等学校与科研院所、行业、企业联合培养海洋人才的新机制。三是要强化实践教学环节,强化实践教学理论,确保实践教学的质量,增强海洋人才的社会责任感和实践能力。四是要坚持协同育人。着力解决我国海洋高等教育资源自成体系,分散分布,效率不高的问题。建立海洋高等教育资源共享的联盟,大力推进教师互聘,学生互换,课程互选,学分互认,提高我们本科的人才培养质量。五是大力提升教师的教学能力。显著提升教师队伍的业务水平和教学能力。

目前,中国海洋高等教育已经进入到了一个十分难得的重要发展机遇期。希望中国的涉海高校紧紧瞄准国际海洋科学的前沿,紧紧围绕国家海洋战略和地方经济社会发展需要,结合学校的办学定位,坚持未来发展,突出办学特色,不断提高办学水平,为国家海洋事业和地方经济社会又好又快发展提供强有力的人才保证和智力支撑。

最后,预祝大会圆满成功!

谢谢大家!

国家海洋局人事司巡视员兼副司长周金弟致辞

尊敬的吴德星校长，尊敬的冯士筰院士，各位专家，各位领导：

上午好！

今天，我们在这里隆重集会，召开2011海洋教育国际研讨会。这是教育界的一件喜事，也是海洋界的一大盛事。

中国不仅是一个陆疆宽广的国家，而且是一个海疆辽阔的国家。经略海洋，人才为本。近年来，我国海洋人才队伍规模不断壮大，聚集在海洋科技与教育、海洋服务与交通运输、海洋工程与建筑等领域，已经遍及全国20多个涉海行业部门以及260多家科研院所和高校。海洋人才在科技进步和经济社会发展中的推动作用显著增强，在开展重大科研项目攻关和重点工程建设方面取得了骄人成绩，为我国海洋事业发展做出了重要贡献。

同志们，朋友们，建设海洋强国，人才是根本，教育是关键。高层次的海洋人才，离不开高质量的海洋教育。随着国家人才强国战略的实施，各涉海机构努力从基础教育、体制创新、科学研究、公共服务等多方面营造良好的人才成长环境，设立涉海人才专项工程，培养了大批海洋人才。同时，国家对海洋科研教育投入不断加大，特别是海洋重大专项、重大工程和科技兴海计划的实施，为培养造就优秀海洋人才和海洋科研团队提供了广阔的发展平台。不久前，国家海洋局、教育部、科学技术部、农业部、中国科学院联合印发了《全国海洋人才发展中长期规划纲要（2010—2020年）》。这是我国第一个海洋人才发展中长期规划，也是我国当前及今后一段时期海洋人才发展的纲领性文件。在这样一个时机，我们把海洋界和教育界的专家学者邀请过来，大家聚到一起，共商海洋国事，落实海洋人才国策，商讨海洋教育大计，意义重大，影响深远。

回望历史，古代国人曾以高超的航海技术纵横四海，远涉重洋，领先世界。然而，自15世纪之初，海上力量达到极盛的中国，却突然撤出海洋。一度的海禁政策，甚至闭关锁国，使得我们式微于世界海洋格局。一退一进之间，从海洋中崛起的西方列强，从海上打开了中国的门户。抚今追昔，国家民族屈辱的历史，仁人志士悲怆的呼喊，带给有识之士深刻的思考。"海洋兴，则国兴；海洋强，则国强"。正如国家海洋局局长刘赐贵在"海洋日"庆祝大会上所说的那样:辛亥革命 100 年来,从孙中山"以海兴国"的宏伟构想,到新中国缔造者毛泽东"一定要建立强大的海军"的远见卓识,到一代伟人邓小平沿海开放的改革实践,再到江泽民中国特色海洋发展之路,直到今天胡锦涛总书记科学发展的现代海洋理念,中国人正在一步一个脚印、坚定而从容地向着海洋强国的目标迈进。在这样一个历史征程中,我们欣喜地看到,中国海洋科研机构分别与美国、日本、德国、法国、俄罗斯、加拿大、韩国、中国台湾、中国香港等几十个国家和地区的教学科研机构签署了国际合作协议。国际涉海大学协会等国际合作组织,为加强海洋教育的国际交流,提供了较为宽广的舞台。当今国人,尤其是海洋界、教育界的同志们、朋友们,正秉承海纳百川、兼容并包的海洋精神,自由开放、融会贯通的海洋品格,以更加开放的姿态,更加宽广的视野,更加坦荡的心胸,更加务实的作风,向这些海上强国和海洋教育强国学习。师其长技,为我所用,致力于探索一条富有世界眼光、国际视野、中国特色的海洋教育之路。

"万里江海通,九州天地宽。"一个"通"字,道出了海洋的根本。近些年来,海洋与全球气候变化、海平面上升等世界海洋科技命题,已经引起世人的广泛关注。在全球视野下,共同推进海洋科教事业,已经成为一个关乎人类福祉的国际议题,一个关乎人类文明的重要课题。我们只有一个地球,我们只有一片海洋。海洋在全球尺度上的连通性与开放性,启发我们,要始终坚持以全球眼光和国际视野来审视当今的海洋科技与教育。

同志们,朋友们,欣逢盛世,勇立潮头,中流击水,浪遏飞舟。涉海者识时,问海者通变,经海者多谋,济海者善断。让我们携起手来,大力发展海洋教育,精心培育海洋人才,共同推进海洋事业,为建设海洋强国,贡献自己的力量!

最后,预祝大会圆满成功!

谢谢大家!

青岛市副市长王广正致辞

尊敬的各位领导、各位专家、各位来宾：

大家上午好！

首先，我代表青岛市政府对 2011 年海洋教育国际研讨会的召开表示热烈的祝贺，向参加会议的各位专家、各位来宾来到青岛，表示热烈的欢迎！

借此机会我向大家介绍一下青岛的简要情况：青岛是一个年轻的城市。1891 年，清政府才在这个地方驻扎军队，并设立衙门。1897 年，被德国强占，后来因为青岛的主权问题，爆发了著名的五四运动。大家在青岛都知道青岛有一个非常著名的五四广场。在五四广场有一个很著名的标志，是我们青岛市的标志，是五月的风，红颜色的，就是纪念五四运动的。我们刚刚庆祝了青岛建市一百二十周年。青岛现在全市是七区五市，总面积是 11282 平方千米，常住人口为872 万。

青岛的特点有这么几个：青岛是一个港口城市。年港口出口量超过 3.5 亿吨，年集装箱出口量突破 1200 万个箱，在全世界的港口中位居前十位。青岛是一个开放的城市。与全球 216 个国家和地区有贸易往来，与 56 个国外的城市结为友城，世界 500 强企业有 85 家在青岛落户。青岛是一个品牌城市。拥有海尔、海信、青啤等一批品牌企业。拥有一大批知名商标和品牌产品。大家知道的青岛啤酒世界著名。海尔是世界白色家电的第一品牌。青岛是一个海洋科研城市。全国的海洋科研机构青岛占了 30％，全国的海洋科研人才，青岛占了 40％。全国海洋科研的重点项目青岛承担了 50％。青岛是一个奥运城市。2008 年成功举办了北京奥运会的帆船比赛。青岛奥林匹克帆船中心的设计和设施都是世界一流的。青岛是一个旅游城市。2010 年，国内的游客超过了 4300 万人次，海外的游客突破了 100 万人次。青岛的景色我们最常用的是八个字"红瓦、绿树、碧海、蓝天"。

当前青岛正在大力推进蓝色经济区建设。坚持以世界眼光谋划未来，以国际标准提升工作，以本土优势彰显特色，简要的三句话，12 个字"世界眼光，国际标准，本土特色"。加快建设宜居青岛，打造幸福城市。为了实现上述目标，青岛市委、市政府将加快规划建设两个重点区域。一个是以海洋经济为特色的青岛西海岸经济新区。一个是以海洋科技为特色的中国蓝色硅谷。青岛的形状是一个"Ω"的形状,我们现在处在"Ω"的东部。东部这一块是中国蓝色硅谷,西部这一块是西海岸的经济新区。培育海洋的新兴和高端产业,打造我国科学开发、利用海洋资源,走向深海的桥头堡,带动山东半岛蓝色经济区在更高的层次上参与国际的竞争与合作。蓝色经济区建设,科技是关键,人才是核心,教育是基础。青岛要打造国际一流的海洋高科技人才高地首先要发挥好海洋、科研、教育、资源积聚的优势,加强高校海洋学科建设,不断扩大蓝色经济领域各层次人才的规模。国务院批复的山东半岛蓝色经济区建设的规划中,明确提出要全力支持中国海洋大学,巩固海洋基础学科优势,努力建设成为世界一流的综合类海洋大学。

参加此次会议的来宾都是国内外著名的海洋教育专家。对海洋学科、专业教育的改革与发展,对海洋教育的新进展和新趋势,对大学改革与人才培养等重大问题都有着重要的见解,我们期待着把大家的智慧融入青岛,共同推动青岛海洋教育实现快速的发展,共同谱写蓝色经济发展的崭新篇章。

最后,祝大会圆满成功!祝各位来宾在青岛期间身体健康、万事如意!

谢谢大家!

第一部分

中国海洋科学教育的发展与展望

冯士筰　江文胜　李凤岐 ■

摘要：本文总结了中国高校开展的海洋科学教育发展历程，将其划分为三个时期，即1946年以前的无为期，1946～1981年的海洋科学专业教育时期以及1981年至今的完整学位教育体系的时期。并从素质教育、大众化教育和拔尖创新教育三个方面，分析了当前国家需求和海洋科学发展对海洋科学教育带来的影响。最后从突出特色、分类教育和本硕衔接这三个方面提出了对海洋科学教育未来的发展与思考。

关键词：海洋教育；海洋科学教育；发展

人类利用海洋、开发海洋已有悠久的历史，即以中国而言，河姆渡遗址就发现有舟楫的遗迹，而近现代西方的兴起及世界格局的形成也与航海的发展紧密相连。然而历史上中国尽管有郑和下西洋等航海事迹的存在，但一个不争的事实是中国缺乏重视海洋的传统。近年来，随着中国的崛起，海洋在政治、经济、外交等领域的重要性逐步显现出来，成为全社会关注的问题，国家也将发展海洋经济当作一项战略来抓。而"科教兴海、教育为本"，在一项事业发展之前，教育是应当先行的，因此在目前的情况下，回顾一下中国海洋科学教育的发展历程是非常有必要的。唯有这样，才能使展望中国海洋科学教育的未来有所依据。

一、海洋教育分类与海洋科学教育

借助教育学对教育的定义，海洋教育指的是为增进人对海洋的认识、使人掌握与海洋相关的技能进而影响人的思想品德的一切活动。从不同的角度来看，海洋教育可以分为不同的类别[1]。海洋科学是研究地球上海洋的自然现象、性质与其变化规律以及开发与利用海洋有关的知识体系[2]。因此海洋科学教育包含在海洋教育之中，是传授海洋科学知识和技能的活动。

（一）海洋教育的分类

海洋教育可以从多个方面进行分类。从培养目标的层次划分，可以分为初等海洋教育，即面向中小学生和公众的科普教育；中等海洋教育，即中等专业技术学校涉海行业的职业教育；高等海洋教育，即高等学校海洋科学技术类或涉海行业的教育;研究生海洋教育,即高等学校、研究院所等海洋科学技术类或涉海行业的教育。

从教学活动类型来划分,则有普通全日制学校教育,即各层次的普通全日制学校所进行的涉海行业的教育和教学活动;其他类型的海洋教育,即由各层次的不同类型的学校,如函授、夜校、职校、电视、网络、自考、进修、专修学校等所进行的涉海行业的教育和教学活动。

从教学内容划分则有,理学类,如海洋科学、海洋气象、海洋环境、海洋技术等;工学类,如船舶与海洋工程、港口航道与海岸工程、盐化工、能源与资源开发利用等;农学类,如海水养殖、海洋渔业科学与技术、海洋捕捞、海产品加工与贮藏等;医药类,如海洋药物、海洋医学等;交通类:船舶驾驶、航海技术、轮机工程、船舶工程、港航监督、海上救助等;社会科学类,如海洋经济学、海洋管理学、海洋法学、海洋文化与旅游管理等;军事科学类,如海洋战略与战术、水面舰艇、潜艇与水下武器、深潜技术等。

(二)海洋科学教育

根据中国国家标准《学科分类域代码 GB/T 13745—2009》,海洋科学属于自然科学,与地理学、地质学、大气科学等并列都属于地球科学之下。海洋科学包括海洋物理学、海洋化学、海洋地球物理学、海洋气象学、海洋地质学、物理海洋学、海洋生物学、海洋地理学和河口海岸学、海洋调查与监测、海洋工程、海洋测绘学、遥感海洋学、海洋生态学、环境海洋学、海洋资源学、极地科学等多个分支。

在高等教育中,海洋科学的本科教育则服从于教育部本科专业目录,目前本科专业目录是 1998 年发布的,海洋科学类属于理学门类,下设海洋科学、海洋技术、海洋管理、军事海洋学和海洋生物资源与环境等几个专业。2010 年这个专业目录开始调整,目前的意见是调整为海洋科学、海洋技术、海洋资源与环境和军事海洋学四个专业。

而研究生的培养则按照另一个体系,这是由国务院学位办于 1997 年颁布的,海洋科学属于理学中的一级学科,下设物理海洋学、海洋化学、海洋生物学和海洋地质等四个二级学科,另外还有一些院校自主设置的一些二级学科。

二、中国海洋科学教育沿革

中国是世界上利用海洋最早的国家之一,在此过程中获得的海洋相关知识,通过著书修志、舆图建造,或刊行或师承传授,起到了海洋教育的作用。但是中国现代的学校教育开始于鸦片战争之后,因此中国海洋科学教育则开展得更晚。大致可以分为几个时期。

（一）1946 年以前——其他专业中的海洋科学教育

鸦片战争以后，西方的文化渐渐影响中国，部分中国人也逐渐认识到需要向西方学习先进的科学技术，来"师夷之长技以制夷"。尽管当时在世界上海洋科学也还没有成为一个独立的学科，但是它的一些知识点已经散布在其他的学科中进入了中国现代教育体系。

自洋务运动开始，清朝创办了 11 所海军学校，其中多与海洋有关，如 1866 年左宗棠在福建开设的马尾船政学堂，设有以船舶制造设计为主的前学堂，以航行驾驶为主的后学堂，培养了大批海军人才。创建于 1862 年的京师同文馆也于 1869 年开设了航海学课程。

1902 年科举废除后，中国各地建立了许多小学和中学堂，开设地理课，其中均包括有海洋科学知识。而辛亥革命后，1913 年国民政府教育部颁布的《大学规程》中规定大学文科地理学门第 5 个科目就是海洋学。而且 1913 年北京高等师范学堂建立史地系，1921 年南京东南大学建立地理系，其中均有对海洋科学的涉及。

1921 年厦门大学创立，聘请后来成为世界著名动物学家的美国人莱德（S. F. Light）执教厦大动物系，他对海洋无脊椎动物开展了研究，在厦门海域他发现了脊椎动物原祖宗亲的活化石——文昌鱼，并于 1923 年在 *Science* 上发表了这一结果，引起了世界关注。在这个时期，厦门大学开办暑期班，专门研讨海洋生物。

1930 年 4 月～1932 年 9 月，杨振声出任中国海洋大学的前身——国立青岛大学校长，提出了颇具远见的办学规划，力倡开办海洋生物学、海洋学、气象学。因此在国立山东大学时期（1932 年起），学校开始重视海洋学科的建设与发展，在课程体系中设置海洋学与海洋生物等课程。山东大学的生物系从建立起就注重海洋生物研究，特别注重海产生物的采集与研究，鼓励学生利用休息日与节假日和老师一起去海滨采集动物标本[3]。

在中国海洋科学教育与科研的发展中，青岛观象台起到了一个重要的作用。青岛观象台在德占时期由德国人建成，开展天文、气象、海洋观测（仅限于潮汐、海温），1924 年方由中国政府从日本人手中收回。1928 年，青岛观象台成立海洋科，在原有的海温与潮汐两项海洋观测基础上，从法国购置仪器设备，并购置汽船，从事海洋各要素观测，关注物理海洋、海洋生物、海底地质等研究，我国著名气象学家、青岛观象台首任台长蒋丙然先生称"此为国人提倡海洋学之始。"[4]。

青岛观象台还于 1932 年创办了青岛水族馆，普及海洋知识，开展海洋生物研究，同年青岛观象台还设立了理化实验室，开展海水分析。1935 年青岛观象台与北平研究院合作进行胶州湾海洋调查，并承担理化观测任务[5]。

这里特别需要指出的是 1935 年，山东大学物理系为培养天文气象人才，与青岛观象台合作,设立天文气象组,尽管似乎与海洋关系不大,但是这却为未来的海洋发展埋下了伏笔。

(二)1946 年——开始海洋科学专业教育

1945 年中国抗日战争取得胜利后,各行各业都在谋划快速发展,在此背景下中国海洋科学的专业教育也正式拉开序幕。1946 年,厦门大学成立了中国高校第一个海洋学系及第一个海洋研究所(中华海洋研究所)。同年在青岛国立山东大学复校纪念大会上,校长赵太侔认为:"一个大学……也要注意他的特殊性。……青岛天然环境,与海洋有密切关系,所以我们计划设立海洋研究所,海洋物理、气象、生物、地质都是研究的对象。"这一点与当年杨振声校长的思想一脉相承。

1947 年 2 月,国民政府教育部批准山东大学规划设置海洋学系并附设海洋研究所。但赵太侔认为,海洋系范围过大,四年课程无法安排。按照当时政府所能提供的办学条件,不可能一上来就建立海洋系,应该等待时机。但可以单独成立海洋研究所,作为动植物及水产三系研究之所。他亲自起草了海洋研究所大纲,对该所研究领域及其方向做出较详细的阐述。1949 年赫崇本博士由美国回国受聘山东大学教授,1950 年调入物理系天文气象组,1951 年任海洋研究所副所长。

1952 年是中国高等教育大变革之年,全国高校院系调整,海洋科学教育格局也发生了重大变化,厦门大学海洋系理化组调入青岛,与山东大学海洋研究所合并成立海洋学系,赫崇本任主任并筹建物理海洋学专业。1953 年物理系天文气象组并入海洋学系,一方面加强了海洋动力学方面的研究,更重要的是奠定了海洋与大气学科融合的基础。

1959 年山东大学主体迁往济南,在青岛留下约 1/3 人员,其中以海洋、水产两个系组成山东海洋学院,赫崇本为教务长,创建了 5 个系,即海洋水文气象系、海洋物理系、海洋化学系、海洋生物系、水产系,另外开始筹建海洋地质地貌系。共设 10 个专业,即海洋水文学(原物理海洋学)、海洋气象学、海洋物理学、海洋化学、海洋动物学、海洋植物学、海洋地质地貌学专业以及 3 个海洋水产相关的专业。至此,在中国高等本科教育中海洋科学人才培养体系全面形成,此体系的完整程度在世界上也属前列。

山东海洋学院在创建之初就为中国海洋事业作出了巨大贡献,在全国首次海洋普查(1958～1960)中,山东海洋学院的师生积极投入,成为了全国海洋普查的主力军。国家也非常重视海洋教育事业的发展,国际上 20 世纪 50 年代末才开始建造专门的海洋调查船[6],我国的第一艘海洋综合调查实习船《东方红》也于此时期开始建造,在当时国民经济极端困难的情况下,几经周折,终于在 1965 年底下水,安全运行 30 年,为中国海洋科学研究和教育立下了汗马功劳。

（三）1981 年——开始海洋科学学位教育

1981 年中国学位制度正式建立,和其他学科一样,海洋科学研究生教育得到了蓬勃发展。开始的时候,海洋科学之下一共设立了 6 个二级学科,即物理海洋学、海洋气象学、海洋物理学、海洋生物学、海洋化学和海洋地质。1981 年,山东海洋学院的物理海洋学、厦门大学的海洋生物学、中国科学院海洋研究所的物理海洋学、海洋生物学成为首批博士点。这样,我国海洋科学人才培养已经涵盖了各个层次,这是海洋科学教育的一个重要发展。

1990 年海洋科学之下又增设环境海洋学二级学科,至此海洋科学包括了 7 个二级学科,青岛海洋大学成为首个环境海洋学博士点。1997 年海洋物理学并入物理海洋学,海洋气象转入大气科学一级学科之下,环境海洋学转入环境科学与工程一级学科之下。1998 年后,国家开始设立博士学位一级学科授权点,中国海洋大学和中国科学院海洋研究所在 1998 年成为首批海洋科学博士学位一级学科点,其后厦门大学(2000 年)、同济大学(2006 年)、中山大学(2010 年)、中国地质大学(2010 年)也成为海洋科学博士学位一级学科点。在 2007 年中国海洋大学和厦门大学成为海洋科学一级学科重点学科。

到了世纪之交,中国高等教育进入了大发展时期,一个明显的标志就是高校扩招。而在同一时期,不论国际国内对海洋事业都高度重视起来。1998 年是国际海洋年,此后国内的涉海大学蓬勃发展,先后出现了广东海洋大学、浙江海洋学院、上海海洋大学和大连海洋大学等。

1998 年以前,海洋科学专业的本科教育仅限于青岛海洋大学和厦门大学等几所学校,我国的海洋科学类本科年招生一般保持在 200 人左右。根据调查,大约有 40％的毕业生继续攻读研究生,50％以上的毕业生在高校、研究所或相关部门就业,改行的毕业生只有 10％左右。可见当时的海洋科学专业招生规模基本合理。高校大规模扩招以后,部属院校本科扩招不多,主要是研究生规模扩大。扩大本科规模的主要是地方院校,涉及海洋科学专业本科教育的学校已达 30 多所。海洋科学专业已有了量的突破,年招生人数为 1500～2000 人。相应地研究生数量也有很大提高,硕士生估计每年招生约 600 名,博士生每年约 250 名。

三、机遇与挑战

（一）国家需求和海洋科学的发展

据《2011 年国家海洋经济统计公报》,2011 年全国海洋生产总值 45570 亿元,比上年增长 10.4％。海洋生产总值占国内生产总值的 9.7％。其中,海洋产业增加值 26508 亿元,海洋相关产业增加值 19062 亿元。2011 年全国涉海就业人员 3420 万人,比上年增加 70 万人。足见海洋经济对于国家经济与人民福祉的重要性以及长足的发展潜力。"欲国家富强,不可置海洋于不顾,财富取之海洋,危险亦来自海上",要实现中华民族的伟大复兴,亟须建设海洋强国,而海洋人才的培养是实现这一目标的保证。

《国家中长期人才发展规划纲要(2010—2020 年)》将海洋列为专门人才紧缺的经济社会发展重点领域之一,认为未来需要海洋高新技术研发和产业化人才、海洋基础学科领军人才和海洋环境保障人才、极地科研人才和大洋勘探人才、生态建设与保护骨干人才和气候变化、环境保护专业人才。足见党和国家对它的高度重视。

为此《全国海洋人才发展中长期规划纲要(2010—2020 年)》提出打造七支海洋人才队伍,即海洋科学家及其创新团队、海洋工程装备技术队伍、海洋资源开发利用技术人才队伍、海洋公益服务人才队伍、海洋管理和海洋战略人才队伍、海洋高技能人才队伍和国际化海洋人才队伍。

在这样一个需求下,如何应对国家需求是海洋科学高等教育者的使命,而且今天海洋科技已向大科学、大区域、大协作、高技术体系方向发展,海洋科学技术的发展方向和重点紧密地与人类生存和发展密切相关的重大问题相结合,诸如全球变化、环境问题十分活跃。

(二)对海洋科学高等教育的影响

同时社会的变革也对包括海洋科学在内的高等教育产生了深远的影响。首先 20 世纪末,国家提出在本科阶段要提倡素质教育、淡化专业,于是在 1998 年专业目录作出了重大调整,将原来以二级学科来划分的本科专业,调整成了海洋科学和海洋技术两个专业。但是海洋科学本身是以数理、化学、生物、地质等为基础的,任何一个人在上述几个方面都打好基础是不可能的,因此博与专的平衡是一个突出问题。

另外就是大众化教育带来的冲击。1978 年,我国的高等教育毛入学率只有 1.55%,1988 年达到 3.7%,1998 年升至 9.76%。1999 年开始大学扩招,高等教育毛入学率快速上升,当年普通高校招生人数达到 153 万,招生增幅达到 42%。2002 年毛入学率达到 15%,高等教育从精英教育阶段进入大众化阶段。2011 年我国高等教育毛入学率达到 26.9%(2011 年全国教育事业发展统计公报),这与我国提出的到 2015 年毛入学率达到 36%,与 2020 年毛入学率达到 40% 的目标还有一段距离。目前我国高等教育采取的是考试选拔制,人数的扩大意味着平均水平的下降,同时教育投入增长未按比例进行,即以人数而论,1989 年在校本专科生总数 208 万人,2011 年为 2308 万人(2011 年全国教育事业发展统计公报),增长了 10 倍,而教职工人数则只从 1989 年的 100 万人[7],增加到 2011 年的 220 万人(2011 年全国教育事业发展统计公报),仅增加了 1 倍。即使不算上由于科研任务比以前繁重而导致的教学精力投入的不足,显性的教学资源的稀释已经是显而易见了。

然而,现在社会对大学教育提出了更高的要求,非常典型的就是所谓"钱学森之问":"为什么我们的学校总是培养不出杰出人才?"关于这个问题,引起了社会上很大反响,这的确是一个艰深命题。为此教育部、中组部、财政部已启动"基础学科拔尖学生培养试验计划"(简称"拔尖计划")(2009),目标锁定为:在高水平研究型大学的优势基础学科建设一批国家青年英才培养基地,建立高等学校拔尖学生重点培养体制机制,吸引最优秀的学生投身基础科学研究,形成拔尖创新人才培养的良好氛围。但是这个问题的解决,在目前的教育背景下难度是很大的,需要进一步深入研究。

四、海洋科学教育的几点思考

基于上面的认识,结合海洋教育的特点对今后海洋科学教育提出以下思考。

首先要特色办学,海洋人才的需求是各个方面、各个层次的,各个大学也有自己不同的基础和特点。因此各个高等教育机构要找准自己的定位,突出自己的特色,而且定位要相对稳定,但是特色要与时俱进。

在办学理念上要提倡分类教育,这个分类教育不是由教育者采取选拔的方式将学生分为三六九等,而是提供多种教育的机会,给学生以选择权。其重要的策略是,体现阶梯性而不是金字塔,对学生的要求有不同层次,每一个层次都有立足的平台,而两个层次之间则有一定的梯度。这样一部分人总能不断向上攀登,并且随时就近选择一个平台落脚。这样,少数优秀者能攀登至顶点,而多数人也不至于落至塔基。

同时针对海洋科学的特点,在教育的过程中要考虑到实践教学的重要性,要加强海上实习、观测、资料分析等相关课程的教学,另外要研讨地学和物理、化学、生物等基础学科的交叉特色。

由于海洋学科的特点,对于以培养海洋科技高端人才为目标的大学来说,四年本科难以为这样的优秀学生打好基础,不妨采取本、硕衔接的方式,核心是强化基础,并将硕士课程下移。具体做法是在一到三年内,学生学习数理、化学、生物、地质等基础课程,同时学习一级学科下的基础知识,但要有所侧重;第四年分类进入二级学科学习,且可进行分流,一部分学生可以选择本科毕业,可以提供给他们强调广度的课程,另一部分则升入研究生阶段;第四、五年按照相应的二级学科进行深入的学习;然后再一次分流,欲取得硕士学位毕业的可以花 1～2 年完成硕士论文,另外择优选拔一部分转入博士论文阶段。这样做的一个很大好处就是给学生以选择权,在学士和硕士阶段都各有两种高低不同的要求,特别解决了目前本科高年级课程安排时如何平衡两种学生的困难。

参考文献:

[1] 冯士筰.海洋科学类专业人才培养模式的改革与实践研究[M].青岛:中国海洋大学出版社,2004:3-10.

[2] 冯士筰,李凤岐,李少菁.海洋科学导论[M].北京:高等教育出版社,1999:503.

[3] 周兆利.山东大学青岛时代:海洋学科远东第一[N].青岛日报,2011-5-23.

[4] 蒋丙然.四十五年来我参加之中国观象事业[J].庆祝蒋右沧先生七十晋五诞辰纪念特刊,1957.

[5] 蒋丙然.四十五年来我参加之中国观象事业[J].庆祝蒋右沧先生七十晋五诞辰纪念特刊,1957.

[6] 张炳炎我国海洋调查船的现状与未来[J].世界科技研究与发展,1998(4):36-43.

[7] 刘海峰.高等教育史[M].北京:高等教育出版社,2010:534.

The Evolution of and Reflection on Marine Science Education in China

Feng Shizuo, Jiang Wensheng, Li Fengqi

Abstract: This paper summarizes the development process of marine science education in Chinese colleges and universities, and divides the process into three periods, that is, inaction period before the year of 1946, period of marine science professional education from 1946 to 1981, the period of complete degree education since the year of 1981. From the three aspects of quality education, popular education and top-notch innovative education, this paper analyzes the impact of the country's current needs and the development of marine science on the marine science education. Finally, this paper puts forward the thoughts on the future development of marine science education in terms of prominent characteristics, education classification and connecting undergraduate and graduate education.

Keywords: marine education; marine science education; development

(冯士筰:中国科学院院士、中国海洋大学海洋环境学院教授 山东 青岛 266100)

中国的海洋研究和海洋教育及中国海洋大学的案例

李巍然 ■

摘要:中国的海洋研究和海洋教育分为五大系统,如大学系统、中国科学院系统、国家海洋局系统等。作为中国海洋高等教育的先进代表,中国海洋大学在海洋学科教育、海洋拓展教育等方面的建设路线、具体措施具有典型性、代表性。

关键词:跨学科海洋教育;海洋拓展教育;中国海洋大学

中国有 18000 多千米的大陆海岸,是世界上利用海洋最早的国家之一。以郑和七下西洋(1405~1433)为标志,在古代很长的一段时间内,中国对海洋的认识水平和开发利用能力,都是处于世界前列的。清朝时期,乾隆皇帝实行闭关锁国政策(1757),中国与世界交往的海上门户大多关闭了。经过两次鸦片战争(1840~1842,1856~1860),中国上层社会和知识阶层开始重新重视海洋,创办了中国第一所现代意义上的学校——福建马尾船政学堂。1909 年,中国地学会成立,开始了现代意义上的中国海洋研究。20 世纪前半叶,尽管当时的海洋科学研究是零散和孤立的,中国科学家还是在海洋生物、海洋水文气象、海岸变迁演化等方面,取得了奠基性的学术成果。从 1950 年代开始,中国创建了一批海洋研究机构,大学也分别建立了海洋相关科系,开设了海洋相关专业和海洋相关课程,中国海洋研究和海洋教育进入了系统化发展阶段。

一、中国海洋研究和海洋教育概况

中国从事海洋研究和海洋教育的机构,可以分为五大系统:一是大学系统,包括教育部所属院校和地方院校;二是中国科学院系统,如青岛海洋研究所、南海海洋研究所、烟台海岸带可持续发展研究所等;三是国家海洋局系统,第一海洋研究所(青岛)、第二海洋研究所(杭州)、第三海洋研究所(厦门)、海水淡化研究所(天津)等;四是中国地质调查局系统,如青岛海洋地质研究所、广州海洋地质调查局等;五是各行业部门所属的涉海研究所,涉及工业、渔业、运输、建筑、军队等各个行业。

这些机构,主要分布在沿海地区,它们一方面开展海洋领域的调查和研究工作,一方面也独立或者与大学合作开展海洋领域的研究生教育工作。而海洋领域各学科的本科生教育工作,则全部由大学系统来承担。

中国的海洋研究项目来源有着不同的渠道,主要和重要的出自以下几个方面:

一是国家科技支撑计划,1983年开始实施,2006年以前叫做"国家科技攻关计划"。该计划面向国家经济和社会发展需求,以重大公益技术和产业共性技术研究开发和应用为重点,解决经济社会发展中的重大科技问题。

二是国家高技术研究发展计划(简称863计划),1986年开始实施,以前沿技术研究发展为重点,旨在提高自主创新能力。该计划分为8个领域和一个专项,其中第8领域为海洋领域,下设"海洋探测与监测技术"、"海洋生物技术"、"海洋资源开发技术"三个主题。其他七个领域分别为:生物技术、航天技术、信息技术、激光技术、自动化技术、能源技术和新材料。

三是国家重点基础研究发展计划(简称973计划),1997年开始实施,旨在解决国家战略需求中的重大科技问题以及对人类认识世界具有重要作用的科学前沿问题。该计划分为8个领域和4个重大科技计划。8个领域为农业领域、能源领域、信息领域、环境资源领域、人口与健康领域、材料领域、综合交叉领域、重要科学前沿领域。4个重大科学研究计划是蛋白质研究计划、量子调控研究计划、纳米研究计划、发育与生殖研究计划。海洋研究被列入了资源环境领域,已经开展的研究项目包括边缘海的形成演化、近海生态环境演变、陆海相互作用、近海有害赤潮、全球变化与区域响应和适应等。

四是国务院专项资金资助项目,已经完成的涉海项目有"中国近海海洋综合调查与评价"等。

五是国家自然科学基金资助项目。

六是涉海行业部门和沿海地方政府资助的研究项目,如各地围绕蓝色经济区建设设置的海洋综合研究项目等。

以上介绍了中国大陆海洋研究项目的主要来源,下面介绍有关海洋教育的情况。

中国大陆研究生阶段的海洋教育主要依托以下学科开展,在海洋科学学科内有物理海洋学、海洋化学、海洋生物学和海洋地质学;在船舶与海洋工程学科内有船舶与海洋工程结构物设计制造、轮机工程、水声工程以及港口、海岸与近海工程;在水产学科内有水产养殖、渔业资源和捕捞学。

本科生阶段的海洋教育在大学进行,目前约有40所大学设置有海洋类专业,开展本科生阶段的海洋教育,其中部属大学15所,地方大学25所,这些大学大多分布在沿海和沿江地区。

这样,在中国内地的沿海和沿江地区,由研究机构和大学,共同组成了一个较为完善的海洋高等教育体系,大学既举办本科教育,也举办研究生教育,而独立的研究机构只进行研究生教育。

二、中国海洋大学跨学科海洋教育具体措施

中国海洋大学的发展与中国的海洋事业密不可分。自1924年建校以来,中国海洋大学就确立了"教授高深学术、养成硕学鸿才、应国家之需要"的办学宗旨;进入新世纪以来,学校又制定了"重特色,求质量,先做强,再做大"的总体发展战略和"强化发展特色,协调发展综合,以特色带动综合,以综合强化特色"的学科发展策略。经过几代人的建设,学校成为一所具有海洋和水产学科优势特色的国家重点综合性大学,是国家"211工程"和"985工程"重点建设的高校之一。

在80多年的办学历程中,学校培养出了数万名毕业生,其中许多人成为国家栋梁和社会精英。例如,中国第一次南极考察的75位科学家中一半以上是我校毕业生,中国第一个登上南极的科学家是我校校友董兆乾,中国第一个徒步考察南极的科学家是我校校友蒋家伦,中国第一个南北两极都登上的科学家是我校校友赵进平。

目前,学校已形成了海洋和水产学科为优势突出特色、多学科协调发展的态势,在人才培养方面也初步建立了自己的跨学科海洋教育体系。

在研究生教育阶段,主要围绕研究课题的需要,开展跨学科海洋教育,采取了以下措施:

(1)规定必修跨学科课程。

(2)学生为完成研究课题选修跨学科课程。

(3)依托国际涉海大学联盟进行校际交换培养。

本科生教育阶段以课程教学为主要途径开展跨学科教育,每个专业都设置了一套包含五类课程的课程体系:①公共基础课程;②通识教育课程;③学科基础课程;④专业知识课程;⑤工作技能课程。

在课程教学组织管理上实行"套餐＋单点"的课程选修制度,其要点是:

(1)所有课程向所有学生开放。

(2)每位学生必须选修至少一个课程"套餐"。

(3)每位学生均可以另外选修(单点)一门以上所选"套餐"之外的课程。

(4)"单点"课程可以是教师主持的课程,也可以是学生自主研究项目。

(5)选修校外课程、网络课程可以申请替代校内课程。

在这个制度下,学生可能的学业收获是:

（1）一个主修专业证书＋跨学科学习成绩证书。

（2）一个主修专业证书＋一个辅修专业证书。

（3）两个或两个以上主修专业证书。

三、中国海洋大学的海洋拓展教育

跨学科海洋教育受到三个因素的影响：①学生从事研究的需要；②学校规定的课程要求；③学生本人的兴趣爱好。前两项，学校可以主导，后一项对跨学科海洋教育实际效果非常重要，但主动权在学生手中，学校在激发学生科学兴趣和培养学生爱好方面采取了以下措施：

（1）面向学生举办跨学科学术讲座。

（2）组织开展涉海学科知识竞赛，为获得优胜的学生提供极地科学考察和南海诸岛考察的机会。

（3）实施大学生研究发展计划，资助学生自主开展科学研究、技术革新、工程实践和社会调查活动。

（4）举办中学生海洋夏令营。

（5）海洋教育向中学延伸，与附属中学合作为中学生开设海洋教育课程。

（6）通过自主考试招收有志于学习海洋学科的学生。

四、对实施跨学科海洋教育的进一步思考

日本东京大学海洋联盟的跨学科海洋教育为我们提供了一种海洋教育的新范例。东京大学是一所传统综合性大学，利用其海洋领域的研究优势和教授们的学识优势，开展跨学科海洋教育，不仅有利于海洋学科学生拓展视野、丰富知识、提高水平，奠定成为新型海洋学家的基础，而且有利于非海洋学科学生系统学习海洋知识、深化海洋意识，增强认识和处理涉海事务的能力。这种做法值得学习和借鉴。

中国海洋大学是一所在涉海多学科大学基础上发展起来的新型综合性大学，海洋教育是学校的传统教育领域，针对以往海洋学科划分过细、学生专业面过窄的弊端，学校开展跨学科海洋教育，一是要实现海洋学科与各学科之间的融汇交流，二是要让学习海洋学科的学生尽量多地接触到其他学科的教育。2003年以来，学校实行学生自主选课制度，学生在校学习期间，超计划学习外专业课程人均达到了 10 学分，由于所选课程各不相同，最后的效果就是学生们都程度不同地得到了跨学科海洋教育。

中国海洋研究和海洋教育与中国经济，特别是海洋经济，相互促进、共同发展，今后两者的发展又有了新的依托和新的空间，中国第一个蓝色经济区——山

东半岛蓝色经济区建设开始启动,通过建设海洋战略性新兴产业基地、现代海洋渔业基地、现代海洋制造业基地和现代海洋服务业基地,形成现代海洋产业聚集区、科技教育核心区、海洋经济改革开放先行区和海洋生态文明示范区。在这样一个过程中,毫无疑问,跨学科海洋教育,会有更多的机会、会发挥更大的作用。

China's Marine Study and Marine Education: The Case of Ocean University of China

Li Weiran

Abstract: The marine research and education in China is carried out in the five kinds of organizations, such as universities, the Chinese Academy of Sciences and its affiliated organizations, the State Oceanic Administration and its affiliated organizations. Having been on the cutting-edge of the Chinese marine higher education, the Ocean University of China possesses its representativenes in the roadmap and specific measures of development in the fields of the marine disciplinary education and marine extra-curriculum education.

Keywords: interdisciplinary marine education; marine extra-curriculum education; Ocean University of China

(李巍然:中国海洋大学副校长、教授 山东 青岛 266100)

服务社会需求 培养应用型海洋人才

——以本科教育为例*

苗振清 潘爱珍 ■

摘要：海洋人才是海洋事业发展的根本保证。浙江海洋学院作为国内唯一一所在群岛办学的地方本科院校，坚持立足海岛办学，紧紧围绕海洋产业、行业及社会需求，为社会培养了大量应用型海洋人才。在海洋经济和海洋教育快速发展、社会需求强烈的新形势下，浙江海洋学院将本着服务海洋事业发展的使命感，对接海洋产业、行业和社会需求，从调整优化学科专业结构、强化师资队伍建设、提高创新能力培养、创新人才培养机制等方面进一步完善海洋人才培养体系。

关键词：海洋教育；海洋人才；社会服务

海洋事业的快速发展需要强有力的科技和人才支撑，科教兴海是必由之路，人才资源是首要资源，《全国海洋人才发展中长期规划纲要（2010—2020年）》指出："加强海洋教育，扩大海洋人才培养规模，力争用10年左右的时间使海洋人才资源总量翻一番，达到400万人，占海洋产业就业人员总量的比例达到35％"。由此可见，海洋高等教育在新形势下既面临着难得的发展机遇，又面临着海洋人才培养、海洋科学研究与科技创新、为海洋经济服务等方面的更高、更迫切的要求。浙江海洋学院作为地方海洋类高校，在前期的办学中紧紧围绕海洋产业、行业及社会需求，为国家和社会培养了大量"信得过、用得上、干得好"的应用型海洋人才。随着浙江海洋经济发展示范区和浙江舟山群岛新区（以下简称"两区"）的设立和建设的推进，浙江海洋学院在新一轮的海洋经济发展大潮中又迎来了千载难逢的发展良机。

一、根据社会需求，构建涉海学科专业体系

浙江海洋学院（学校前身浙江水产学院）自1958年创建以来，坚持立足海岛，不断强化使命意识，充分发挥高校职能，以服务社会需求为办学导向，逐步

---

* 基金项目：浙江省新世纪教学改革项目"浙江省海洋类人才培养研究"（YB050608）。

探索出一条遵循高等教育发展规律、与区域经济社会发展紧密结合的发展之路。

学校始终根据区域海洋经济建设和产业结构调整需要以及行业需求,致力于涉海学科专业体系的构建,先后设置了海洋渔业科学与技术、船舶与海洋工程、海洋科学、海洋技术、水产养殖学、轮机工程、航海技术、港口航道与海岸工程等涉海本科专业。与此同时,学校通过专业结构调整、专业方向优化,在非涉海专业中设置了一批涉海专业。目前,学校现有的 41 个本科专业中,有涉海类专业 8 个,设有涉海方向的专业 21 个,占现有本科专业数的 70%。其中,涉海国家级特色专业 2 个,省级重点专业 8 个,校级重点专业 12 个,校级品牌专业建设点 1 个,校级特色专业建设点 2 个。"十一五"期间,学校通过对学科设置的全面梳理与合理布设,已基本形成了一个相对比较完整的由海洋学科、水产学科、涉海工程学科、海事学科、海洋人文社科学科和海洋基础支撑学科六大支系组成的学科框架体系。现有省重中之重学科 1 个,省重点学科 4 个,涉海专业师资 400 余人,已形成以海洋为特色,海洋科学、水产、船舶与海洋工程为重点的学科专业体系,被国家海洋局领导和行业评价为"国内海洋类高校中学科专业设置与海洋产业对应最为紧密的高校"。

学校在开展本科教育的同时,还积极开展研究生教育,目前设有海洋科学、水产学、船舶与海洋工程等 3 个涉海一级学科硕士点,养殖、渔业、水产品加工等 7 个涉海农业推广硕士领域。另外,学校根据地方海洋经济建设的需要,还适度进行海洋高等职业教育,开设了轮机工程技术、船舶工程技术、水产养殖技术等涉海高职专业,构建了较为完整的海洋教育和海洋人才培养体系。

二、围绕社会需求,精心培养海洋应用人才

学校在长期的办学实践中深刻认识到:遵循高等教育发展规律,突出海洋教育特点,服务区域海洋经济社会发展需要,培养应用型海洋人才,是地方海洋高校人才培养的立足点和必由之路。学校始终坚持以人为本、以学生为本的教育理念,把人才培养放在办学职能的首位,努力培养素质优良、社会责任感强、人格健全、视野宽广、具备海洋科技文化素养、具有较强创新创业实践能力的海洋应用型人才,累计为社会培养输送了 10 万余名行业人才,遍布浙江及东海沿海省市的涉海产业和政府部门,特别是为浙江省沿海县区渔业、水产、船舶、石油化工系统培养了一大批领导和业务骨干,为区域海洋经济的建设与发展提供了有力的人力资源保障。

(一)优化人才培养方案,强化学生实践能力

人才培养方案是实现人才培养目标的载体,优化人才培养方案是确保海洋

人才培养质量的前提。一是合理改造和整体优化课程体系。目前海洋类专业课程设置过多地关注课程本身,而对其在整个专业课程体系中的作用较少考虑。根据海洋事业发展和海洋教育的实际需要,对整个专业课程体系进行优化组合,在专业核心课程中采用化散为整的办法,将几门相对分散的专业课整合成一门内容相对完整的核心课,内容进一步深化的专业课程都安排在专业方向课中,这样既有效地避免了课程设置的重复性,又能保证所有学生都能对本专业有一个很好的了解,同时还能保证每个学生都有一个深入的专业方向。二是强化实践教学环节。按照"增加实践教学时间,实施集中强化训练,改革能力考核办法,结合工程实际训练"的思路和"再现职业场景、反复训练技能、训导职业素质"的要求,对实践教学进行统筹规划,分阶段分层次落实。除了加强模拟器教学、实物教学、计算机教学、船上训练等最常用的实践教学方法以及增加设计性实验、科研性实验和探索性实验外,学校还积极与企事业单位合作建设"产、学、研"实践教学基地,高年级学生直接进入生产设计实践活动,为学生创造良好的实践教学环境,多渠道多途径加强学生实践能力培养。

(二)利用学科科研平台,培养学生创新意识

一所学校的学科特色和科研水平从很大程度上决定了这所学校的办学特色和专业特色。学校一直以来紧紧围绕海洋经济社会发展的实际需要,加强特色学科建设,精心设计研究方向,有针对性地开展科研攻关和科技创新。学校现建有1个省涉海重中之重学科、4个省涉海重点学科;建有3个省涉海重点实验室(省海水增养殖重点实验室、省海洋养殖装备与工程技术重点实验室、省船舶工程重点实验室〔共建〕),拥有科技部海洋领域国际合作基地、中国海洋科技创新引智园区(共建)、中国海洋文化研究中心、农业部渔业环境及水产品质量检验测试中心、农业部国家水产品头足类加工技术研发专业分中心、省船舶先进制造技术研发中心、省港航科技研发中心、省远洋渔业技术转化应用平台等一批国家和省部级科研创新平台。"十一五"期间,学校获得立项的国家自然科学基金课题中,针对海洋领域实际问题开展基础理论研究的项目达到62%;所拥有的"863"项目、国家科技支撑计划项目以及各种公益性行业项目等,全部是直接针对海洋领域开展的应用基础研究和应用研究。

众所周知,学科建设和科学研究在人才培养中起着非常重要的作用,学校要求教师的课程教学内容要反映学科发展的最新成果,要求科研反哺教学,同时,学校充分利用现有的学科科研平台,积极组织在校研究生、本科生以教师科研助手的形式参加建设和科研活动,近年来,有1/4本科生的毕业设计(论文)选题直接来自于教师的科研课题,有超过50%的学生在校期间参与过科研活动,有效地增强了学生的团队意识,提升了学生的自主创新能力。

（三）实施开放办学，丰富人才培养形式

学校通过与地方政府和国内外高校合作，扩展了办学空间，丰富了办学形式。目前，学校与舟山市普陀区政府、杭州市萧山区政府合作举办了两个二级学院；与沿海县市进行科技合作，成立科技研究院；与相关企业合作，组建学科性公司等，政府、高校和学生三方在合作中都取得了共赢。与此同时，学校实施开放办学，实现多种形式的专业合作。目前我校与日本东京海洋大学、挪威生命科学大学、白俄罗斯国立大学、台湾海洋大学、台湾高雄海洋科技大学等国内外海洋高校都建立了正常的合作交流机制，双方学生可以互选专业，互通学分，互发文凭；与相关单位合作共建实验室、实习基地，实现为我所用，资源共享。另外，学校正在进行海洋人才培养方面的中高职一体化培养的省教育体制改革试点项目，从中职——高职——本科，实现培养计划的有效衔接，培养模式的连续性，培养目标和类型的一致性，为本科海洋类人才培养开辟新的生源渠道。

（四）强化社会服务，拓宽学生就业渠道

学校要办出特色、形成亮点就必须重视外延发展，重视引进社会资源，不求所有，但求所用，围绕特色与创新，开展内涵建设，减少资源缺乏对人才培养的影响。为满足产业、行业和社会的需求，服务地方海洋经济建设，拓宽人才培养渠道，学校制定出台了《全面融入舟山、服务区域发展行动纲要》，重点实施了"十大行动计划"，具体包括：建言献策行动计划、科技创新团队培育行动计划、创新载体建设行动计划、科技重点突破行动计划、百名教授博士下企业下基层服务行动计划、县区合作行动计划、人才培养行动计划、引智工程行动计划、打造节庆学术活动品牌行动计划以及促进海洋文化名城建设行动计划。在此基础上，又将服务范围扩展到浙江其他沿海市县。学校还积极响应国家西部扶贫开发战略，大力开展跨省区合作，与青海省海北州政府、化隆县政府合作，启动了高原冷水性鱼类产业化开发示范工程。"十大行动计划"的实施，进一步加强了与政府、企事业单位的合作，推进了"政产学研用结合"人才培养模式的改革创新。政产学研用结合，不仅大大增强了所培养海洋人才的实践动手能力，提高了就业竞争力；同时也为海洋类专业学科教师提供了大量研究载体，提高了广大教师解决实际问题的能力。反过来，企业的进一步发展也得到了高校专家学者的指导，学生的培养质量进一步提高。学校一系列政产学研合作平台的建立，使得学校与企业的产业实际以及在转型升级中对人才、技术的需求相对接，获得有利于教学科研、实验基地建设的办学资源，拓宽了学生就业的渠道。近三年来，学校毕业生就业地域流向主要集中在浙江省沿海地市和我国沿海省市，毕业生深受用人单位欢迎，就业总体情况良好，当年就业率均在95％以上，有力地支持了区域海洋经济的建设与发展。

（五）加强教学基本建设，确保人才培养质量

教学基本建设是人才培养质量的根本保证。"十一五"期间，学校以"质量工程"建设项目为抓手，通过"人才培养模式改革与创新人才培养工程"、"专业结构调整与特色、品牌专业建设工程"等八大建设工程，"人才培养模式改革"、"人才培养模式创新实验区建设"、"专业结构调整优化"、"特色、品牌专业建设"等26项建设计划的实施，进一步加大了教学经费投入，强化了专业、课程、教材、实验室、师资队伍等教学基本建设，教学条件得到了明显改善，教学建设水平有了稳步提升，从而促进了海洋人才培养质量的不断提高。学校现有省精品课程17门、省新世纪教改项目28项、省重点建设教材23本、省重点建设系列教材1套（4本）、省人才培养模式创新实验区1个、省实验教学示范中心（建设点）7个、省教师教育基地1个、省教学团队4个、省教学名师3名、省教坛新秀6名。获中央财政支持地方高校发展专项1项、省财政厅、教育厅实验室建设项目50项，建有教学实验室39个，校内外教学实习基地135个。学校依托优势特色学科，按照"重内涵、抓重点、培特色、创品牌"的建设思路，努力做大做强优势特色专业，学校以品牌、特色和重点专业为建设示范点，合理配置教育资源，协调发展非涉海类专业，带动专业建设水平整体提升，从而有效确保了海洋人才培养质量。

三、对接产业、行业和社会需求，完善海洋人才培养体系

面对海洋事业发展的新要求以及服务"两区"建设的新挑战，审视学校海洋教育和海洋人才培养，还需进一步调整优化学科专业结构、强化师资队伍建设、构建海洋科技创新体系、创新人才培养机制，不断提高海洋人才培养质量，增强服务"两区"建设的能力，扩大服务"两区"建设的范围，提升服务"两区"建设的水平。

（一）对接海洋产业需求，进一步调整优化学科专业布局

学科布局及其发展水平是大学办学特色、办学水平特别是服务社会能力的主要标志和重要体现，学科建设的战略设计是学校发展战略中的主体内容，也是核心内容。根据"两区"建设中打造现代海洋产业体系和健全海洋科教文化创新体系的要求，按照错位发展的思路，学校进一步调整优化学科布局，主动对接海洋产业发展需求，以基础学科群为支撑，重点构建7大涉海学科群（海洋科学及技术学科群、海洋水产学科群、船舶与海洋工程及装备学科群、食品工程及药学学科群、港航物流学科群、油气储运及海洋能源学科群、海洋人文社科学科群），形成与我省重点海洋产业紧密对接、特色鲜明的海洋学科体系。

专业是人才培育的主要载体,涉海专业布局及建设是海洋人才培养的重要前提。学校将根据区域海洋产业结构特征和"两区"建设的需求实际,加强对专业建设的指导,采取改造、调整、增设等相结合的方式,进一步调整优化专业布局。在做大做强现有涉海专业的同时,积极创造条件,增设海洋产业战略新兴专业,结合专业之间在学科支撑上的相关性,着力构建"海"、"渔"、"船"、"港"、"油"、"管"六大专业群,从而扩大专业人才培养同区域海洋经济发展需求的适应范围,并为涉海专业大平台招生培养提供必要基础。同时,根据区域涉海产业链条对人才的需求,重点建设并逐步延伸三条专业链:"渔链"对应涉海行业的"捕捞——养殖——加工——检测";"船链"对应"船舶设计与制造——航运——港口物流";"油链"对应"油气开发——储运——加工——安全管理",使海洋人才的培养更具针对性和系统性,同时为专业大平台的构建提供必要基础,为区域涉海行业全面培养或全程培养所需人才。逐步形成与"两区"建设相适应、与现代海洋产业体系相对接的本科专业结构体系。

(二)实施人才工程计划,进一步强化师资队伍建设

师资队伍是海洋人才培养质量的根本保证。学校根据"两区"建设对海洋科教人才的要求进一步加强师资队伍建设,通过引进、培养、聘用,实施高端人才引培"三大计划"(高层次人才引进计划、高层次人才培养支持计划和院士等著名专家特聘计划),实质性启动浙江海洋学院"东海学者"人才工程计划,实施人才提升计划,灵活"引人、聘人、用人"政策,积极创造海洋科教人才高校汇聚、快速成长、人尽其才的良好环境。与此同时,创新师资队伍建设体制机制,启动高水平师资队伍建设"6个100"工程,即引进优秀博士 100 名,引进教授 100 名,柔性聘用教授博士 100 名,聘请外国文教专家 100 名,国内培训各类人才 100 名,海外培训各类人才 100 名。另外,学校将构建博士学位进修、教学科研专项培训和高级访学研究相结合的师资培养体系,建立青年教师外派实训制度,分期分批选派青年教师到企业通过挂职锻炼、参加合作研发等形式接受专业实践能力训练。通过以上措施,建设一支创新型海洋科教人才队伍,使浙江海洋学院成为浙江省高层次海洋人才的最主要集聚地。

(三)构建海洋科技创新体系,进一步提升学生的创新能力

海洋科技创新体系的构建与完善,可以有效地促进海洋人才培养质量的提高。学校按照"对接产业、学科主导、分层建设、协同创新"的思路,通过建立科技创新平台(包括海洋科考研究平台、海岛野外科学观测平台、海洋科技集成创新平台、科技成果转化与服务平台、国际合作研发平台、海洋人文社科研究平台等)、与地方部门和企事业单位共建校外政产学研用基地、筹建大学科技园、组建

海洋科技研究院、创建海洋科技开发公司等海洋科技创新体系的构建,进一步对接"两区"建设服务行动计划,一方面学校可以充分发挥人力资源优势,为社会、为企业解决实际问题,另一方面又能提高教师的科技创新和实践动手能力。教师科技创新和实践动手能力的提高又能很好地促进教师实践教学能力和水平的提升,以海洋科技创新体系为载体,使教师的教学直接对应于问题、对应于企业,使学生的学习直接来源于生活、来源于实践,不断提高海洋人才的创新意识和实践能力。

(四)创新人才培养机制,进一步提高海洋人才培养质量

人才培养机制和模式的改革创新直接决定着海洋人才的培养质量。学校将在深入研究实践教育、综合素质教育、精英选培教育的基础上,积极推进合作办学、联合培养模式。通过"省部共建"和"部校共建"合作,争取行业主管部门对学校办学的大力支持;通过与国内外相关涉海高校及科研院所共建二级学院、学科专业或教学科研平台,不断提高涉海类人才资源、实验室资源、课程资源、信息资源等方面的共享度,深入细化本科生、研究生联合培养方案;通过大力推进"政产学研用结合"人才培养模式的改革与创新,依据浙江海洋经济发展示范区规划所明确的南北"两翼"发展战略布局,分别在甬、台、温和杭、嘉、绍两线同县区政府和产业单位开展多种形式的合作,为"两翼"海洋经济建设提供科技与人才支撑;通过国际化合作办学,积极承担国际合作交流的"基地"、"园区"建设任务,主动参与实施"中国舟山海外引智双百计划";加快实施学科平台建设国际化合作计划,构建若干中外科技合作研究(研发)中心、重点实验室;广泛参与国际学术交流与合作,在学术研究的理念、信息、方法和水准等方面实现国际接轨;创立中外合作办学机构,与国外相关高校探索建立人才培养机制的校际融通渠道,形成互认学分、互派教师、互通课程资源、协同开展学历学位教育的合作培养模式,实现教育资源的优化组合。

Training Applied Marine Personnel to Meet Social Demands: Taking Undergraduate Education for Example

Miao Zhenqing, Pan Aizhen

Abstract: The marine personnel are the fundamental guarantee of developing marine undertakings. Zhejiang Ocean University, as a sole local undergraduate institution of higher learning on the archipelago at home, has trained a large number of applied marine personnel by adhering to basing itself on the island and centering closely on the social demands. Under the new situation of the rapid development of marine economy and marine education as well as urgent social demand, Zhejiang Ocean University will continue its observation of the sense of mission to serve the growth of marine undertakings so as to dock the marine industry, marine trade and social demand. Zhejiang Ocean University will further improve its training system for the marine personnel by taking such measures as adjusting and optimizing the structures of both its disciplines and specialties, intensifying the construction of its teaching staff, enhancing the creative capacity and innovating the training mechanism of personnel.

Keywords: marine education; marine personnel; social service

（苗振清：原浙江海洋学院院长 浙江 舟山 316000）

国际化创新型海洋人才培养体系的研究与构建[*]

程裕东　张京海　陈　慧　张宗恩 ■

摘要:本文扼要介绍学校围绕国家海洋事业发展对人才和科技的需求,以建设"国际化创新型海洋人才培养工程"为抓手,以构建高水平、国际化、创新型海洋类本科人才培养体系为目标,以深化国际化海洋精英职业教育和海洋类产学一体化合作教育等教学改革为重点,通过实施"五大"计划,探索建立与国际接轨,国内先进、社会认可,行业认同的海洋专业人才培养模式,打造具有娴熟专业技能与高度责任意识、海洋行业经验的海洋专业师资队伍,培育富有特色的先进的海洋专业课程和教材体系,创新官产学研一体化的实践教学体系,建设科学规范的国际通用型的海洋教育质量评价体系,大力培养海洋生物、海洋环境与生态、海洋管理等领域中具有国际视野的海洋创新型复合人才。

关键词:海洋人才;培养体系;教学改革

　　海洋是全人类的资源宝库。21世纪是海洋研究和开发的世纪,对海洋的开发与利用将是人类在21世纪获取新的资源、能源、食物和药物的主要来源。海洋战略已成为国家战略,中国和世界上的许多涉海国家都将海洋资源的开发、保护和持续利用列为发展海洋经济,增强综合国力,实施可持续发展战略的重要目标。

　　教育是促进经济与科技发展的最重要的因素之一。中国高校海洋教育自20世纪90年代中期以来,有了较大的发展,并对海洋经济与科技发展作出了重要贡献。但是,随着国家海洋战略和海洋经济的发展,在政治、经济、科技、文化领域都对海洋科技发展和海洋人才培养提出了新的需求,对海洋工作者的素质和能力也提出了很高的要求。从国家海洋战略和海洋经济的发展需求看,高校海洋教育及其人才培养在教学理念、培养模式、课程体系和师资队伍及教育质量评价等方面还有差距,培养过程比较单一,特别是教学模式和教学方法还不能满足培养创新人才的要求,对学生科学研究的系统训练、科学研究方法的系统教育、海洋意识的教育和国际理解的教育及国际交流、合作与沟通能力的培养还比

　　* 基金项目:上海市教委市属本科院校"十二五"内涵建设项目"国际化创新型海洋人才培养工程"(1-1)。

较薄弱。

深化教育教学改革,加强海洋学科专业建设,创新海洋人才培养体系,提高人才培养水平,造就大批具有海洋意识、掌握现代海洋科学与技术、资源经济与管理等知识的能够参与国际竞争的创新型人才,为海洋经济与产业发展提供强有力的人才和技术支撑,是海洋高等教育及其有关高校迎接国际海洋科技发展的挑战,适应中国海洋事业的战略目标对人才培养新的更高要求的历史责任。

上海海洋大学是中国办学历史较长的水产海洋高校之一。自 20 世纪 90 年代起,学校根据国家对海洋生物资源开放利用人才的需求和国际海洋学科的发展,提出了"立足水产,面向海洋"的办学思路,不断加强海洋学科专业建设和教学改革。经过最近几十年的发展,在海洋渔业、海洋环境与生态及海洋信息等海洋学科领域形成了一定的办学特色和优势,建立了以海洋生物资源和海洋生态环境为核心的学科专业群,形成了多层次的海洋及涉海类学位教育体系。2008年学校从水产大学更名为海洋大学,2009 年上海市人民政府与国家海洋局共建上海海洋大学,这为学校全面融入国家海洋事业发展提供了强有力的支撑,为学校海洋学科专业群的发展提供了更大的空间,为实施国际化创新型海洋人才培养教学改革工程,全面提升学校海洋类专业建设和人才培养水平打下了坚实基础。

为了适应 21 世纪以来海洋经济与科技的发展对海洋高等教育的要求,学校提出了根据国家海洋事业发展对人才培养的要求,依托学科特色和基础,建设和完善以海洋生物资源、海洋环境与生态、海洋经济管理、海洋信息开发利用为核心,服务于海洋产业发展的海洋类专业群,为培养创新型高素质人才奠定坚实学科基础的海洋类专业教育改革思路。制定了紧密围绕国家海洋事业和行业发展的需求,按照海洋产业对人才的知识结构和能力素质的要求,完善课程教材体系,加强海洋实验实践教学建设,创新官产学研一体化的人才培养模式,建设校内为主、行业专家和国际高水平师资相结合的海洋专业师资队伍的海洋类专业教育改革总体目标。

根据海洋类专业教育改革总体思路与目标,组织实施"海洋本科专业人才培养方案和教学改革"、"海洋课程和教材建设"、"海洋人才实践实习教育"、"国际型海洋创新人才培养"、"国际型海洋教育师资队伍建设"等"五大"教育教学改革计划,参照国内外标杆高校海洋类专业人才培养目标、课程设置、教学模式和质量评价体系,依托上海高等教育"085"工程内涵建设项目,探索构建国际化创新型海洋类人才培养新型体系,培育适应国家海洋战略、海洋事业发展、海洋产业需求,能够参与海洋高新技术竞争的国际化创新型专门人才。

(1)海洋本科专业人才培养方案和教学改革计划。组织实施海洋类专业综合教学改革,更新教学理念和教学质量观,研究完善符合当代人才素质要求和海洋人才发展特点的培养方案与课程体系,设计基于国际化创新型海洋人才培养的教学计划、教育教学方式、教学质量保障与评价体系及教学运行管理机制,创新人才培养体系,实施面向海洋产业需求的产学研一体化合作教育和国际化海洋精英职业教育。

加强基础理论教学和学生综合素质培养。按照综合性、知识性、开放性的要求,构建面向全校海洋类本科学生修读的包括思想政治理论类、大学英语类、计算机类、军体类、素质与基础技能教育类和综合教育选修类等课程与实践教学模块组成的综合教育平台课程,开设"心理健康教育"、"创新与创业教育"、"校园文化活动"等新型课程,促进"第一课堂"与"第二课堂"的融合;重组专业学科大类课程设置,拓展专业面,增设跨学科教育选修模块、实践性教学选修模块和提高性选修模块;依托短学期,探索建立理论授课与专题小组讨论相结合的教学模式,推动以启发探索和创新实践为核心的研究性学习与教学,促进学生个性发展;建设具有海洋大学特色的对地球环境、生物资源和人类社会有深度诠释能力的课程教学体系,创设以海洋与人类、海洋与生物资源、海洋与环境等为主题的认识海洋、了解海洋、接触海洋的特色课程,加强学校海洋科普、海洋通识教育,强化全校师生的海洋意识,打造学校人才培养的海洋烙印,形成学校人才培养的海洋特色;与国际有关高校进行海洋课程国际互认、师资互认、学分互认与合作培养,建立具有国际标准的海洋课程体系和国际通用型的教育教学质量评价体系。

(2)海洋课程和教材建设计划。以国内外海洋类标杆专业为参考,按照海洋专业培养目标、海洋产业对人才知识结构和能力素质的要求,整合课程内容,优化课程设置,推进海洋类专业课程建设和质量提升,出版一批体现国际前沿和产业需求、面向社会开放的海洋专业教材,引进一批国际前沿的英文原版教材,建设一批海洋类精品课程,完善海洋人才培养的知识体系。

重点建设海洋专业基础、海洋专业核心和海洋通识教育三类课程体系。打造规范严谨、特色鲜明的海洋类专业核心课程,在每个海洋类专业中,重点建设3~4门核心专业课程,2~3门专业基础课,1~2门基础课;在涉海专业中,建设2~3门核心课程;在全校建设和开设一批面向非海洋类专业的高水平海洋类通识教育课程。同时在深入研究现代海洋科技与产业对人才知识能力要求的基础上,将科技与产业发展形成的新知识、新成果、新技术引入教学内容,开发一批反映社会需求和学科发展的海洋类新型课程。

加强全英语课程和双语课程教学。建设一批体现国际前沿和产业需求的海洋生物、海洋环境、海洋文化、海洋管理、海洋经济、海洋信息等双语课程、全英语示范课程。

　　培育海洋类特色和精品教材，引进、消化和使用国际优秀教材，包含三方面的内容：一是选用具有国内外先进水平的海洋类特色教材；二是编写海洋类特色教材；三是引进消化国外优秀原版教材、素材库。

　　推进教材、教学资料和教学课件三位一体的海洋类专业立体化网络资源建设。运用现代信息化技术与手段，建设和依托学校课程中心平台，有计划实现海洋类重点建设课程的教案、教学大纲、习题、实验以及教学文件与参考资料等教学资源上网开放，建设形成开放、互动、共享的信息化教学模式，促进学习方式的转变，满足学生多元化和个性化的学习需求。

　　（3）海洋人才实践实习教育计划。按照四年不断线的要求，建成一批官产学研合作、校内外结合、陆地与海洋结合的校外实习实训基地和海上实习基地，建立合作培养、实践培养、行业定向培养等多元化的培养机制，探索形成生产、教学、科研一体化，理论教学与实践教学紧密结合的海洋类应用学科人才培养模式，使培养的学生具有较强的综合素质、创新能力和就业竞争能力。

　　根据海洋生物开发利用、海洋环境与生态保护、海洋信息系统开发和建设等领域对人才的实践能力培养需求，建设海洋创新人才培养基地，构建面向海洋产业需求的以航海体验、海上实习作业、海洋资源调查和岗位实践为主要内容四年一贯的产学合作培养、科学研究还原教学的实践教学体系。

　　依托共建优势和校外资源，与国家海洋局局属系统单位（包括中国海监、海洋预报中心、海洋环境监测中心）等海洋企事业单位建立联合培养基地，为学生创造更多的接触产业、了解产业和进行产业实习创新实践机会；与中水集团、上水集团合作建设远洋渔业学院，实施学生岗位实习计划，制定官产学研合作一体化新型培养计划，在部分海洋类专业实行学生到岗位上进行为期半年到一年的实习训练，经过培训的学生将在毕业后直接进入国家和企业的岗位就业；建设象山教学实验实训示范基地和滨海渔业（海水农业）教学示范基地。

　　（4）国际型海洋创新人才培养计划。根据海洋工作者的特点和要求，实施国际化海洋精英职业教育，建立和完善选派学生赴国外境外游学培养的机制，积极引进、消化国外先进教学资源，提升学校海洋教育的国际化水平，加强对海洋类学生国际理解教育和国际交流、合作、竞争能力的培养，造就一批具有国际视野、知晓国际规则并能参与国际交流的海洋类国际化人才。

　　实施人才培养留学和游学资助计划，积极拓展与有关国家和地区的海洋（水产）等高校的教育国际交流和合作，开展联合培养，培育更多国际化复合型海洋人才，使5%以上的海洋专业学生具有到海外进行留学或者交流游学的经历，在重点建设的海洋专业以培养海洋类精英人才为目的，选派资助优秀学生到国外

(境外)进行海洋履历的培养,建立海洋 TOP 班。

实施英语教育增强计划,加强海洋本科专业英语教学,借鉴学校爱恩学院外语教学打包模式,引进包括外教在内的英语教学团队和英语教学模式,强化一、二年级外语教学,在部分海洋专业三、四年级本科学生中开展全英文授课的教学改革试点实践。实施前沿课程教育计划,邀请国内外专家来校讲授前沿课程,为学生传递和了解把握最新的海洋学科前沿信息,开拓学生的国际视野,提升学生国际化沟通能力。

(5)国际型海洋教育师资队伍建设计划。通过岗位实践、海内外进修、国际合作研究、引进和聘任等方式,建立具有高度责任意识、娴熟专业技能、海洋行业经验、国际教育研究背景的高水平海洋类学科专业师资队伍,建设一支相对稳定的包括海洋专家(院士、知名学者、科学家)、海洋管理事务专家(政府管理部门)、企业技术专家等组成的校外专兼职海洋教学队伍,全面提升学校海洋类专业师资队伍的教育教学和科学研究的水平。

加强国际合作,引进国际一流教育资源,聘请国际高水平师资、前沿课程教育师资,加快师资队伍建设,探索建立外籍专业教师引进和使用的制度,在重点建设海洋类专业中,每个专业引进 2~3 门全英语教材、聘任全英语授课的外籍教师 2~3 人。

依托上海市教委"教师专业发展工程"的"产学研践习计划"、"出国留学(进修)计划"、"国内访问学者计划"项目,加大选派海洋类重点课程教师和其他骨干教师出国出境培训的力度,建设适应教育国际化要求的海洋类教师队伍;探索学校与社会联合培养教师的新途径,开展校内专任教师到海洋水产相关产业领域开展产学研合作,海洋水产等相关产业领域的专家到学校兼职授课,形成交流培训、合作讲学、兼职任教等新型机制。

支持高水平教学团队建设和青年教师发展,设立教师培养专项基金,支持海洋类专业教师参加国内外交流、实践和学习,培养年青教学带头人,提高教师专业素养和教育教学能力。

结语。占地球面积 70% 以上的海洋,其中食物生产潜力巨大。目前全球海洋生物已定名的有 20 余万种,中国近海现已纪录物种 2 万多个。海洋可供人类利用的鱼类、虾类、贝类、藻类等每年有 6 亿吨,除了渔业与水产资源以外,海洋生物还是重要的药物、保健品和工业原料等的来源。因此,实现海洋渔业与生物资源开发利用的可持续发展,在人类社会中具有重大的社会经济效益。中国海洋渔业和盐业产量连续多年保持世界第一,造船业、商船拥有量、港口数量及货物吞吐能力、滨海旅游业收入均居世界前列。但是与国外发达国家相比,中国海洋经济的发展水平仍处于初级阶段,其中近海每平方千米捕鱼量是日本的 1/4,

远洋捕捞仅占世界远洋捕捞总量的 0.5%。如前所述,提高海洋经济与科技的发展水平,其关键是深化教育教学改革,提升海洋高等教育及其人才培养的水平。创新人才培养体系是当今高校教育教学改革需要解决的一个关键课题和难点问题。本文结合学校主持的上海地方本科院校"十二五"内涵建设项目"国际化创新型海洋人才培养工程",就其中若干教学改革研究与实践进行了一定探讨,以企抛砖引玉,共同促进海洋类专业教学改革的不断深入。

Feasibility and Construction of a Hatching System for Internationalized and Innovative Oceanic Talents

Cheng Yudong, Zhang Jinghai, Chen Hui, Zhang Zong'en

Abstract: This paper provides an overview of pedagogic reform at Shanghai Ocean University aiming at training qualified oceanic professionals with international outlook and innovative perspectives to meet the demand for oceanic talents in the development of China's oceanic undertakings. The reform stresses integration between industry and academy and enhances vocational education for internationalized elites in oceanography. A "Great Five" program is carried out to explore an oceanic talents cultivation model that can produce oceanic professionals in line with international standards, advanced at home and approved by the industry. The program also cultivates a faculty with skilled professional techniques, strong sense of responsibility, and rich experience in oceanic industry. No effort is spared to establish an advanced syllabi system with oceanic characteristics, a teaching-practicing system integrating the government, industry and academy, and a standard evaluation system internationally universal for oceanic education, which are expected to hatch creative interdisciplinary oceanic talents with expertise in fields like marine organism, marine environment and ecology, and marine management.

Keywords: oceanic talents; cultivation system; pedagogical reform

(程裕东:上海海洋大学副校长、教授 上海 201306)

American-China International Undergraduate Research Program On Marine Science and Engineering

Hung Tao Shen, Hayley Shen, Gang Fu and Qianjin Yue ■

Abstract: This paper summarizes the development, planning, organization, implementation, experience and results of the REU on Marine Science and Engineering in China. The Program was conducted by Clarkson University in cooperation with Dalian University of Technology (DUT) and Ocean University of China (OUC). Selected students from universities across the United States participated in the Program in the summers of 2000-2009. The students spent 10 weeks during the summer in China to conduct research projects under the supervision of Chinese mentors at the College of Physical and Environmental Ocean Sciences, OUC, and State Key Laboratories in Coastal and Offshore Engineering and Structural Analysis and Industrial Equipment Research, DUT. Topics of research covered all areas of marine science and engineering. The participants came from different majors in engineering and science, including marine science, civil engineering, mechanical engineering, environmental engineering and science, mathematics, physics, computer science, oceanography, and meteorology. Despite culture and language barriers and differences in educational approaches, the Program was well received by the students as well as the mentors. Students gained first-hand appreciation of a different culture (both socially and academically) in addition to the experience of doing research on advanced topics. Mentors have the opportunity to gain a better understanding of the differences in the training between U. S. and Chinese students.

Keywords: Clarkson University, DUT, OUC, Marine Science and Engineering, REU in China, Research Experience for Undergraduates (REU), NSF

INTRODUCTION

Scientific research and education are increasingly global. It is important to provide opportunities for scientists and engineers to develop international experience and capabilities on research collaboration at early stages in their careers. This paper presents the experience from a NSF-REU (Research Experience for Undergraduates) Program on Marine Science and Engineering in China. This program was conducted in the summers of 2000 to 2009. It was the first REU site program in the East Asia and Pacific Region sponsored by the Division of International Programs of the US National Science Foundation (NSF). A total of 132 students from 41 states participated in this REU Program. These 132 students include 33 percent women, and 14 percent ethnic minorities (Hispanic, Native American, and African American). Among all the participants, 95 percent attended graduate school, 12 percent of the participants received prestigious national/international awards after the program including: NSF Graduate Fellowships, National Defense Science and Engineering Fellowships, Goldwater Scholarships, Knauss Marine Policy Fellow, AT&T Fellowship, Bell-Lucent Fellowship, Fulbright Scholar, Marshall Scholar, Gates-Cambridge Scholarship, and a Presidential Early Career Award for Scientists and Engineers, the highest honor bestowed by the United States government on science and engineering professionals in the early stages of their independent research careers.

The students spent 10 weeks during the summer in China to conduct research projects under the supervision of Chinese mentors at Chinese universities. Research topics covered all areas of marine science and engineering. The participants came from different majors in engineering and science, including civil engineering, mechanical engineering, computer engineering and science, environmental engineering and science, physics, chemistry, oceanography and meteorology. Despite culture and language barriers, and differences in educational approaches, the program was well received by the students as well as the mentors. Students gained firsthand appreciation of a different culture (both socially and academically) in addition to the experience of doing research on advanced topics. Mentors had the opportunity to gain a better understanding of the differences in the training between students from the U. S. and China. In the spring of 2002, a new initiative was developed by OUC to send students to the U. S. to conduct undergraduate research for two months. This new initiative made this REU Program a truly bilateral exchange. This paper will review the development, planning, organization, implementation, experience, and results of this program.

PROGRAM DEVELOPMENT

The National Science Foundation has a long history of supporting domestic

REU (Research for Undergraduates) programs. With the increasingly global nature of scientific and technological enterprise it is critically important to develop international experience and capabilities for U. S. scientists and engineers at early stages in their career. The implementation of the International REU by the National Science Foundation addresses the need for providing the training of young scientists and engineers for a globally competent workforce. The East Asia and Pacific Program (EAP) of the Office of International Science and Engineering (OISE), National Science Foundation was strengthening its support for workforce development through a number of efforts collectively referred to as AWARE (American Workforce and Research and Education). The REU Program on Marine Science and Engineering in China was developed by Clarkson University, jointly with Ocean University of China (OUC) and Dalian University of Technology (DUT), with the support of NSF. To develop an effective international REU program, it is important to maintain the strong research component in addition to the international experience. Other considerations include the close research link between the U. S. program directors and the host institutes, local living condition and accommodations, support of the administrations of the host institutions, and international experience of mentors at the host institutions. These are particularly important for setting up a REU Program in a country with a non-Western culture. The two host universities in China, DUT and OUC, were selected for their strong programs in marine science and engineering and close research exchanges with the U. S. Program Directors. OUC is the leading university in ocean science in China. It has strong programs in physical and environmental ocean sciences. DUT with its State Key Laboratories in Coastal and Offshore Engineering and Structural Analysis and Industrial Equipment is one of the top technical universities in China. Both universities are experienced in international exchanges and are enthusiastic about the REU Program. Both cities, Dalian and Qingdao, are modern coastal cities, which provide good living environments for the REU students.

PLANNING AND IMPLEMENTATION

From our experiences advising undergraduates in research projects, we have observed that there are two aspects of research projects that increase the benefits of participating in a summer research project: 1) the student should work within a research team on a comprehensive research project; and 2) the student should be assigned a self-contained project that can be completed in the summer program. Working as part of a larger research team provides the student with greater appreciation for the overall benefits of research in general and the importance of graduate school in achieving the research objectives. Thus, faculty mentors are committed to identifying projects that are part of larger research efforts, requiring undergraduates to work closely with a vertically integrated team, while at the same time requiring each student to generate, interpret, and communicate his/her own research results. In addition to the importance of undergraduate research experience, we also observe that the international experience gained by some of our graduate students has greatly enhanced their interest in pursuing research career and their ability in broadening their outlook on research through international cooperation. The REU site program is built around critical research and mentoring experiences with additional program opportunities intended to broaden students' professional perspective and international experience. Activities include:

Research Projects-Each student was assigned to a faculty mentor, and required to complete a self-contained research project, participate in research team meetings and presentations, and write a paper summarizing their research effort.

Orientation and Seminars-Students participated in a one-week orientation program before leaving for China and immediately after arriving in China. The orientation program included a 3-day workshop at Clarkson University before leaving for China, and an orientation program, including culture tours, immediately after arriving in China.

Research Symposia and Workshop—An interim workshop with oral progress reports was conducted during the 5th week to review students' research progress. During the last week in China, students presented their research results at an undergraduate research symposium with the participation of Chinese students.

Community Building and Culture Activities-Field and culture trips and social activities were included to enhance students' international experience and foster student-to-student communication. These activities increase their appreciation for belonging to a multicultural group. Each year, students design web pages to describe their research projects and experience in China. This group project brought the students into a closer post-program tie. The web pages generated were used for recruiting purposes and providing information for students in the following years.

Follow-up Activities—Students communicated with their faculty mentor and the program directors throughout the year to finalize research results and provide continued dialogue and advice related to graduate school decisions.

Additional weekly seminars/exchange activities on Chinese and U. S. history, culture, social-economic development, and industries were conducted while in China.

A typical schedule of the program and activities is summarized in Table 1.

Recruitment and Selection of Students

Recruiting for the Program was made through websites. Announcement of the Program was distributed to universities and professional societies such as the American Society of Meteorology, American Geophysical Union, and university consortium, including the Great Lakes Research Consortium, and Association of Environmental Engineering Professors. The REU-China website describes the overall goals of the program, the research and living environment at the two Chinese universities, the financial incentives, highlights of research projects and cultural activities, as well as the web pages prepared by past participants. Students can apply online from the website. The website for the Program is at http://web2. clarkson. edu/projects/reushen/reu_china/.

Experience with recruiting undergraduate students for other summer research programs at Clarkson suggested that targeted recruiting through established contacts is more effective than mass mailing. A two-pronged approach was taken for recruiting through both marine science and engineering channels, and those channels appropriate for specifically targeting underrepresented populations. Posters and emails describing the program were sent to colleagues and institutions across the U. S. , especially those have marine science and engineering related programs, with a request that they pass the information on to their most promising students. Colleges and universities without graduate programs were also targeted. Recruiting of underrepresented populations was conducted. Information required for the selection of suitable students was requested in the application package. Telephone interviews with potential candidates were made to determine the suitability and level of interest of the candidates. The considerations of selecting students include:

— High motivation levels to conduct research;
— Potential of benefiting from international experience;
— Diversity of the group composition;
— Compatibility of student and faculty mentor areas of interest.

Table 2 shows the research projects and students in summer 2007 as an example.

Table 1　REU-in-China Schedule of Activities

12/1	Announce the Program and open for applications;
3/1	Application deadline;
3/15	Notify acceptance;
5/1-7	Pre-program visit to China (Program Director);
5/30	Students arrive at Clarkson University;
5/31-6/2	Orientation;
6/3	Depart for Beijing;
6/4-5	Culture tours and orientation in Beijing;
6/6	Arrive in Dalian and Qingdao;
6/7	Orientation and meet mentors and graduate students;
6/11-12	Int'l Symp. on Marine Res. and Development, OUC;
6/15-18	Oral presentations (Proposal & research plan);
7/6	Oral progress reports;
7/20	Submit draft reports to mentors and Profs. Shen for review;
7/27	Submit revised draft final reports to mentors and Profs. Shen;
7/31-8/1	Final oral presentations; conduct student and mentor surveys;
8/3	Leave Dalian for Beijing, train to Xian for culture tour;
8/5	Leave Xian for Beijing;
8/6-7	Visit National Research Center for Marine Environmental Forecast, SOA
8/8	Leave Beijing for Potsdam;
8/9-11	Finalize reports, complete web pages, and exit interview.

(U. S. REU students present bi-weekly seminars to Chinese students on American culture, history, society, education system, etc. Chinese students do the same in return.)

PROGRAM ADMINISTRATION

The administrative tasks included developing and distributing recruiting materials and website, student selection, mentor assignments, travel arrangements, coordination with host universities, and follow-up evaluations during the academic year. The Program Directors from the U. S. side were closely involved in all of the above activities. They accompanied the students to China during the summer, work with the mentors to bridge the communication gaps with the students, review research progress and final reports, and coordinate culture tours. The first two weeks of the summer research program was the most crucial period. It required special attention for the Program Directors to work closely with the Chinese mentors and the students to clearly define the

Table 2 Summer 2007 Students-Mentor-Projects

2007 REU China Program

Dalian University of Technology

Student	Research Project	Student Background
1	FBG Sensors applied to offshore platform monitoring	U Florida, Electrical Eng. Hispanic/M
2	Numerical simulation of sea ice dynamics with granular flow dynamics	Clarkson U, Aeronautic Eng. , White/M
3	Dynamic analysis of jacket offshore structures in Bohai sea	U Florida, Mech. Eng. White/M
4	Optimal design of PZT smart material actuators for morphing structural shapes	U Florida, Physics/ Chinese, White/M
5	Experimental study mitigating vibrations using TMD device	Lehigh U, Civil Eng. Asian-White/M
6	Effectiveness of mitigating ice force of offshore structure using ice breaking cone	Virginia Tech. , Civil Eng. White/M
7	Vibration analysis for offshore platform Derrick model with rubber-steel isolators	Georgia Tech. , Mech. Eng. Hispanic/M

Ocean University of China

Student	Research Project	Student Background
8	Seasonal and inter-annual variations of the warm water in the South China Sea	U Missouri-Rolla, Env. Eng. , White/M
9	Interdecadal variability of the tropical cyclone and its linkage with atmospheric circulation and sea surface temperature anomaly	Brown U. , Applied Math, White/F
10	The analysis of ARGO floats data in the ocean	Yale U. , Chem E. , African/F
11	A diagnostic study on relations between climate of Typhoon, ITCZ, and warm pool of tropic Pacific	Columbia U. , Earth & Env. Sc. White/F
12	Tropical Cyclone in the Western Pacific	NC State, Meteorology White/M
13	Allelochemical from seaweeds: A new approach for red tide control	MIT, Biology White/F
14	Study on biodegradation of crude oil by autochthonous degrading bacteria from the Yellow River delta	U. Mississippi Biochem. African/F
15	Molecular and psyiological microbial diversity of the Yellow River delta	U Md. BC, Biochem Eng. White/M

scope of their research projects, make necessary adjustments, so that it could be accomplished within the 10-week period with good results. A research proposal workshop was conducted within 10 days after arriving at the research sites. Each student was required to give an oral presentation to outline his or her research plan. An interim review workshop with oral progress reports was conducted to ensure the progress of each research project. Writing a technical report/paper is an important training for students. The U. S. Program Directors work with the students and faculty mentors on the preparation of the final research papers. The final papers were compiled in References[8,9] and[10]. Most of the mentors indicated that the REU students' research results would be published as a part of a journal of conference paper. These publications would be made at the completion of the large research projects, which include REU research as a part. Some of the papers published with REU students as a coauthor were listed in the References[1-12].

PROGRAM EVALUATION AND RESULTS

Evaluation and improvement of the REU program was an on-going effort for the Program. The critical measure of success is the improvement of students' research and international experience. Much of this information was compiled through student and mentor surveys. These internal assessments were used to improve the program each year. The survey forms were presented in Appendices I and II. Figures 1 and 2 showed the survey results. In general, these results indicated the enthusiasm and satisfaction of both the students and mentors with the Program. The students felt the research projects were interesting and challenging. They liked the experience of working with Chinese graduate students, who provided assistance in addition to that from the mentors. They also felt the international experience enabled them to gain the confidence to work with foreign researchers and engineers. Participation in the Program allowed them to gain new understandings and respects for another culture. Many of them expressed interest in continuing their education in graduate school, and possibly working in Asia in the future. Nine of the program participants returned to China for part of their graduate study. The mentors indicated that the US student's synthesizing and organizing abilities were far more superior to their Chinese counterparts. The US students could extract the key information quickly to form a coherent picture about their projects. They felt ownership of their projects. Consequently they took a much more active role in doing research. The Chinese mentors attributed these characters to the different educational philosophy: the Oriental-more top down, passive learning; the Western-more self-initiated, active learning. However, there was also an obvious gap in analytical skills between the US and Chinese students. The level of mathematical ability in US students was lower than that of Chinese students. One of the apparent reasons for this was the much lower number of pre-college school hours and the required mathematics courses in college. The faculty mentors indicated that the experience with the REU students gave them first-hand experience on the product of the U. S. education system, which would help them to reform their teaching methodology. Overall, the Program enabled students' to gain or enhance their research ability and interest, and developed their capabilities to participate in international scientific and engineering activities. From the Program Directors' point of view, in addition to long term impact on those who directly participated, this Program also provided an effective way to speed up educational reforms in both countries. The opportunity to directly experience the differences of two systems stimulated both sides to search for better ways to teach and learn.

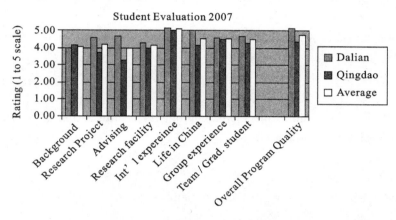

Figure 1　Student Survey Results

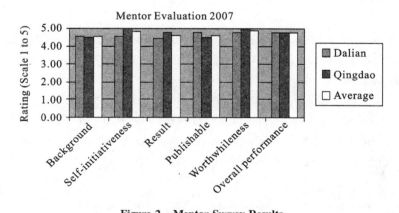

Figure 2　Mentor Survey Results

ACKNOWLEDGEMENTS

Funding for the REU on Marine Science and Engineering in China was provided by the National Science Foundation Division of International Programs Grant INT-9912246 and OISE-0229657.

Appendix Ⅰ Student Survey Form

REU in China-Student Survey

Student's Name: _____ Mentor: _____

Research Topic: _____

Please provide your evaluation using the scale of 1 to 5, with 5 being the most descriptive.

1. Background /ability (Is your background/ability sufficient for the project?) 1 2 3 4 5

Comments:

2. Project (Is your project challenging? Is it interesting? Did you gain good research experience?) 1 2 3 4 5

Comments:

3. Advising (Did your receive sufficient advise and help from mentor and graduate students?) 1 2 3 4 5

Comments:

4. Research Facility (Adequacy and quality of laboratory and field equipment?) 1 2 3 4 5

Comments:

5. International experience (Do you think the REU in China is a worthwhile experience? Will this experience help you to work with Chinese or other international researchers in the future?) 1 2 3 4 5

Comments:

6. Life in China (Considering that China is a developing country, are you satisfied with the living accommodations? Did you enjoy your visit in China? Do you think you have gained a better understanding of China?) 1 2 3 4 5

Comments:

7. Group experience (The group experience with your fellow REUers) 1 2 3 4 5

Comments:

8. (The team experience with Chinese graduate students, if applicable.) 1 2 3 4 5

Comments:

9. Overall rating of the Program: 1 2 3 4 5

Additional comments (positive and negative), and suggestions to this REU Program and the Program Director. (Please write on the back of this page, if you need more space).

Appendix Ⅱ   Mentor Survey From

REU in China-Mentor Survey

Mentor: _____ Student's Name: _____

Please provide an evaluation of your advisee: (Using the scale of 1 to 5, with 5 being the most descriptive.)

1. Background /ability (Is the student's background/ability sufficient for the project?) 1 2 3 4 5

Comments:

2. Self-initiativeness (How is the student's working attitude? Is he/she self-initiative? Did the student work diligently and creatively?) 1 2 3 4 5

Comments:

3. Results (What is your evaluation of the student's research results?) 1 2 3 4 5

Comments:

4. What is the potential of having the results published, with the student as a co-author? 1 2 3 4 5

Comments:

5. Is this a worthwhile effort on your part as a mentor to a student from the U. S. ? 1 2 3 4 5

Comments：

6. Overall performance （Please give your overall evaluation of the student.) 1 2 3 4 5

Comments：

＊＊ Please provide your comments （positive and negative) and suggestions to this REU Program. （Please write on the back of this page, if you need more space.)

（Hung Tao Shen，Coulter School of Engineering, Clarkson University，Potsdam，NY，USA 13699-5710)

Sharing the Educational Load Through Joint Degrees

Piers Chapman, Thomas S. Bianchi, Ping Chang, Dexin Wu, and Luis Cifuentes ∎

Abstract: In this time of rapid globalization, universities need to ensure that students learn not only about their own country but also about others. One way to encourage this is through joint degree programs between universities in different countries. Texas A&M University (TAMU, USA) and Ocean University of China (OUC, China) have just completed the first five years of a Memorandum of Understanding that includes the establishment of a joint Ph. D. degree program in oceanography. To date, some 16 Chinese students have been accepted into the program, during which they spend the first year or two of their graduate career studying in China, and then come to the U. S. to complete their coursework and carry out research. The first students will graduate in 2012. We anticipate sending U. S. students to China on a reciprocal basis, although the lack of Chinese-speaking U. S. students is an issue. Additionally, the Memorandum of Understanding has led to joint research projects between the two universities, with publications in top journals.

Novel aspects of the program include joint funding by the U. S. and China, co-chairing graduate committees by both university faculties, interviewing students in Qingdao before they are accepted by TAMU, initial studies in one country and then transfer to the other, and offering a joint-degree certificate bearing the seals of both universities. Such programs require "heroes" on each side to set up and continue the program who trust each other, as well as support from the upper administration. If successful, relations between the two faculties will ensure a successful ongoing collaboration.

Keywords: joint degree programs; high-impact learning; globalization; research opportunities

Students and university personnel have a long history of studying and working in countries other than their own. Sabbatical or faculty development leave, which allow teachers and researchers to experience new environments and learn new techniques, have been a standard of university life for many years. Similarly, students often move from one university to another as they change from undergraduates to graduates and then to post-doctoral researchers, and this can be either within a single country or between countries. The lead author, for example, studied initially in the United Kingdom, then moved to South Africa, before ending up at Texas A&M University in the U. S. A. The co-authors have also all worked at one time or another in more than one country at different times during their careers.

As the rate of globalization continues to increase, there is a need to increase interaction and cultural exchange between people in different countries. Universities throughout the world are encouraging such interactions, through such activities as study abroad programs, or short or longer-term research projects, at both the undergraduate and graduate levels, and national accrediting agencies are taking more account of these activities. Texas A&M University (TAMU) and Ocean University of China, Qingdao, China (OUC) recently concluded the first five-year phase of a joint Ph. D. degree program in oceanography that had allowed students to study both in China and the U. S. and to come out with a degree bearing the seals of both universities. This program was the first such joint program to be established in oceanography within the U. S. , although there were similar programs in other fields, and several other institutions were at least contemplating setting up similar programs. While we are still awaiting the first graduates from our program, these are anticipated in 2012 and the two universities have recently signed a follow-on Memorandum of Understanding (MOU) that will extend the program for another five years.

The initial MOU between the two universities was signed in 2006, with the aim of encouraging both the joint degree program and joint research projects between TAMU and OUC. In terms of the joint degree program, the initial idea was for students from both universities to start their Ph. D. studies in one university and then move to the other after one or two years, preferably after completing the requirements for a M. S. degree. Because, however, very few U. S. students can speak Mandarin at any level, let alone one that will allow them to live and study in China, the student traffic to date has all been from OUC to TAMU. Since the start of the joint degree program in 2008, some 16 Chinese students have been accepted into the program over a four-year period. This is slightly less than originally we have hoped for five per year but as there is no compulsion on individual faculty members at TAMU to take part in the program and doing so incurs certain costs, we feel that getting 12 faculty members out of a total of 36 to take joint program students is about as good a percentage as can be expected. As the first students graduate, so we should be able to admit more.

What are the advantages of a joint degree? Each one is likely to be different, but from our perspective it brings the two universities closer together and provides opportunities that the students and faculty might not have had otherwise, both for training and research. TAMU has accepted graduate students from OUC for many years, so we know that their standards are high, and this made starting the joint degree program easier. At one level it means gaining access to a stream of high-quality students who already have a good grounding in basic oceanography, while for OUC, where each faculty member is expected to support many more students than we are used to in the U. S. , it can mean reducing the workload somewhat. At another level, however, it encourages interaction between the faculties in the two institutions and provides new opportunities for joint research. A research program is specifically mentioned in the MOU and will be discussed later.

So how does the joint program work? The first change from "normal" activities is in the selection of the students. Typically, when a student from overseas applies to TAMU, we know little or nothing about them except what is in their transcripts and letters of support. For the joint program, we make a point of coming to China every year to interview potential students for the program, so we have a much better idea of their existing knowledge and capabilities, not the least of which is the ability to understand and speak English. The second change is that students spend at least one year taking graduate classes in China before they come to TAMU. Ideally we would like students to complete their M. S. degree at OUC before they come, as this means they can graduate faster; without an M. S. , they are required to complete 96 credit hours in Texas, while if they already have the masters degree they only need complete an additional 64 hours to qualify for a Ph. D. If they have not completed the M. S. when they arrive at TAMU, they can transfer up to 20 credit hours from OUC.

Another difference to normal practice is that costs and mentoring are shared jointly between China and the U. S. up to now, the Chinese Scholarship Council (CSC) has provided funding support for all students enrolled in the program. This covers their basic living expenses in the U. S. , while their supervisor at TAMU covers tuition and fees. Each student has two supervisors, one in each country, and visits in each direction are encouraged. Again, this is to encourage joint research activities. In addition to the two supervisors, each student's committee contains three or more additional faculty members, who provide advice on aspects of the research as needed. While this methodology has been successful for the first five years of the program, a recent change to CSC operations has made scholarships available to students from many more universities in China than previously. So it is a little unclear how funding for students from OUC may change, and this may make it more important for them to complete their M. S. studies before coming to the U. S.

As stated above, the program contains a large research element. While it is easy to think up potential joint research activities, it is not so easy to put them into practice. The MOU explicitly states that there is a desire to carry out joint research, but finding the necessary funding is not always easy, and this certainly takes time. One needs to develop trust on both sides so that researchers feel comfortable working with each other. In this respect we have been fairly fortunate, and several faculty members from each institution have spent some time at the other. One of the TAMU physical oceanography faculty, for example, is spending his faculty development leave at OUC in early 2012. We also have two large active joint research projects, one, led by Tom Bianchi, Minhan Dai and G-P Yang, is comparing examining the outflow of the Changjiang and Mississippi River onto the continental shelf. The other led by President Dexin Wu of OUC and Ping Chang of TAMU, is on the understanding of the dynamics behind the recent rapid warming off the coast of China and US eastern seaboard and its impact on regional climate. Both of these projects grew from a workshop between TAMU and OUC in Qingdao in 2009, funded by the International Program Office at the U. S. National Science Foundation. Each project has since been funded by both Chinese and U. S. agencies. A third project on comparing biogeochemical cycling in the Changjiang and Mississippi Rivers systems was accepted by TAMU as the university's entry to a national program to expand international scientific collaboration run by the U. S. National Science Foundation, known as the PIRE program. Unfortunately, this was not funded.

The two funded programs and other research conducted by students in the joint program have to date resulted in six joint papers authored by faculty from the two universities and 11 authored by faculty and students. Three of the papers have been published in *Science*[1-3], while a fourth [4] has been published in *Nature Climate Change*, and other one is currently in revision in *Proceedings of the National Academy of Sciences*[5]. One of joint-degree program students received an Outstanding Student Paper Award for his presentation at the 2011 Fall Meeting in San Francisco, California, USA. Joint program students have taken part in many cruises in the Gulf of Mexico, including several that investigated the 2010 disastrous explosion on the BP oil rig near the Mississippi delta, as well as a deep-sea geophysics cruises to the Shatsky Rise in the North Pacific, and also on Chinese cruises off the Changjiang delta, so they are certainly being exposed to many different areas.

So after five years experience, what are the requirements for a successful joint education program? The most important is that both sides must feel they are getting something new out of the relationship that would not happen without it. Second, there is a need to both establish and then maintain trust between the two sides; we believe that our annual visits to Qingdao and the less frequent visits by OUC faculty to Texas do this. As stated earlier, TAMU had taken many students from OUC prior to the joint program, and we were very happy that they met our standards. Third, there must be support and involvement from the upper administration at both institutions. In our case, the former Provost at TAMU, David Prior, had sailed on the OUC research vessel *Dong Fang Hong* in the Bohai Gulf and so knew several members of the OUC faculty, and TAMU's President Bowen Loftin had visited OUC more than once.

A fourth factor is having one or more "insiders" who can communicate easily with the other side; Ping Chang and President Dexin Wu have known each other for many years since they worked together at the University of Washington. And finally, setting up a joint program from nothing is not something that can be done quickly. A team of "heroes" is needed on both sides who can work together to break down the internal institutional barriers that always seem to exist. It took almost three years to complete the necessary paperwork at TAMU, for example, and we are still answering questions from the state accreditation authorities. Probably the best advice for faculty is "don't try to do this by yourself" use the facilities and expertise that already exist within the university, such as the international office, the President's office, or anyone else who can help. They can make things much easier.

But setting up a joint program is only one part of the process. The important thing is to keep it sustainable. As stated earlier, student exchange has so far been only one way, from China to the U. S. If the program is to become properly sustainable we must ensure that students can also go the other way, from the U. S. to China. We are trying to do this through encouraging undergraduate students to think about study abroad programs in Qingdao. Several hundred U. S. students at TAMU have taken basic Mandarin classes through the Confucius Institute, which has provided language instructors at the university. Unfortunately, most of these students are majoring in business studies, not science, but we are hoping to persuade some scientists to both study the language and spend time in China as part of the joint program.

A second key element is to continue to encourage close working relationships between faculty members at each institution. The more we can develop trust and friendship between them, the easier it will be to work together, and the easier it becomes to continue the relationship. Three or four faculty from TAMU now have excellent relationships with counterparts at OUC, and we anticipate that more relationships will develop as the program continues. Again, this is something that takes time, and probably cannot be done in less than three or four years, given the normal university timetables.

We can also enlarge the program to cover additional subjects. The existing MOU is between OUC and the College of Geosciences at TAMU. Oceanography is one of the four departments in the college, and OUC is interested in developing a similar program in Geology and Geophysics. There is also the possibility of expanding the program throughout Texas A&M University, to fields such as ocean engineering or nautical archaeology, and meetings between the upper administrations at both institutions have discussed such an expansion.

There are, however, also some threats. For example, the number of students enrolled in the program each year has dropped, from six in the first year to three in 2011. This is largely because we are reaching saturation in terms of the number of faculty at TAMU who are willing to work in the program, and hope that once students start graduating their supervisors will want to take new students. This depends, of course, on the necessary funding being available. However, there are also new opportunities for students at OUC to go to Germany or Australia instead of coming to Texas. These alternative programs may have easier entrance requirements than the joint program with TAMU, which demands that students pass GRE and TOEFL examinations before they come to College Station. The recent changes in the way that the CSC operates its scholarship program may also affect interest and reduce the numbers of students applying.

Despite these possible threats, we believe that the program so far has been a great success, and we are happy that our two universities are able to start a new trend in teaching oceanography. It is often said that the best geologists are those who have seen the most rocks; maybe it is also true of oceanographers that those who sail on the most seas are the best. If we can help future generations by increasing both their knowledge of other seas and other cultures, then we shall have succeeded.

References:

[1] Kessler J. D. , D. L. Valentine, M. C. Redmond, M. Du, E. W. Chan, S. D. Mendes, E. W. Quiroz, C. J. Villanueva, S. S. Shusta, L. M. Werra, S. A. Yvon-Lewis and T. C. Weber (2011a). A Persistent Oxygen Anomaly Reveals the Fate of Spilled Methane in the Deep Gulf of Mexico. *Science*, 331, 312-315, doi:10. 1126/science. 1199697. 2011.

[2] Kessler J. D. , D. L. Valentine, M. C. Redmond and M. Du (2011b). "Response to Comment on A Persistent Oxygen Anomaly Reveals the Fate of Spilled Methane in the Deep Gulf of Mexico". *Science*, 332, 1033, doi: 10. 1126/science. 1203428. 2011.

[3] Valentine D. L. , J. D. Kessler, M. C. Redmond, S. D. Mendes, M. B. Heintz, C. Farwell, L. Hu, F. S. Kinnaman, S. A. Yvon-Lewis, M. Du, E. W. Chan, F. Garcia-Tigreros and C. J. Villanueva (2010). Propane respiration jump-starts microbial response to a deep oil spill. Science, 330, 208-211, doi:10. 1126/science. 1196830,2010.

[4] Wu L. , W. Cai, L. Zhang, H. Nakamura, A. Timmermann, T. Joyce, M. McPhaden, M. Alexander, B. Qiu, M. Visbeck, P. Chang and B.

Giese（2012）. Enhanced Warming over the Global Subtropical Western Boundary Currents，Nature Climate Change，2，161 166，doi：10. 1038/nclimate1353，2012.

[5] Balaguru K. ，Chang P. ，Saravanan R. ，L. R. Leung, Z. Xu, M. Li and J. S. Hsieh. Effect of Ocean Barrier Layers on Tropical Cyclone Intensification，*Proceedings in the National Academy of Science*，in revision，2012.

（Piers Chapman，Department of Oceanography，Texas A&M University，College Station，TX 77843，USA）

中国大陆海洋社会学的产生与发展
——兼论海洋社会学的含义、学科属性与对象

崔　凤 ■

摘要：随着海洋世纪的到来，各个国家特别是沿海国家纷纷加大了海洋开发的力度，海洋开发对于缓解人口增加所带来的资源短缺有非常积极的作用，同时海洋开发也会促进沿海地区的经济增长并进而带来沿海地区的社会变迁，在这种背景下，海洋社会学应运而生。海洋社会学作为社会学应用研究的一个新领域，是运用社会学的概念、理论和方法研究人类海洋开发实践活动的过程、影响因素及其后果的一门社会学分支学科，其研究对象是人类海洋开发实践活动，其研究内容是人类海洋开发实践活动的过程及其影响这一过程的社会因素以及人类海洋开发实践活动所产生的各种社会影响。海洋社会学作为应用社会学的一种，必须体现出社会学的学科属性。

关键词：海洋世纪；海洋社会学；应用社会学

"21世纪是海洋的世纪"，似乎已经成为人们的共识，特别是在陆地上人口越来越多、资源越来越短缺的情况下，人们越来越确信只有向海洋进军即加大海洋开发力度才能缓解资源短缺问题。在这样一种观念的引领下，各个国家特别是沿海国家纷纷加大了海洋开发的力度，人类海洋开发实践活动呈现了一种前所未有的繁荣景象。伴随着人类海洋开发活动的日益频繁，也引发了人文社会科学对海洋开发的关注，海洋社会学就是社会学研究人类海洋开发实践活动的必然产物。

一、"海洋世纪"与海洋社会学的产生

人们都说"21世纪是海洋世纪"，那么，"海洋世纪"是什么时候提出的？又是在怎样的背景下提出来的？它有什么特点？其社会学含义是什么？这些问题均与海洋社会学的产生密切相关。

（一）"海洋世纪"的提出

"海洋世纪"是伴随着人类对海洋开发利用的不断深入而提出来的。海洋是地球上重要的地理单元，其广袤的面积和丰富的资源，自古以来就为人类社会发

展提供了有力支撑。但限于生产力发展水平,早期人类对海洋的开发利用程度有限,海洋仅仅是提供渔盐之利、舟楫之便。随着生产力的发展和科学技术水平的不断提高,特别是 20 世纪 60 年代以来,人类由以捕鱼、海运和盐业为重点的海洋产业时代,进入了现代海洋开发的时代,开始大规模开发海洋油气资源,发展海上娱乐和旅游事业等。20 世纪 80 年代初,世界各国的战略家们纷纷预言:"21 世纪将是海洋的世纪。"1990 年,第 45 届联合国大会通过决议,敦促世界各国把开发、保护海洋列入国家的发展战略。1992 年世界环境与发展大会通过的《21 世纪议程》指出:海洋是全球生命支持系统的基本组成部分,是保证人类可持续发展的重要财富和资源。1993 年,第 48 届联合国大会作出决议,敦促各国把海洋的综合管理列为国家的发展战略。1994 年,第 49 届联合国大会宣布 1998 年为"国际海洋年",之后每年的 7 月 18 日为"世界海洋日"。同时,历经近十年的讨论并于 1994 年 1 月 16 日正式生效的《联合国海洋法公约》,标志着国际海洋新秩序开始建立。2001 年 5 月,《联合国海洋法公约》缔约国大会文件中明确提出"21 世纪是海洋世纪"。就我国的相关研究来看,1995 年,有学者指出,"21 世纪将是人类更加依赖海洋的海洋世纪"[1]。1996 年,有专家称 21 世纪是"人们盼望已久的海洋世纪"[2]。《中国海洋 21 世纪议程》中指出,"21 世纪是人类全面认识、开发利用和保护海洋的新世纪"[3]。此后,相继有学者在海洋世纪的背景下展开了相关的研究论述。

笔者认为"海洋世纪"的提出是对 21 世纪海洋在人类进步和社会发展中的重要地位和作用的强调,是指要把与海洋相关的各种问题作为重要的问题来处理,如关于正确认识海洋的巨大价值、维护海洋权益的问题,关于更有效地开发利用海洋资源的问题,更好地保护海洋环境的问题,健全和完善涉海法律、管理问题等。

关于提出"海洋世纪"的原因,许多学者从海洋自身的价值以及人类社会需求的角度进行了分析。杨国桢认为,海洋世纪的出现,是世界历史演变的必然结果;21 世纪,海洋将是人类生存发展的第二空间,经济发展的重要支点,战略争夺的重点和人类科学技术创新的重要舞台。[4]林岳夫认为,21 世纪是海洋的世纪,一方面基于科学技术的进步,尤其是高新技术发展,人类具备全面认识和开发利用海洋的能力;另一方面是陆地资源日益短缺。[5]王诗成认为,当今世界,人口日益增长,资源日趋贫乏,环境正在恶化,世界各国正想方设法寻求改善生活质量和可持续发展的新路子,海洋是 21 世纪人类解决这些问题的最佳出路;海洋与国家政治、经济、军事以及社会进步有着密切的关系。[6]

(二)"海洋世纪"的特征

随着 21 世纪的到来,人类进入了海洋世纪。海洋世纪是人类全面认识、开发利用和保护海洋的世纪。而所谓海洋世纪的特征,也就是人们在认识海洋的重要价值、全面开发利用海洋资源以及保护海洋环境等活动中所呈现出的特点。笔者认为可以从以下几方面进行总结:

第一,人类海洋观念更新,海洋意识增强和海洋教育迅速发展。人类海洋观念的更新,表现在对海洋价值的认识不断深化,不仅仅局限在渔盐之利和舟楫之便上,更认识到了海洋在人类生存发展中作为生命保障系统的重要组成部分、生存空间、交通要道以及资源宝库的重要价值。而海洋作为蓝色国土的意识以及维护海洋权益的意识也不断深入人心,特别是《联合国海洋法公约》颁布实施以后,各国"海洋国土"的意识更加强烈。以日本为例,日本是典型的海洋国家,陆地资源匮乏,因此日本对国民进行国情教育的主题是:我们缺乏土地,没有资源,只有阳光、空气和海洋。近年来,强烈的海洋意识和海洋国土观念驱使日本做出了许多令人瞩目之举,如填海和构筑海上机场、海上城市等。[7]

第二,海洋开发利用的广度扩展、深度增加以及方式多样化。有学者认为,"海洋"开发可分为广度空间和深度空间两部分,并都具有"无限"延伸的特征;这里的广度单纯指海洋微观空间到整个海洋空间"横向"的广度空间,可以理解为海洋的广度空间是"平面的"、"一条线"上的延伸;深度是取其纵向发掘之意,在海洋空间的广度上,能够被不断挖掘的可再生、可循环能源等资源可称为海洋深度空间,如太阳能、风能、温差能、海流能、波浪能、潮汐能以及海洋渗透能等;广度空间是一条线上的不断延伸,深度空间是一个点上的不断深化[8]。笔者认为:其一,海洋开发利用广度的扩展包括两方面的含义,一方面指地理空间意义上的广度的扩展,即随着生产力的不断发展,人类对海洋的开发已经不仅仅局限在陆地附近的海域,而是从沿海走向近海,从近海走向远海;另一方面指人类可以或说能够开发利用的海洋资源的种类不断丰富,从单纯对海洋渔业资源的利用,到对海洋空间资源的利用,再到开发利用各种海洋新能源等。其二,海洋开发利用的深度的增加也包括两方面的含义,一方面指地理空间意义上的深度的增加,即人类在开发利用海洋的过程中,除了浅海资源的利用,对于深海资源的开发也逐渐加强,如深海石油的开采、深海矿产资源的开发利用等;另一方面,随着资源利用率的提高,对特定海洋资源的开发利用深度不断增加,如对海水资源的利用,除了可以进行海水养殖之外,还可以用做工业冷却水,通过海水淡化提供淡水等。其三,随着海洋开发利用广度的扩展和深度的增加,人类开发利用海洋的方式日益多样化。人类已经不仅仅停留在对海洋传统的、单一的开发利用模式上,而是对海洋综合的、全面的开发利用。

第三,海洋环境问题严峻,海洋环境保护列入重要议事日程。在一定的时空范围内,海洋丰富的资源并不是无限的。随着人类社会人口的急剧膨胀,工业化、城市化进程的加快,对资源的需求必然进一步加大。在利用海洋资源的同时,也带来了一定的海洋环境问题。以我国为例,改革开放以来,我国海洋环境变迁的基本状况是:海洋污染越来越严重,海洋生态环境遭受严重的破坏,海洋环境问题越来越突出。[9]海洋环境问题不仅会导致海水质量下降、海洋生物资源衰竭、种类减少、生态失衡等后果,还会产生特定的社会影响,如严重的经济损失、威胁人类身体健康、影响海洋经济的可持续发展以及引发社会冲突等。[9]"可持续发展"是国际社会在研究全球环境与发展问题时取得的共识,其实质就是以自然资源(包括物质资源、空间资源和能源资源)的持续利用为前提的发展模式。因而,面对海洋开发利用中出现的各种环境问题,为了可持续发展的需要,海洋环境保护必然成为21世纪的重要议程。

第四,海洋世纪是国际合作的世纪。由于海洋环境具有流动性,海洋生态系统是一个统一的系统,这就决定了海洋事务的国际性,许多海洋活动离不开国际合作。例如,对全球海洋现象的认识,不可能仅仅依靠一个国家的力量来单独完成。特别是目前世界正在遭遇的海洋资源枯竭、海洋环境破坏等海洋环境问题,它们不是特定地区或国家的问题,而是世界各国共同面临的现实问题。因此,对海洋环境的管理不仅是各国的管理,还要构建地区和国家的合作体制。各国通过国际合作应自觉承担本国的海洋管理相关责任以及对合作国家的相关的责任和义务。21世纪的海洋开发利用中,世界各国必须严格遵照《联合国宪章》和《联合国海洋法公约》的有关规定,从事海洋资源开发利用和海洋环境的保护。

(三)"海洋世纪"的环境社会学阐释

环境社会学是社会学的一门分支学科。饭岛伸子认为,环境社会学是关于环境与环境问题的社会学研究的总称,是基于社会学的方法、观点、理论来讨论物理的、自然的、化学的环境与人类生活和社会之间的相互关系,尤其是环境的变化带给人类社会生活的影响、作用及人类社会对环境造成的影响及反作用的一门学问[10]。哈姆菲利和巴特尔认为,环境社会学不仅要研究一般意义上的环境与社会的关系,还要通过研究环境与社会相互影响、相互作用的机制,来探讨人类在利用环境时对人的行为起决定作用的文化价值、信念和态度;社会学家应对弄清楚人类社会与环境之间冲突与协调的原因抱有兴趣[10]。"海洋世纪"的提出,在海洋与人类社会之间建立了某种联系,而"海洋世纪"是这种关系的概括和提升。因此,以环境社会学的视角阐释"海洋世纪",就是要说明"海洋世纪"这一名词本身包含着怎样的环境社会学意义,体现了怎样的海洋环境与人类社会之间的关系,理解"海洋世纪"提出的社会原因在哪里以及它的提出对人类社会产生了怎样的影响。

1.环境话语视角下"海洋世纪"的提出

从环境话语的角度理解,笔者认为"海洋世纪"是可持续发展话语下的一个名词。可持续发展话语的焦点在于如何对待和解决环境保护与经济增长乃至其他人类社会问题的关系,即如何看待环境、经济、人类社会之间的关系,环境保护、经济增长、社会发展是一致的还是相悖的。可持续发展话语的核心观念在于:制约不是绝对的,人类可以通过对技术和社会组织进行有效管理和改善来改变它。经济、环境与社会乃至科技之间是相互协调和统一的,经济增长、环境保护、社会公正是长期可持续的,它们可以共同取得进展,达到一种"正和"的结果[11]。正是在这样的话语背景下,面对经济、社会发展中面临的陆地资源紧张的局面,人们把目光投向海洋,希望通过对海洋的开发利用,解决现实发展中的一些问题,最终实现经济、社会的可持续发展。

2."海洋世纪"提出原因的环境社会学阐释

提出"海洋世纪",把海洋作为21世纪的时代特征予以强调,是在人海互动的过程中,海洋和社会力量共同作用的结果,其社会原因是多方面的。

首先,由于人类社会的进步和发展,对资源的需求不断增加,出现了人口膨胀、资源枯竭以及环境恶化等种种问题,而有限的陆地资源在解决这些问题时显得力不从心,人类社会与陆地的关系趋于紧张。

其次,由于国际社会对于可持续发展的推崇,在人类寻求问题解决方式的过程中,把目光转向了空间广袤、资源丰富的海洋。地球上"七分是海",庞大的海水本身就是一项重要的资源,提供工业用水、生活用水及氯、镁、钾等大量的化学元素。海底石油、天然气的产量是世界油气总产量的近1/3,而储量则是陆地的40%。此外还有滨海砂矿以及大洋多金属结核和海底热液矿床等,可提供锰、镍、钴等多种稀缺金属资源。海洋中的生物资源种类繁多,既可以为人类提供食物,有些也具有特殊的经济、科学和旅游等意义。海洋从海面上空一直延伸到海底的立体空间资源,可以用于运输、旅游等事业。海洋蕴藏的潮汐能、波浪能、海水温差能、盐度差能等,通过一定的技术手段,可以转换为电能为人类服务。据理论估算,世界海洋总的能量在 4×10^{13} kw,可开发利用的至少有 4×10^{11} kw[12]。海洋丰富的自然资源,使得新世纪海洋能够成为人类社会发展进步的物质基础。

最后,科技的发展和进步,为人类开发利用海洋提供了可行性,增强了人类开发利用海洋的信心。目前,海洋高科技在海洋石油、天然气和其他矿产开采、海水养殖、海水淡化、海洋交通运输、海水综合利用、海洋能利用和海洋工程等领域迅速发展,成为不断发展和扩大的海洋产业群和海洋经济支柱的推动力量。这些海洋科学技术的成果,为人类认识海洋、开发利用海洋提供了指南和工具。

由此可以得出,开发利用海洋,对于人类社会的可持续发展具有紧迫性、现实性和可行性。笔者认为虽然提出"海洋世纪"的社会原因是多方面的,但其根源在于工业化、城市化。正是在工业化、城市化的进程中,人类社会出现了各种各样的社会问题,陆地资源在解决这些问题时不堪重负,资源丰富、空间广袤的海洋成为另一个重要出路。在工业化、城市化进程中,随着科学技术的进步和人类认识水平的提高,人类开发利用海洋的能力增强,海洋不再是神秘莫测的世界,而是资源的宝库、可开发利用的对象。

3."海洋世纪"的提出对人类社会的影响

宏观上分析,"海洋世纪"的提出对整个人类社会的进步和发展产生了影响,21世纪人类的相关认识和活动都被打上了"海洋"的烙印。具体来讲,"海洋世纪"的提出从意识层面、经济层面、法律和制度层面、组织层面等对人类社会产生了重要影响。

首先,意识层面上,"海洋世纪"的提出是一次革新,使得人类对海洋有了全新的认识,对海洋的价值有了重新的评估。海洋不仅仅是空间巨大的水体单位,同时也蕴藏着丰富的资源,为社会的可持续发展提供动力。从"国际海洋年"的设立,到世界各国各种与海洋相关的文化节庆活动的活跃,无不体现出海洋在思想意识层面对人们的影响日益加深。

其次,经济层面上,"海洋世纪"的提出促进海洋产业及相关产业迅速发展和海洋产业的不断升级。通过海洋产业的发展,海洋中的一些资源被发现并转化为社会的物质财富,社会物质财富的增长表明了经济的迅速发展。统计显示,20世纪60年代末,世界海洋产业的产值为130亿美元;到了20世纪70年代,进入高速发展时期,每十年翻一番:20世纪70年代初为1100亿美元,1980年为3400亿美元,1992年达到6700亿美元,2002年,世界海洋经济产值约1.3万亿美元,占世界经济总量的4%[13]。以我国为例,据初步核算,2009年全国海洋生产总值31964亿元,占国内生产总值的比重为9.53%,占沿海地区生产总值的比重为15.5%。海洋产业增加值18742亿元,海洋相关产业增加值13222亿元。由图1我国2001~2009年的海洋生产总值情况来看,我国海洋生产总值一直保持较高的速度增长。

第三,海洋观念的更新,对海洋价值的重新评估以及海洋开发利用所带来的巨大利益,造成国家之间海洋权益的斗争更加激烈,进而导致人类社会关系日益复杂,特别是国家之间的关系。以我国为例,我国有着18000多千米的海岸线,拥有丰富的海洋资源。同时,海上邻国众多,而且相当多的国家是迫切需要通过海洋资源的利用来维持发展的,因而在东海、南海等海域,经常发生各种冲突。如钓鱼岛自古都是中国渔民避风、休渔的栖息地,目前已被日本实际控制;南海周边国家在我国南沙群岛海域钻探,蚕食海底石油天然气;日本则试图开采东海

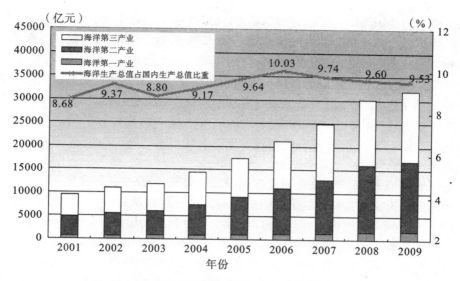

图1　2001～2009年全国海洋生产总值情况[14]

中日争议区油气等。伴随海洋权益斗争日益激烈而出现的,必然是沿海各国海军的不断强大以及与海洋相关的法律、管理机制的不断健全和完善。如《联合国海洋法公约》的制定实施就是世界各国海洋权益斗争在20世纪的产物,它在一定程度上为世界各国制定了行为规范和准则,维护了世界海洋秩序。

最后,随着对海洋的全面认识、开发利用和保护活动的开展,人类社会的组织化程度必然会大大提高。一方面,海洋环境的高风险性,使得单个的行为主体难以依靠自己的力量单独完成开发利用活动,而必须通过结合为组织以形成更强大的力量。如各种海洋研究机构、海洋捕捞专业合作组织、远洋运输公司以及各种海洋环境保护组织等。另一方面,海洋环境的整体性也使得人类在认识、开发利用和保护海洋的过程中提高组织程度。

此外,"海洋世纪"的提出,人类对海洋的全面开发利用也从一定程度上推动着科学技术的进步和环境保护运动的展开。总之,正如海洋世纪是人类全面认识、开发、利用海洋的世纪一样,海洋也从意识、经济、法律、科技、军事、政治等多个方面对人类社会产生着重要的影响和作用。

二、海洋社会学的产生与发展

海洋世纪的到来,促使了海洋人文社会科学的产生与发展,作为海洋人文社会科学大家庭中的一员,海洋社会学虽然产生得比较晚,但在国内一些学者的共同努力下,近些年海洋社会学也取得了一些令人欣喜的成就。不过,与一些已经相对成熟的其他海洋人文社会科学相比,海洋社会学还处于起步阶段。

追溯国内海洋社会学的产生过程,可以依照两个线索进行:一是与海洋社会学相关的研究内容的出现,二是"海洋社会学"一词的出现。

"海洋文化研究"可能是最早出现的与海洋社会学研究关系最为密切的一项研究。早在 20 世纪 70 年代,就有学者开始对海洋文化进行研究,如中国科学院自然科学史研究所的宋正海研究员于 1978 年在德国汉堡举行的第四届国际海洋学史会议上发表了《中国传统海洋学史的形成与发展》一文,[15]文中表达了作者对于中国海洋文化的一些观点。进入 20 世纪 80 年代,在厦门大学杨国桢教授等学者的努力下,海洋文化研究在国内发展起来了,至今海洋文化研究已经成为中国海洋人文社会科学的重要组成部分。综观国内的海洋文化研究,在学科取向上比较倾向于历史学,但更倾向于建立相对独立的学科——海洋文化学,而与社会学离得比较远,或者说,海洋文化研究者并没有表现出向社会学靠近寻求学科支撑的意愿,也没有表现出运用社会学的理论与方法进行海洋文化研究这样一种明确的意识。由此可见,海洋文化研究的出现对于海洋社会学的产生具有重要的意义,但还不是真正意义上的海洋社会学的产生。

"海洋社会学"一词最早是由杨国桢教授提出来。早在 20 世纪 80 年代,杨国桢教授不仅开创了海洋社会经济史的研究领域,而且极力呼吁建立海洋人文社会科学。杨国桢教授在极力呼吁建立海洋人文社会科学的过程中,早期曾使用过"海洋人文社会学"一词,但这里的"社会学"不是学科意义上的社会学,而是"海洋人文社会科学"的意思。不过,正是在呼吁建立海洋人文社会科学的过程中,杨国桢教授最早提出了"海洋社会学"一词。1996 年,杨国桢教授在《中国需要自己的海洋社会经济史》一文中第一次提到了"海洋社会学",之后,在《论海洋人文社会科学的概念磨合》《论海洋人文社会科学的兴起与学科建设》《论海洋发展的基础理论研究》等文章中,杨国桢教授又多次提到"海洋社会学",[16]在这些文章中,杨国桢教授不仅指出海洋社会学是海洋人文社会科学体系的重要构成部分,是海洋发展的重要应用基础理论之一,而且指出海洋社会学在刚起步时,可以借助环境社会学、发展社会学等理论开展应用研究,并同时指出了海洋社会学一些重要的研究内容。由上可见,杨国桢教授对于海洋社会学的产生的贡献是非常重大的,这不仅表现在杨国桢教授首次提出了"海洋社会学"一词,而且表现在他提出了建立海洋社会学的重要性以及如何开展海洋社会学研究等方面。

杨国桢教授所开创的海洋史学研究或海洋社会经济史研究为海洋社会学的产生还做出了另外一个贡献,即"海洋社会"概念的提出。20 世纪 90 年代,杨国桢教授在开创海洋社会经济史研究的初期,就使用了"海洋社会"一词,并对何谓"海洋社会"进行了界定。[16]之后,在《论海洋人文社会科学的概念磨合》一文中,再次对"海洋社会"进行了界定和阐释。综观杨国桢教授关于海洋人文社会科学研究和海洋社会经济史研究文献,我们会发现,"海洋社会"是一个非常重要的概念。虽然今天关于"海洋社会"是否存在以及"海洋社会"的含义是什么,还存在着一些争议,但"海洋社会"一词的出现,让人们将"海洋"与"社会"联系了起来,为开展相关研究提供了可能。

在杨国桢教授于1996年第一次使用"海洋社会学"这个概念后,时隔9年,直到2004年,庞玉珍教授的论文《海洋社会学:海洋问题的社会学阐述》发表后[17],国内社会学界才开始使用"海洋社会学"一词,也正是从此,国内社会学研究才出现了一个新的分支——海洋社会学,具有学科意义上的海洋社会学研究也才真正开始。之后,不断有社会学研究者发表文章,开始探讨海洋社会学的含义、特征、研究内容等,同时,一些具有海洋特色的研究,如海洋环境问题研究、"三渔"问题研究、海洋民俗研究、沿海社会变迁研究等也相继出现。

在国内,虽然海洋社会学的研究刚刚开始,还处在起步阶段,但经过多年的努力,已经取得了一些成果:

第一,海洋社会学基本理论研究和应用研究取得了一些突破性的成果,相关的研究已经展开,如海洋文化研究、海外移民研究、海洋环境问题研究、"三渔"问题研究等。也出版了一些著作,如《海洋社会——海洋社会学初探》《海洋社会学概论》等。

第二,海洋社会学已经进入省部级以上科研立项中,如2008年国家社会科学基金社会学学科中就有2项,即山东大学威海分校张景芬教授主持的《环渤海环境治理失灵问题的整合研究》和大连海事大学王艳玲老师主持的《我国海洋渔业保险制度与渔民社会保障问题研究》;全国哲学社会科学规划办公室公布的2010年社会科学规划项目课题指南社会学学科中首次设立了"海洋社会学研究"选题。2011年国家社会科学基金社会学学科中又有2项,即中国海洋大学崔凤教授的《海洋社会学的基本概念与体系框架研究》和赵宗金老师的《我国海洋意识及其建构研究》。

第三,海洋社会学专门研究机构和学术团体纷纷成立,如中国海洋大学在教育部人文社会科学重点研究基地——海洋发展研究院中设立了海洋文化与社会研究所,在国家"985"哲学社会科学创新基地——海洋发展研究中设立了海洋文化与社会研究方向,上海海洋大学成立了海洋社会与文化研究所等,广东省社会学学会设立了海洋社会学专业委员会等。中国社会学会海洋社会学专业委员会也已得到中国社会学会的批准并于2010年成立。

第四,海洋社会学人才培养已经开始,如中国海洋大学在社会学硕士专业中就设置了海洋社会学研究方向以培养海洋社会学专门人才,这是国内第一个也是唯一一个招收海洋社会学研究方向研究生的社会学硕士点。

第五，已经连续召开了3次"海洋社会学论坛"，即2009年在西安召开的"海洋社会变迁与海洋社会学学科建设论坛"、2010年在哈尔滨召开的"第一届中国海洋社会学论坛：海洋开发与社会变迁"、2011年在南昌召开的"第二届中国海洋社会学论坛：海洋社会管理与文化建设"。

三、海洋社会学的含义

关于"什么是海洋社会学"，部分学者已经进行了探讨，具有代表性的观点主要有以下几种：

一是庞玉珍教授的观点。"海洋社会学以人类一个特定历史时期特殊的地域社会——海洋世纪与海洋社会为研究对象，具体研究海洋与人类社会的互动关系，分析海洋开发对现代社会的影响，分析海洋开发所引发的人类社会一系列复杂的变化。"[17]

二是笔者的观点。"海洋社会学应该是一项应用社会学研究，它是运用社会学的基本理论、概念、方法对人类海洋实践活动所形成的特定社会领域——海洋社会进行描述和分析的一门应用社会学，海洋社会学既要对海洋社会的特征、结构、变迁等做出描述与分析，更要对现实的、具体的与人类海洋实践活动有关的社会生活、社会现象、社会问题、社会政策等做出描述、分析、评价和提出对策或解决办法。"[18]

三是张开城教授的观点。"作为一门应用社会学学科""海洋社会学以海洋社会为研究对象。"[19]

四是宁波教授的观点。"海洋社会学是社会学就人们关于海洋的社会关系所形成的理论建构，是社会学在人类海洋实践领域具体应用的产物。因此，海洋社会学是研究人类基于海洋所形成的各种互动关系的学问。"[20]

上述四种关于"什么是海洋社会学"的看法，虽然各有侧重，但从中我们得到以下信息：

第一，海洋社会学是特定历史时期的产物，即海洋社会学是适应海洋世纪到来的产物。

第二，海洋社会是海洋社会学的核心概念，是海洋社会学最具一般意义上的研究对象。

第三，海洋社会学要重点研究海洋与社会的相互影响关系，研究人类海洋开发实践活动中的互动关系。

第四，海洋社会学具有应用社会学的属性，可以看做是应用社会学的一项新探索。

综合上述情况,笔者认为,海洋社会学作为社会学应用研究的一个新领域,是运用社会学的概念、理论和方法对人类海洋开发实践活动的过程、影响因素及其后果进行研究的一门社会学分支学科,其研究对象是人类海洋开发实践活动,其研究内容是人类海洋开发实践活动的过程及其影响这一过程的社会因素以及人类海洋开发实践活动所产生的各种社会影响。

四、海洋社会学的学科属性

国内开展海洋社会学研究已有近十年的时间了,在这期间,研究者们围绕开展海洋社会学研究的必要性以及海洋社会学的含义、特征、学科属性、研究对象、研究内容等发表了十多篇学术论文。其中,在海洋社会学研究的必要性方面,研究者们基本达成了共识,即认为随着海洋世纪的到来,以及人类海洋开发实践活动的日益频繁,社会学应该体现时代精神,应该关注人类海洋开发实践活动与社会变迁的关系,在此基础上形成的海洋社会学应该成为海洋人文社会科学的必要组成部分,通过研究应该为海洋开发战略提供支撑;而在海洋社会学的含义、特征、学科属性、研究对象、研究内容等方面,到目前为止,研究者们的意见并不统一,争论一直存在,而且也会持续下去。有争论并不是坏事,只有通过争论,才能把相关问题搞清楚,最终才能达成共识,国内海洋社会学的发展必然要经历这样的过程,特别是海洋社会学初创阶段更是如此。在所有的争论中,海洋社会学的学科属性问题可能是最为重要的问题,因为只有这个问题解决了,才能更好地解决海洋社会学的含义、特征、研究对象、研究内容、研究方法等问题;同时,这个问题也关涉海洋社会学是否成立的问题以及能否被主流社会学接受的问题。所谓海洋社会学学科属性问题,主要是解决海洋社会学的学科归属问题以及在社会学学科体系中的位置问题,这个问题主要是通过回答以下两个问题来完成:海洋社会学是不是社会学? 如果是,那么海洋社会学是什么样的社会学?

要回答"海洋社会学是不是社会学"以及"海洋社会学是什么样的社会学"这两个问题,需要解决以下几个具体问题:

首先,海洋社会学与社会学的关系问题。

要回答海洋社会学与社会学的关系问题,首先得从社会学的学科分类说起。关于社会学的学科分类,至今也没有达成共识。社会学家莱斯特·沃德曾将社会学分为"纯粹社会学"或"抽象社会学"(Pure Sociology)与"应用社会学"(Applied Sociology)两大类,前者研究社会学的纯理论,后者研究实际应用;也有的社会学家提出"基本社会学"(Basic Sociology)与"应用社会学"(Applied Sociology)的区分,它强调了社会学的基础部分与应用部分的差异。[23]随着社会学的发展,国内外社会学界普遍认为社会学大致上可以分为两类:一是理论社会学,二是应用社会学。这样的划分只是相对的,因为所谓的理论社会学也有"应用"的问题,应用社会学也必须与理论相结合。关于理论社会学与应用社会学的区别与联系,沃德曾在《应用社会学》一书中做出过说明:理论社会学或纯粹社会学旨在回答"是什么"的问题,应用社会学旨在回答"为什么"的问题;前者处理的是"事实"、"起因"和"原则",后者处理的是"目的"、"结果"或"规划";前者探讨社会学主题的本质,后者探讨社会学的实际应用;一个应用社会学家是研究如何为政府、企业和社会团体提出解决问题的数据资料或对策的专家。[21]

如果将社会学分为理论社会学和应用社会学两类,那么,海洋社会学归属于应用社会学更为合适,或者说,在海洋社会学初创阶段,凸显海洋社会学的应用社会学属性更为合适。那么,如何理解海洋社会学的应用社会学属性呢?

第一,海洋社会学要突出"问题意识",要重点研究人类海洋开发实践活动中的各种问题。因为"应用社会学非常注重对实际社会问题的研究,研究的目标是要解决社会问题"[22]。人类海洋开发实践活动及其后果已经引发了一定的社会问题,那么这些问题需不需要以及值不值得社会学去研究呢?经过多年的探索,我们已经发现了一些需要以及值得社会学研究的与海洋有关的问题,如海洋环境问题、"三渔"问题、海洋区域发展问题、海洋权益问题、海洋文化问题等。海洋社会学的一个任务就是要不断发现这些问题并不断地去研究这些问题。

第二,海洋社会学要突出"学科意识",要重点运用社会学的理论与方法进行研究。海洋社会学作为社会学应用研究的一项新探索[23,24],就是要运用社会学的理论和方法来研究人类的海洋开发实践活动,因此,其研究视角应是社会学的。海洋社会学可以研究众多的问题,但不应是一个"大杂烩",从学科归属上应是社会学,所使用的概念、理论与方法应是社会学的。比如说社会学常用的概念里,结构、制度、群体、组织、文化、技术、变迁等如何与海洋社会学研究结合起来;再比如说,社会学传统的三大理论:功能论、冲突论、互动论如何应用到海洋社会学研究中?到目前为止,在这方面国内已有的研究体现得还不明显。海洋社会学必须强化学科意识,只有这样,才能与主流社会学进行对话,才能不被主流社会学边缘化,才能逐步融入到主流社会学之中[25]。

第三,海洋社会学要突出"理论意识",要能够在大量经验研究的基础上提出自己的研究范式。突出海洋社会学的应用社会学属性,并不否认海洋社会学应该形成自己的概念和研究范式,正如前面所提到的,"应用"与"理论"的二分法只是相对的,"应用研究"不仅仅是为了解决实际问题,也要为概念的提出和范式的形成服务。因此,海洋社会学要有理论追求,要心怀理论建树的抱负。比如说海洋社会、海洋文化等概念已经提出来了,还能不能提出新的概念?再比如,我们研究海洋环境问题,能不能突破环境社会学的研究范式,形成自己的研究范式?

我们研究"三渔"问题,能不能突破传统"三农"的研究范式而提出具有海洋特色的研究范式?

其次,海洋社会学如何体现社会学的学科特点。

要回答这个问题我们首先要弄清楚社会学的学科特点。所谓社会学的学科特点也就是社会学作为一个学科区别于其他人文社会科学的标志。孔德创立社会学时,突出的是实证性,即社会学区别于其他人文社会科学的标志是实证研究,其后,迪尔凯姆通过对自杀问题的研究确立了社会学的实证研究方法。不过,随着经济学等学科也大量采用实证研究方法之后,社会学以实证方法区别于其他学科就越来越困难。也有的学者从研究对象或研究问题的角度将社会学与其他学科区别开来,认为社会学是以"社会"为研究对象的,是研究"社会问题"的,但"社会"是包罗万象的,经济、政治等是其中的主要内容,经济学、政治学也同样可以看做是研究"社会"的;而所谓的"社会问题"也不是单纯的"社会"问题,也必将涉及经济、政治等方面,因此,经济学、政治学等也可以研究所谓的"社会问题"。于是,在其他学科的不断"侵入"下,社会学所谓的研究对象就越来越"萎缩",成为了一个研究"剩余"问题的学科,即研究其他学科不研究或研究剩下的"问题"的学科,即使这样,随着类似于经济学帝国主义的出现,所谓的"剩余"也所剩无几。时至今日,社会学再也不能单纯以研究对象来界定自己的学科界限了。在这种情况下,我们必须重新思考社会学的学科特点。

既然"学科划分已不再仅仅是以研究对象为分界",那么"研究方法和学科视角日益成为学科存在和发展的重要理由"。[26]"社会学是一种视角,即一种思考方式,或者也可说是一种观看和研究世界的方式。它重点关注作为社会一员的人"[27]。社会学的学科视角就是"社会人假设",而其研究方法就是经验研究。所谓"社会人假设"是说人的行为并不是孤立的,而是深受各种社会因素的影响和制约,同时其行为也会对他人与社会造成一定的影响。社会学的经验研究坚持的是这样一个假设:一切没有长期实地观察体验的研究结果,结论都是可疑的[26]。于此,我们可以说,社会学区别于其他人文社会科学的标识就是"社会人假设"和经验研究。

海洋社会学作为应用社会学的一个分支,就是要用"社会人假设"全面审视人类的海洋开发行为或人的涉海行为,分析人类海洋开发行为受哪些社会因素的影响和制约,又会对社会变迁产生怎样的影响以及产生哪些社会问题。同时,海洋社会学应大力开展经验研究,既要对人类已有的海洋开发经验进行研究,又要对现实的人类海洋开发行为进行经验研究。只有这样,海洋社会学才能成为一种社会学。

五、海洋社会学的研究对象

关于海洋社会学的研究对象,国内主要有以下几种看法:一是认为海洋社会学的研究对象应为海洋社会;二是认为海洋社会学的研究对象应为海洋与社会的相互关系;三是认为海洋社会学的研究对象应为海洋问题。关于海洋社会学研究对象有不同的看法,正是海洋社会学处于初创阶段的正常现象,不能依此否定海洋社会学存在的必要性。

有的研究者认为明确海洋社会学的研究对象对于海洋社会学的发展非常重要,从应用社会学的角度来看,确实如此,因为多数应用社会学从表面上来看都有较为明确的研究对象,如家庭社会学是以家庭和婚姻为研究对象的,组织社会学是以社会组织为研究对象的,体育社会学是以体育为研究对象的,等等。

正如前面所分析的,海洋社会学要想成为一种社会学,关键是要从"社会人假设"出发开展关于"海洋"的经验研究,这是最为重要的。不过,为了统一认识和规范海洋社会学研究,进一步明确海洋社会学的研究对象也是必要的。

从已有的观点来看,无论是海洋社会,还是海洋问题,都是人类海洋开发行为的结果;而探讨海洋与社会之间的相互关系,也需要以人类海洋开发行为为中介。社会学研究人的社会行为也是最常见的现象,如韦伯就认为"社会学是一门试图深入理解社会行动以便对其过程及影响作出因果解释的科学。"[28]因此,海洋社会学的研究对象应是人类的海洋开发行为。围绕人类海洋开发行为,海洋社会学要回答的问题主要有:人类为什么要进行海洋开发?以什么样的方式进行海洋开发?影响海洋开发的因素是什么?海洋开发产生了怎样的后果?特别是海洋开发对社会变迁造成了怎样的影响?围绕上述问题,就会形成海洋社会学的基本研究内容。

参考文献:

[1] 言利民. 海洋的世纪[J]. 学科教育,1995(2):34.

[2] 张登义. 抓住机遇,振兴国家海洋事业[J]. 当代海军,1996(5):34.

[3] 国家海洋局编. 中国海洋 21 世纪议程[M]. 北京:海洋出版社,1996.

[4] 杨国桢. 海洋世纪与海洋史学[J]. 东南学术,2004(S1)(增刊):290.

[5] 林岳夫. 海洋世纪将给人类生活带来巨大变化[J]. 海洋世界,2002(6):10.

[6] 王诗成. 21 世纪海洋战略(一)[J]. 齐鲁渔业,1997,14(5):1-3.

[7] 黄日富. 海洋世纪,让我们共同瞩目——写在 2005 年世界海洋日[J]. 南方国土资源,2005(7):6.

[8] 蔡一鸣. 海洋开发的广度和深度空间论[J]. 浙江海洋学院学报(人文科学

版),2009,26(4):12-13.

[9] 崔凤.改革开放以来我国海洋环境的变迁:一个环境社会学视角下的考察[J].江海学刊,2009(2):117-118.

[10] 吕涛.环境社会学研究综述——对环境社会学学科定位问题的讨论[J].社会学研究,2004(4):9.

[11] 蔺雪春.变迁中的全球环境话语体系[J].国际论坛,2008(6):8.

[12] 朱晓东,施丙文.21世纪的海洋资源及分类新论[J].自然杂志,1998,20(1):22.

[13] 广东省海洋渔业"十一五"规划研究课题组.全球海洋经济及渔业产业发展综述[J].新经济杂志,2005(8):76.

[14] 国家海洋局.2009年中国海洋经济统计公报[J].海洋开发与管理,2010(4):16.

[15] 李明春,徐志良.海洋龙脉——中国海洋文化纵览[M].北京:海洋出版社,2007:3.

[16] 杨国桢.瀛海方程——中国海洋发展理论和历史文化[M].北京:海洋出版社,2008:9.

[17] 庞玉珍.海洋社会学:海洋问题的社会学阐述[J].中国海洋大学学报(社会科学版),2004(6):133-136.

[18] 崔凤.海洋社会学:社会学应用研究的一项新探索[J].自然辩证法研究,2006(8):2-3.

[19] 张开城.应重视海洋社会学学科体系的建构[J].探索与争鸣,2007(1):37-39.

[20] 宁波.关于海洋社会与海洋社会学概念的讨论[J]中国海洋大学学报(社会科学版),2008(4):18-21.

[21] 罗杰·A·斯特劳斯.应用社会学[M].李凡,刘云德译.哈尔滨:黑龙江人民出版社,1992:2-3.

[22] 李强.应用社会学[M].北京:中国人民大学出版社,2004:3-5.

[23] 崔凤.海洋社会学:社会学应用研究的一项新探索[J].自然辩证法研究,2006(8):1-3,6.

[24] 宋广智.海洋社会学:社会学应用研究的新领域[J].社科纵横,2008(2):241-243.

[25] 崔凤.海洋社会学与主流社会学研究[J].中国海洋大学学报(社会科学版),2010(2):29-32.

[26] 李培林等.社会学和中国经验[M].北京:社会科学文献出版社,2008:6-8.

[27] 乔尔·查农. 社会学与十个大问题[M]. 汪丽华译. 北京:北京大学出版社，
2009:3.

[28] 刘少杰. 现代西方社会学理论[M]. 长春:吉林大学出版社,1998:141.

The Origin and Development of Marine Sociology in Chinese Mainland

Cui Feng

Abstract: With the advent of the ocean century, various countries, especially the coastal countries have increased their marine development efforts, which play a very positive role in relieving the shortage of resources due to the increase in population, and meanwhile will push the economic growth of the coastal areas, and furthermore will bring about social change in coastal areas. In this context, marine sociology emerged. As a new field of sociology applied research, marine sociology is a sub discipline of sociology, using the concept of sociology, theory and methods to study the process of the human ocean development practice and activities, affecting factors and its consequences. The object of study is human activities in ocean development, and its research content is the process of the human marine development activities and social factors that have impact on the process, as well as various social impacts produced in the human ocean development activities. As a kind of applied sociology, marine sociology must reflect the academic attributes of sociology.

Keywords: ocean century; marine sociology; applied sociology

（崔　凤:中国海洋大学法政学院教授 山东 青岛 266100）

建立海洋美学的构想

薛永武 ■

摘要：海洋美学是美学的一个分支，也是美学的一种部门美学。建构海洋美学既要借鉴美学的基本原理和方法，又要借鉴海洋科学、生态美学与环境美学的基本知识和原理，在坚持统筹兼顾、深化海洋综合管理、促进海洋可持续发展的同时，对海洋的生态进行系统的美学研究，以促进海洋审美经济的和谐发展；从美学理论创新的角度来看，通过研究海洋美学，以审美的眼光审视海洋与人文的关系，促进人类诗意的栖居，业已成为美学理论创新的重要突破口。

关键词：海洋美学；海洋科学；生态美学；环境美学

从实践的角度来看，为了促进海洋经济的和谐发展，我们不仅应该在法律上继续完善对海洋资源的环境保护，而且还应该从美学的角度出发，在坚持统筹兼顾、深化海洋综合管理、促进海洋可持续发展的同时，对海洋的生态进行系统的美学研究，以促进海洋审美经济的和谐发展；从美学理论创新的角度来看，通过研究海洋美学，以审美的眼光审视海洋与人文的关系，促进人类诗意的栖居，业已成为美学理论创新的重要突破口。

一、建构海洋美学的动力

从学理上来看，任何一门新的学科建构，都离不开特定的动力。海洋美学的建构，一方面离不开美学一般理论和各类部门美学的支撑，也离不开海洋实践对美学研究的迫切需要。

（一）美学一般理论和各类部门美学向社会各个领域的广泛渗透客观上促进了海洋美学的构建

20世纪80年代以来，中国美学异军突起，掀起了美学研究的大潮，尤其是美学向社会各个领域的广泛渗透以及部门美学异军突起、异彩纷呈，客观上为建构海洋美学提供了契机和理论动力。在美学向社会各个领域的渗透方面，美学几乎无所不在，如生命美学、人才美学、环境美学、生态美学、劳动美学、科学美学、工业美学（亦称技术美学、商品美学）、农业美学、服装美学、广告美学、政治美学、苦难美学以及各类艺术美学等。这些部门美学彰显了美学研究的普适性和广泛性，也说明了美学研究的生命力。在上述部门美学中，其中工业美学和农业美学都是以区域内涵作为美学研究对象的，我们可以设想，既然可以研究工业美学和农业美学，理所当然也可以研究海洋美学。

（二）盲目改造海洋与海洋污染迫切需要我们对海洋美学的探索

改革开放以来，伴随着海洋经济的发展以及沿海城市的发展，我国在改变海洋环境的同时，也出现了填海造田以及环境污染的现象。在填海造田方面，有的地方甚至喊出"向大海要地"的激昂口号，开始大规模的围海造田。根据网易新闻报道：2011年初，一份历时6年的中国908专项海岛海岸带调查曝光，中国海岸线因填海造地导致逐年减少。在过去20年间共700多个小岛消失。其中，浙江省海岛减少200多个，广东省减少300多个，辽宁省消失48个，河北省消失60个，福建省海岛消失83个。据国家海洋局统计，2010年中国填海造地面积达13598.74公顷，其中建设填海造地13454.91公顷。近海滩涂、红树林、潮间带等湿地，是陆地与海洋进行物质和能量交换的重要场所。对海岸带的开发会导致来自陆地的营养物质不能入海，威胁那些在海岸带生存的海洋生物，从而影响海洋食物链和渔业。由此可见，围海造田产生的后果是极其严重的，客观上改变了海岸线的位置和海岛结构形态，破坏了生态多样性的平衡，也影响了海域的自然生态景观。

从国际视域来看，荷兰、日本、美国等具有围海造田传统的国家，已经先后出现了海岸侵蚀、土地盐化、物种减少等问题。荷兰和日本已经开始反思过去的围海造田所产生的负面影响，开始自觉还陆归海，为恢复海洋生态做了积极探索。

此外，从海洋污染来看，随着沿海经济热的不断升温，海洋污染愈加令人担忧。在海洋污染方面，主要有海洋开发和海洋工程兴建、海洋石油勘探开发、倾倒废物、船舶排放、海上事故、湿地人为破坏和陆源污染等造成的各种污染。这些污染不仅严重影响了海洋生态的和谐发展，也影响了海洋经济的可持续发展，更从根本上扭曲了人类与自然、人文与海洋的辩证关系。从哲学的角度来看，人与自然本来应该天人合一，人海合一，共生共荣；从美学的角度来看，美是以善为前提和基础的，事物离开了善的本质，也就失去了美的真正内涵，虽然美不等于善，但美却离不开善，最起码不能有害或者是恶。因此，我们从审美的角度来看，围海造田虽然建设了一些新的人文景观或发展了地方经济，但客观上影响了海洋生态的平衡，产生了一些负面的影响，即不善乃至恶。至于各种海洋污染直接构成了对人类的危害性，这本身就是恶。

很显然，当人类的行为客观上污染了海洋的时候，这既是恶，又构成了丑，而不可能是美。我们热爱的海洋应该是美丽的、清澈的、干净的、蔚蓝的，而绝不是浑浊的、肮脏的。我们既要从善的角度出发,去改造和利用海洋,也要以审美的眼光,去发现海洋的美,去保护海洋的美,去创造海洋的美,努力把海洋的善和海洋的美和谐统一起来,这就需要我们加强对海洋美学的研究,把美学的角度视为判断改造和发展海洋经济的重要尺度,把对海洋的求真、向善与审美和谐统一起来。

二、建构海洋美学的学科依托

海洋美学是美学的一个分支,也是美学的一种部门美学。因此,建构海洋美学既要借鉴美学的基本原理和方法,又要借鉴海洋科学、生态美学与环境美学的基本知识和原理,才能对海洋美学进行系统的学理研究。

(一)美学基本理论对海洋美学的支撑

美学基本理论需要研究审美主体及其审美需要、审美客体、审美关系和审美价值。海洋美学也需要研究人类作为审美主体对海洋的审美观照,要研究海洋作为审美客体的审美属性,要研究人类作为审美主体对海洋的审美需要,研究人类作为审美主体与海洋形成的审美关系,研究海洋的审美价值。因此,研究海洋美学需要从美学基本理论中获取理论营养。

(二)海洋科学对海洋美学的支撑

海洋科学作为一门自然科学,研究的范围十分广泛。现代海洋科学分为基础性学科研究和应用性技术研究。基础性学科是直接以海洋的自然现象和过程为研究对象,探索其发展规律;应用性技术学科则是研究如何运用这些自然规律为人类服务的具体科学。在海洋科学中,海洋物理学是以物理学的理论、技术和方法研究发生于海洋中的各种物理现象及其变化规律的学科,主要包括物理海洋学、海洋气象学、海洋声学、海洋光学、海洋电磁学、河口海岸带动力学等。海洋化学是研究海洋各部分的化学组成、物质分布、化学性质和化学过程的学科。研究的内容主要是海洋水层和海底沉积以及海洋—大气边界层中的化学组成、物质的分布和转化,以及海洋水体、海洋生物体和海底沉积层中的化学资源开发利用中的化学问题等。海洋生物学是研究海洋中一切生命现象和过程及其规律的学科,主要研究海洋中生命的起源和演化,海洋生物的分类和分布、形态和生活史、生长和发育、生理和生化、遗传,特别是生态的研究,以阐明海洋生物的习性和特点与海洋环境之间的关系,揭示海洋中发生的各种生物学现象及其规律,为开发、利用和发展海洋生物资源服务。运用海洋科学研究海洋美学,我们可以根据海洋科学涉及的海洋生物多样性、海洋的声学特性、潮汐、潮流和海浪、海洋资源的开发与保护等,海洋美学需要研究海洋生物的特性及其丰富多彩的审美意蕴。海洋科学为海洋美学研究提供了自然科学的基础,海洋美学在吸取海洋科学的基础上,更加注重海洋整体论和审美论,即研究海洋的整体和谐与整体美。

(三)生态美学对海洋美学的支撑

生态美学从广义上来说包括人与自然、社会及人自身的生态审美关系,是一种符合生态规律的当代存在论美学。20世纪以来,生态学家提出了保护环境、维护人与自然的和谐发展等一系列力求解决自然困境的主张。国外生态美学兴起于20世纪80年代,1982年,由艾伦·卡尔森(Allen Carlson)和巴里·萨德勒(Barry Sadler)主编的《环境美学:阐释性论文集》(Environmental Aesthetics: Essays in Interpretation, 1982)在加拿大维多利亚大学出版社出版,标志着生态美学或环境美学的兴起。在西方首倡"生态美学"的是捷克学者和艺术家米洛斯拉夫·克里瓦(Miroslav Klivar)。我国学者在20世纪90年代中期提出了"生态美学"的概念,并很快在学术界引起强烈关注和探讨,不少学术刊物开辟了"生态美学研究"和"生态批评"的专栏。国内大部分学者认为,生态系统中的审美问题、生存环境的美丑问题,都属于生态美学研究的范围。笔者认为,生态美学既可以从生态学的角度思考美学问题,又可以从美学的角度思考生态环境建设问题。值得注意的是,入选世界文化遗产中自然遗产的标准是:"从审美和科学角度看具有突出的普遍价值的由物质和生物结构或这类结构群组成的自然面貌";"从科学或保护角度看具有突出的普遍价值的地质和自然地理结构以及明确划分为受威胁的动物和植物生境区";"从科学、保护或自然美角度看具有突出的普遍价值的自然景观或明确划分的自然区域"。由此来看,我们建构海洋美学既是保护海洋自然环境的需要,也有利于申请以及保护世界文化自然遗产,因此,我们应该通过研究海洋美学,从文化建设的高度来审视海洋审美文化,建设人类诗意栖居的海洋家园。

(四)环境美学对海洋美学的支撑

与海洋美学相关联的是环境美学。环境美学所论说的环境,是具有广义的环境概念,已经由人类中心扩大到生态整体,特别强调环境的整体意义和整体价值。1986年,芬兰约恩苏大学教授瑟帕玛出版了《环境之美:环境美学的基本模式》。环境美学注重研究人类对环境的审美需要,研究环境的审美价值,探讨维护和创造环境整体美的途径和方法。从环境美学看生态美学和海洋美学,环境美的灵魂是生态美,也包括海洋的环境美,因此,研究海洋美学可以从环境美学中汲取营养。目前国内外虽然对海洋生态学和环境美学都分别进行了深入研究,而且近年来还进行了比较具有创新意义的生态美学研究,但是,由于学科壁垒的局限,许多研究者受到学术视野的遮蔽性,海洋生态学研究主要成为自然科学的研究对象,而美学则成为人文社会科学的研究对象,二者各自为战,各自画地为牢,进行封闭式的研究,缺乏有机统一的交叉研究。这样,对于海洋科学的研究而言,客观上就缺少了美学这一重要的人文维度,而美学研究则忽视了海洋这一非常重要的研究对象。

作为生态学与美学的融合,海洋美学是由海洋生态学和美学组成的新的学科整合,体现了自然环境的美化与人类生存、发展的和谐相处,蕴含了人类与海洋共生共荣的互动关系。海洋美学作为海洋生态学与美学的有机结合,既是从海洋生态学的角度研究美学问题,又是从美学的角度研究海洋的生态问题,通过沟通海洋生态学与美学之间的内在关系,将生态学的重要观点和原理融入到美学之中,又把美学的重要观点和原理引入海洋生态学,从而形成一种崭新的海洋美学理论形态。

三、海洋美学研究的主要对象

海洋美学研究在借鉴海洋科学的基础上,拟从生态学与美学的交叉渗透出发,运用生态学和美学的原理,通过分析海洋生态系统的审美特征,对海洋的生态进行全方位、系统的美学研究,力求沟通作为自然科学的海洋生态系统与作为人文科学的美学研究之间的内在联系,为人类与自然、人类与大海的关系提供新的研究思路,探讨人类与海洋和谐相处,建构诗意的栖居生活家园和心灵家园的途径和方法。

海洋美学主要研究下面的内容:研究人类对海洋的审美需要;研究人类与海洋的审美关系;研究海洋审美文化艺术的特性;研究海洋的审美价值;研究海洋生态文明与沿海城市建筑、人文景观的和谐之美。

(一)研究人类对海洋的审美需要

通过研究人类对海洋的审美意识,进而把握人类对海洋的审美需要。人类不仅需要海洋为人类提供海洋资源和人类活动的空间,而且也非常需要把海洋作为人类的审美对象。从人类对海洋的审美关系来看,随着生产力的提高和航海技术的发展,人类在征服海洋的基础上,自然而然地逐渐产生了对海洋的审美意识,把海洋纳入了人类的审美视野,逐渐形成和发展了人类对海洋的审美意识和审美需要。伴随着社会发展的整体进步,人类追求诗意的栖居不仅体现在心灵的和谐与自由,而且也体现在走向海洋和拥抱海洋的行动上。我国改革开放以来,人才"孔雀东南飞"现象不仅表现为各类人才向东南沿海城市流动,而且也在一定程度上彰显了人才对海洋之美的欣赏,各类流动的人才在追求事业发展的同时,也在自觉不自觉地寻觅诗意的栖居——面向大海,融入大海,与海洋相亲相爱。

(二)研究人类与海洋的审美关系

海洋美学需要研究人类与海洋的审美关系,拟主要研究三个层面的内容:人类与海洋审美关系的形成;人类与海洋审美关系的发展;人类与海洋审美关系的恒定性。

1. 人类与海洋审美关系的形成

在人类航海史以前,人类面对浩瀚而又深不可测的大海,只能是充满了敬畏和恐惧之情,不可能把大海视为审美对象。从航海史的角度来看,人类只有具有了一定的航海能力以后,在一定程度上能够驾驭大海,这才有可能逐渐形成对海洋的审美意识,开始形成与海洋的审美关系。海洋美学可以通过回眸航海史和海洋文明史的视角,研究人类古代如何在征服大海中形成对海洋的审美意识的漫长过程,由此进一步探讨人类与海洋形成审美关系的漫长过程。

2. 人类与海洋审美关系的发展

人类在航海的初期阶段,由于受到航海技术和航海能力的限制,人类与海洋形成的审美关系是初步的、简单的和不稳定的。只有航海技术真正有了长足的发展以后,人类面对汹涌澎湃的海洋,才能够真正体现出人类应有的主体性,逐步与海洋形成比较稳定的审美关系。当然,这是从总体上来看待人类与海洋的审美关系;如果从具体的审美关系来看,个体社会成员与海洋的审美关系客观上必然要受到自身与海洋具体的利害关系的制约。一般而言,特定的社会成员愈能了解大海,愈能征服大海,愈能欣赏和体验海洋之美;反之,特定的社会成员不了解大海,没有征服大海的力量,面对大海只能产生敬畏乃至恐惧之情,客观上也不可能形成与大海的审美关系,也无法欣赏海洋的美。简言之,人类只有在感到海洋对自身无害的前提下,才能够对大海产生美感。

3. 人类与海洋审美关系的恒定性

回眸人类与海洋的审美关系史,我们可以发现,人类对海洋的审美关系客观上又有一个漫长的形成与发展的过程,而且这种审美关系是随着人类与海洋关系的变化而不断发生变化的,但不论怎样发生变化,人类与海洋的审美关系仍然具有一定程度的恒定性,即相对的稳定性。也就是说,在社会发展进步史上,人类与海洋的审美关系是历史生成的,因而具有一定程度的客观规定性。因为美是以善为前提的,人类已经发现了海洋对人类具有多方面的价值,海洋的各种物产能够给人类带来巨大的经济价值,沿海环境也非常适宜人类的生活和居住,人类与海洋在长期的互动关系中,人类还赋予了海洋积极的人文精神,如海纳百川所蕴含的包容精神等。从审美的角度来看,尤其是海洋自身的形式美及其各类海洋生物的形式美客观上直接为人类提供了丰富多彩的审美对象,由此也说明了人类与海洋审美关系的恒定性。

(三)研究海洋审美文化艺术的特性

人类与海洋形成审美关系以来,人类对海洋的审美关照,成为海洋审美文化艺术的重要驱动力。因此,海洋美学必然要研究海洋的人文特性,研究人类以海洋及其海洋劳动和生活、旅游等实践活动为描写对象的文学、音乐、绘画、雕塑和工艺品等,研究海洋文化产业的审美特性等。

1. 研究海洋的人文特性

海洋作为自然事物,随着人类社会的发展进步,逐渐具有了人化自然的韵味,人类自觉不自觉地赋予了大海以各种人文特性,如海纳百川、海底捞月、海阔天空、海角天涯、海底捞针、海市蜃楼、海狮试炼、海晏河清和海归等。尤其是随着海洋文明的发展,海洋文明之美愈加成为人们关注的话题。因此,海洋美学可以研究海洋的人文特性,以此为视角,深入研究海洋与人类的亲缘关系,把握海洋所蕴含的人文之美。

2. 研究人类以海洋及其海洋劳动和生活、旅游等实践活动为描写对象的文学、音乐、绘画、雕塑和工艺品等

在人类与海洋的审美关系史上,作为文化遗产,人类创造了大量以海洋及其海洋劳动和生活、旅游等实践活动为描写对象的文学、音乐、绘画、雕塑和工艺品等。这些作品大多直接或间接反映了人类的海洋生活,表达了人类对海洋的情感和人文意识。众所周知的妈祖文化作为一种特殊的海洋文化,也是一种具有普世性的民俗文化,更是一种具有审美价值的审美文化。妈祖形象、妈祖建筑、妈祖民俗与妈祖艺术的审美性都紧密依附于海洋的自然环境和沿海风俗,构成了丰富多彩、琳琅满目的审美形象。这些妈祖文化作为海洋文化的组成部分,客观上成为海洋美学需要关注的研究内容。

3. 研究海洋文化产业的审美特性

文化产业是新兴的朝阳产业,而海洋文化产业在未来的产业发展中,随着海洋强国战略的实施,必将会强势融入我国迅速发展的文化产业,成为文化产业异军突起的一种重要力量。如海上艺术与体育表演、祭海大典、海洋生物仿真表演、海洋生物动漫游戏、海洋生物面具化装舞会、游艇艺术表演、各种海滨旅游等。这些各具特色的海洋文化产业都具有独特的审美属性,海洋美学可以根据这些产业的不同特点,展开对研究对象的深入探幽。

(四)研究海洋的审美价值

研究海洋美学可以从海洋生态系统的审美属性及其满足人类对海洋的审美需要相统一的高度出发,探讨海洋丰富的审美价值,比如海纳百川对人生的审美

教育价值等。

1. 探讨海洋生态系统的审美属性

通过研究人类与海洋的审美关系,探讨海洋生态系统的审美属性,通过对海洋生物结构的特征和色彩进行审美鉴赏与分析等,可以极大地拓展人们的审美视野。探讨海洋生态系统的审美属性,可以切入两个维度:第一,研究海洋外在的生态系统的审美属性,包括静态之美和动态之美。海洋的静态之美,是指有海的地方,必然有山,有蓝色的天空,这在客观上构成了山水与蓝天相和谐的自然美;海洋的动态之美,是指海浪撞击岸边礁石所构成的浪花之美、在海风的催动下各种狂涛巨浪之美等。第二,研究海洋生物多样性的结构与形态之美。海洋各种生物在数量上数不胜数,在结构和外在形态上更是各具特色、异彩纷呈。海洋美学可以研究海洋生态系统丰富的审美属性。

2. 人类对海洋的审美需要

在人类与海洋构成的关系史上,人类不仅需要从海洋中获得实际的物质利益,而且还有对海洋的审美需要,从海洋中获得审美价值。大海的浩瀚、辽阔、深邃与波澜壮阔、大气磅礴,蕴含了一种力量的美、一种崇高的美、一种特殊的壮美。对于人类而言,大凡具有较高审美意识的审美主体,大多能够欣赏海洋的这种美,即人类对海洋的审美需要具有普世性和永恒性,从而决定了人类对海洋审美关系的可持续发展。海洋美学要研究海洋的美,离不开人类对海洋审美需要的研究,因为正是人类对海洋的审美需要,才影响和决定了人类与海洋审美关系的形成和发展。

3. 海洋审美价值的形成与发展

海洋的审美价值一方面取决于人类对海洋的审美需要,另一方面又取决于海洋作为审美客体所具有的特殊的审美属性,即海洋的审美价值是在人类这一审美主体与海洋作为审美客体所形成的审美关系中形成的,并且随着人类与海洋审美关系的发展变化而发展变化。因此,海洋美学研究海洋审美价值的形成与发展,必须把海洋的审美价值纳入人类与海洋所形成的审美关系中加以考察,并且以动态的研究视野,既要注重研究人类对海洋的审美需要,又要研究海洋作为审美客体自身审美属性的某些发展变化。比如海洋人文景观如果能够成功实现海洋的人化自然,就有利于提升海洋的审美价值;反之,如果海洋人文景观自然人化失败,海洋环境污染,就必然降低海洋的审美价值。

(五)研究海洋生态文明与沿海城市建筑、人文景观的和谐之美

近年来,世界各国愈加重视海洋经济的发展,海洋经济已经成为国家经济发展的重要资源。从建构海洋美学的角度来看,我们应该把海洋经济的可持续发展与海洋生态的文明发展和谐统一起来,促进海洋经济又好又快的发展,一方面

以海洋经济的发展促进海洋审美的拓展与丰富；另一方面，注重从天空、海洋和海岸三者和谐统一的视角出发，对海洋进行立体的审美研究，以海洋的审美性促进海洋经济的科学发展，促进海洋经济与海洋美学的积极互动。海洋美学在研究上述内容的同时，还要研究海洋生态文明与沿海城市建筑、人文景观的和谐之美，这实际上也是对海洋审美客体外延的延伸，是对海洋人文化的美学认同。在这方面，海洋美学尤其要关注海岸带经济化与审美化的融合，避免单纯为了经济利益，而忽略了海岸带的人文意蕴与审美建构。

综上可见，无论是从海洋审美经济抑或从美学自身的建设来看，无论是从美学理论建设抑或是社会实践的需要来看，构建海洋美学都是必要的。如果说工业美学主要研究陆地工业生产及其产品的美，农业美学主要研究农业生态之美与农业劳动产品之美，那么，海洋美学则主要从美学的角度出发，在坚持统筹兼顾、深化海洋综合管理、促进海洋可持续发展的同时，对海洋的生态进行系统的美学研究，以审美的眼光审视海洋与人文的关系，促进海洋审美经济的和谐发展，吸引人类走向海洋的诗意栖居。

Conception of constructing Marine aesthetics

Xue Yongwu

Abstract：Marine aesthetics is a branch of aesthetics. To construct marine aesthetics, we need to draw on both the basic principles and methods of aesthetics, and also the basic knowledge and principles of marine education, ecological aesthetics and environmental aesthetics. While adhering to a balanced way, comprehensive marine management and sustainable marine development, we need to view the issue from the perspective of aesthetic theory innovation, and establish human poetic dwelling by studying marine aesthetics and examining the relationship between the ocean and the humanities. This has become a breakthrough in aesthetic theory innovation.

Keywords：marine aesthetics；marine science；ecological aesthetics；environmental aesthetics

（薛永武：中国海洋大学文学与新闻传播学院教授、院长 山东 青岛 266100）

我国海洋人才的供给分析

王琪 王璇 ■

摘要：实现海洋人才充分、有效的供给，是建设一支能力强、素质高的海洋人才队伍的基础，也是建设海上强国的基础。目前，我国海洋人才供给总量不断增加，但在人才供给的质量上仍存在问题。因此，应大力发展海洋教育，不断提高海洋人才管理水平，从而实现海洋人才充分、有效的供给。

关键词：海洋人才；海洋人才供给；海洋教育；人才管理

"人才资源是最重要的资本和第一资源"。发展海洋事业，建设海洋强国，关键在于海洋人才。只有实现海洋人才充分、有效的供给，才能建设一支能力强、素质高的海洋人才队伍，我国的海洋事业才能获得长足发展。因此，分析我国海洋人才供给的现状，研究我国海洋人才供给不足的原因，探讨实现我国海洋人才有效供给的措施，具有十分重要的理论意义和现实意义。

一、我国海洋人才供给的现实分析

（一）我国海洋人才供给的现状

据测算，2010 年我国涉海就业总人口达 3350 万，海洋人才资源总量已经达到 160 多万人，约占全国人才总资源的 2%。[1] 目前，我国的海洋人才可以大致划分为：海洋管理人才、海洋研究人才、海洋技术人才、海洋技能人才、海洋教育人才、海洋体力劳动人才，涉及海洋经济、管理、科研与服务、教育等几大领域，包括海洋、交通、渔业、旅游、环保等 20 多个涉海行业部门以及 260 多家科研院所和大专院校，也涉及全部沿海省份。可以说，我国已经初步形成一支规模庞大、涉及领域广、层次结构分明的海洋人才队伍。海洋人才队伍的发展壮大，是建立在充足的海洋人才供给的基础之上的。当前，我国正处于加快发展海洋事业、建设海洋强国的关键时期，各类涉海院校纷纷抓住机遇，逐步扩大涉海专业的招生规模，为国家培养了大批优秀的海洋人才，增加了海洋人才的供给。

表 1-1　2000—2009 年全国各海洋专业毕业生统计表

年份	博士研究生	硕士研究生	本、专科学生
2000	89	191	1700
2001	103	289	5948
2002	110	291	6631
2003	146	416	9390
2004	179	546	10120
2005	235	771	11109
2006	330	940	13203
2007	323	1216	15364
2008	395	1424	17757
2009	627	2644	37245

数据来源:《中国海洋统计年鉴》(2001—2010 年)

从表 1-1 的数据中可以看出,进入新世纪以来,我国各海洋专业的博士、硕士、本科、专科毕业生呈稳步上升趋势。其中博士研究生毕业生人数这十年增长了 7 倍,硕士研究生毕业生人数增长了 13.8 倍,本、专科毕业生人数增长了 21.9 倍。各海洋专业毕业生人数的不断增长为我国海洋人才供给的增加奠定了坚实的基础。

(二)我国海洋人才供给的不足

要实现海洋事业的跨越式发展,离不开大批高素质海洋人才的支撑。目前我国海洋人才供给在数量上初具规模,但是与发达国家相比、与我国的其他产业行业相比、与现阶段海洋工作的实际需要相比,我国的海洋人才的供给在质量上还存在许多问题,远不能满足当前及未来海洋事业发展的需要。

(1)海洋人才供给不平衡。我国海洋人才虽然已经涵盖了 20 多个海洋行业及部门,也涉及全部沿海省份,但仍存在供给不平衡的问题。首先,我国海洋人才供给专业分布不平衡。相比较而言,我国海洋理科人才偏多,工科人才不足,海洋经济、海洋法律、海洋文科人才甚少,而海洋企业经营管理、有国际影响的企业家更是奇缺。其次,我国海洋人才供给地域分布不平衡。我国海洋人才主要分布在青岛、广州、上海、厦门、北京、大连等大中城市,其中山东省的海洋专业技术和技能人员最多,分别占总量的 18% 和 20%,而海南省的海洋专业技术和技能人员最少,仅占总量的 2.8% 和 1.8%。[2]

(2)海洋复合型人才供给短缺。海洋是一个具有巨大时空特性的开放性的复杂系统,海洋事业涵盖了海洋资源、环境、生态、经济、权益和安全等方面的综合管理和公共服务活动,这就决定了海洋事业的发展,不仅需要各类专业海洋人才,更需要大批既懂海洋专业知识,又懂政治、经济、法律、管理及外语的复合型海洋人才。以海洋维权执法人员为例,一个高素质的海洋维权执法人员首先要学法、懂法并能将法律法规熟练运用到实践中。其次,还必须掌握海洋领域的专业知识。此外,海洋维权执法非特殊情况不可能配备翻译,这就要求执法人员必须熟练运用外语,在特殊情况下,海洋维权执法人员可能还需要运用军事侦察知识。像这样既懂法律、又懂海洋专业知识,还能熟练掌握外语的复合型海洋人才在中国海监队伍中是少之又少。

(3)海洋技能型人才供给不足。随着我国海洋经济的迅速发展,需要大量的海洋技能型人才,但是目前,我国海洋技能型人才供给短缺,后备力量薄弱,已成为制约我国海洋经济进一步发展的"瓶颈"。以我国的远洋高级船员为例,按照相关部门的预测,2011~2015 年期间我国高级船员需求量年均为 65000 人左右。根据统计,2005~2007 年我国的海运相关专业院校培养的大中专生就业于航运企业的分别为 4087 人、4823 人、6259 人,按照正常升职时间 2 年计算可以成为高级船员,2005~2007 年仅能分别提供 3611 人、4261 人、5530 人高级船员。而现有高级船员每年流失约 3600 名,因此自 2007 年到 2009 年每年的缺口分别为:270 人、1107 人、1335 人。而 2010 年以后每年的缺口将逐年增加[3],因此供给远远满足不了市场的需求。

二、我国海洋人才供给不足的原因分析

我国是一个人力资源大国,但还不是人力资源强国。要解决我国海洋人才供给的不足,首先应明确造成这些问题的原因。本文试从海洋人才教育和海洋人才管理两个方面,分析我国海洋人才供给不足的原因。

(一)海洋教育方面

海洋教育是培育海洋人才的重要手段,海洋人才供给的规模和质量首先取决于海洋教育的发展。当前,我国海洋教育的发展还不能满足当前海洋事业发展对海洋人才的需要,特别是高等海洋教育和职业海洋教育发展的不完善,必然会影响海洋人才的供给。

1.高等海洋教育发展的不完善

高等院校是我国海洋人才供给的主力军,其培养的海洋人才质量将直接影响我国海洋事业的发展。目前,我国高等海洋教育存在以下两个问题,制约着海洋人才的有效供给。

(1)我国海洋高等教育整体发展不平衡。从地域上看,我国主要涉海高校都

集中在东部沿海省份,其中山东作为我国海洋高等教育的重要基地,一直处于领先地位,上海的海洋高等教育整体实力也很强,辽宁、广东、江苏、福建、天津、浙江则在海洋高等教育的不同方向各有强项,但是海南、河北、广西这3个沿海省份的海洋高等教育一直比较薄弱,涉足领域较窄。从人才培养的质量上看,少数高校海洋教育历史长、师资强、水平高,但不少涉海高校,特别是一些地方高校在海洋人才培养上存在着缺乏高水平师资、人才培养模式统一化等问题。海洋高等教育整体发展的不平衡必然会影响海洋人才供给在地域上分布的不平衡,海洋高等教育发展较强的省份,各类海洋人才的供给也相对充足,如山东省。而海洋高等教育发展薄弱的省份,各类海洋人才的供给必然会相对缺乏,如海南省。

(2)我国海洋高等教育专业结构不合理。海洋是一个开放的、具有多样性和特殊性的复杂系统,这就意味着对于海洋问题的研究不仅涉及自然科学,还不可避免地涉及人文社会科学。而目前,我国各涉海高校在专业设置上,都存在重视海洋自然科学而忽视海洋人文社会科学的问题。海洋人文社会科学与海洋自然科学在学科建设上明显处于人数少、层次低、经费不足的弱势地位上。海洋社会科学发展的滞后,必然导致海洋管理、海洋法律、海洋经济等方面人才供给的不足。

2.职业海洋教育发展的不完善

大力发展海洋职业教育,增加海洋技能型人才的供给,是实现海洋事业跨越式发展,建设海洋强国的迫切需要。但是,我国海洋职业教育的发展远不能满足海洋经济发展对海洋技能型人才的需求。在许多沿海发达国家和地区,海洋职业教育长期以来备受关注,如澳大利亚,有60%的职业院校是专门为海洋经济各部门、各企业培养配套技能型人才的,有80%的专业都是围绕海洋开发、海洋利用进行设置[4]。而在我国的职业教育体系中,由于受市场需求的影响,许多省市的职业教育都偏重于市场需求量相对较大的计算机、外语、财会等专业的人才培养,而市场需求量相对较小、专业性极强的职业海洋教育一直得不到应有的重视。我国职业海洋教育院校在数量上的不足,必然导致海洋技能型人才供给不足,后备力量薄弱。

(二)海洋人才管理方面

人才的存在与发展,需要教育,同样也离不开管理。科学规范的人才管理是实施人才强国战略的重要保障。人才管理不到位,就无法做到吸引人才、留住人才、人尽其才,必然会影响我国海洋人才的有效供给。我国海洋人才供给的不足,从人才管理方面来看,有以下几个方面的原因:

1.海洋人才的选拔任用方式不够合理

人才的选拔任用,是整个人才管理工作的核心。但是长期以来,我国各涉海单位,在海洋人才的选拔任用过程中,仍存在着论资排辈、平衡照顾的观念;海洋人才的选拔任用,不是看水平、能力、实绩,而是注重资历、年龄、入职早晚。尤其是海洋科研机构,在项目申请、课题承担等课题管理中上述现象仍普遍存在。此外,受"学而优则仕"的传统观念的影响,大批在科研上有所建树的海洋科研人才纷纷走向了行政管理岗位,仅国家海洋局系统就有一半的专业技术人员兼任领导管理岗位。这种人才任用方式直接影响了海洋人才专业技术水平的充分发挥。许多年轻海洋科研人员稍微显现出一定的科研与工作能力就被提拔到管理岗位,致使年轻的海洋人才急功近利,无法潜心研究。海洋人才在选拔任用上存在的这些问题,都影响到海洋人才的有效供给。

2. 海洋人才的岗位培训不太到位

岗位培训是一种以提高在职人员素质为目的的非学历培训。及时、连续、有计划的人才培训是保持和增进人才竞争力和人才活力的有效途径。当前我国海洋事业的发展迫切需要大批复合型人才,复合型海洋人才的培养除了需要学校的正规教育,更需要在实际工作中日积月累,在工作中不断完善其知识体系。岗位培训因具有理论联系实际、学以致用的特点对于复合型海洋人才的成长就显得尤为重要。但是,目前我国海洋行业的岗位教育仍处于缺乏统一规划、统筹安排的无序状态,海洋行业的岗位教育体系还没有形成,许多涉海机构的岗位培训只是象征性的,且偏重短期技能培训,缺乏长远目光,学习与培训缺乏系统性与连续性,这势必会影响海洋人才知识体系的及时更新,在一定程度上阻碍了复合型海洋人才的快速成长。

3. 海洋人才流动相对缺乏活力

人才流动是实现人才合理配置,使各类人才才能得到充分发挥的基础。但是,目前我国海洋人才的流动相对缺乏活力,海洋人才的市场化配置机制还不健全。目前,我国还没有建立起统一的海洋人才市场,海洋人才流动在一定程度上还受到学历、身份、地域、行业的限制。不同性质的涉海单位之间,如涉海的科研单位与企业之间,人才流动困难,造成一些地区和单位海洋人才资源丰富,但部分海洋人才未能在适当的岗位上充分施展才华,而在一些地区和单位,海洋人才缺乏,工作难以打开局面。海洋人才流动缺乏活力,致使海洋人才不能合理流动、有效配置,势必会造成海洋人才在地域、专业结构上供给的不平衡。

4. 海洋人才激励措施缺乏一定的灵活性

通过灵活多样的人才激励措施来最大限度地激发人才的积极性和主动性,是现代人才管理工作的重要任务。海洋是不同于陆地的特殊的自然体,受海况的制约以及海洋灾害的威胁,海上工作与陆地工作相比,工作条件更为艰苦。此外,如远洋航行、海上科考等工作需要长时间的海上作业,对于工作人员来说,除了身体上的考验,还有心理上的考验,这就对海洋人才的激励措施提出了更高的要求。对于海洋人才的激励措施不仅要有物质奖励,更要注重在海洋这一特殊工作环境下的精神奖励。但是,目前我国的海洋人才激励措施缺乏一定的灵活性。一方面,过于注重物质激励,而忽视精神激励。许多涉海单位只希望用高薪、高福利留住人才,而忽视了为海洋人才提供有利于其工作的场所和氛围,提供有发展前途的培训机会等精神层面的激励措施。另一方面,对海洋人才的重奖措施难以落实。各地虽出台了不少对海洋人才实施重奖的办法,但实际工作中,却存在重奖资金难以落实的问题,而政府的重奖行为又局限于极少数人,激励效果不明显。激励措施的不灵活,使得海洋领域对人才缺乏吸引力,既影响人才向海洋领域的流入,也会导致海洋人才向其他行业或国家流出。

三、实现我国海洋人才有效供给的措施分析

全面推进国家的海洋战略,实现我国从海洋大国向海洋强国的跨越式发展,需要尽快造就一支结构合理、素质优良的海洋人才队伍。为促进海洋事业与海洋人才供给的协调发展,可以采取以下措施:

(一)进一步发展海洋教育

兴海强国,必先强教。要实现海洋事业的跨越式发展,关键靠人才,基础在教育。只有大力发展海洋教育,才能不断扩大海洋人才规模、提高海洋人才素质、优化海洋人才结构。

1.优化高等海洋教育

高等海洋教育体系的优化,首先应调整涉海高等院校的海洋专业设置。21世纪,我国海洋开发必有大发展,与海上周边国家划定海洋边界,解决岛屿主权争端,保护海洋安全,养护海洋生态环境,维护海洋权益,发展海洋经济的任务愈来愈突出。因此,涉海高等院校应在继续发展海洋自然科学的基础上,加强对海洋人文学科的建设,建设好海洋政治学、海洋经济学、海洋社会学、海洋法学、海洋管理学、海洋史学等海洋人文分支学科,以满足对海洋管理、海洋法律、海洋经济等方面人才的需求。同时,海洋的开放性、多样性和复杂性在客观上决定了海洋专业教育应具有多学科交叉、渗透和综合的特点。因此,涉海高校在学科发展上,不能将海洋自然科学与海洋人文学科的发展完全割裂开,要注重海洋自然科学与海洋人文科学之间的相互融和,发展海洋综合学科,从而培养既懂海洋自然科学,又懂海洋人文、社会科学和管理科学的综合性人才。此外,涉海高校还应创新人才培养途径,走"产、学、研"相结合的培养之路。涉海高校要加强与企业和社会的联系,积极开拓新领域,通过校企合作办学、建立校外实习基地等方式,充分发挥"产、学、研"结合对培养和锻炼学生的作用。"产、学、研"结合是培养优

秀海洋人才的有效途径,只有三者结合才能进行知识创新,也只有三者结合,才能向社会供给既有科研能力,又符合实践需要的海洋人才。

2.发展职业海洋教育

我国海洋技能型人才供给的不足,需要大力发展海洋职业教育,通过提高海洋职业教育的水平来弥补。各级政府首先要重视海洋职业教育,突出政府在海洋职业教育发展中的主导地位,适当扩大海洋职业类院校的招生规模,使海洋职业教育的招生规模要与相关海洋行业的需求大体相当,各专业的招生数量要与就业岗位相适应,为海洋技能型人才的供给奠定基础。

(二)提高海洋人才管理水平

造就结构合理、素质优良的海洋人才队伍,不仅依靠海洋教育,还需要科学化、制度化和规范化的海洋人才管理。因此,可以从以下四个方面,来提高海洋人才管理水平,优化海洋人才队伍结构。

1.建立竞争择优的选拔任用制度

科学的选人用人机制是实现海洋人才全面发展的根本。各涉海单位应努力创造公平、公正、公开的用人环境,逐步建立以能力和业绩为标准的选拔任用制度,彻底打破"论资排辈"的现象。对科研成果优异和工作成绩突出的人员,可破格晋升专业技术职务。通过公平竞争,选择优秀中青年海洋科技人才担任科研机构、重点试验室及国家级和省级重大课题组的主要负责人,促使中青年海洋科技人才在实践中得到锻炼,使其迅速成长并脱颖而出。对海洋经营管理人员及海洋科技人员要逐步实施聘用制和合同化管理,积极推行专业技术职务评、聘分开,破除专业技术职务终身制。从而建立能进能出、能上能下、竞争择优的选拔任用制度,使各类海洋人才人尽其才、才尽其用,从而保障各类海洋人才的有效供给。

2.健全岗位教育培训体系

要使海洋人才的岗位培训制度化、正规化、日常化,首先应提高认识。要高度重视海洋人才的岗位培训工作,把岗位培训作为一项长期工作来抓,要把开展岗位培训的成效作为领导干部绩效考核的重要内容,对组织不力、效果不明显的,要追究领导责任。其次,要不断扩大海洋人才岗位培训的覆盖面,使越来越多的海洋人才有机会参加岗位培训,及时更新知识体系,不断提高技能水平,了解国内外海洋发展的最新信息和经验,适应海洋事业迅猛发展的客观需要。再次,要规范岗位培训的形式。对于专业性较强的岗位,可以采取学校脱产培训的方式,进行系统的理论学习;对于实践性较强的岗位,可以采取定期开办培训班或到兄弟单位交流学习的方式,在实际工作中完善自身的知识结构,逐渐达到海洋人才业务水平全面提升的目的。

3. 完善海洋人才流动机制,合理配置人才资源

首先,要破除海洋人才为固定部门、固定单位所有的观念,打破人才流动中的不同所有制和不同身份的界限,使人才在不需办理流动手续的前提下,以智力参与、成果转化、项目开发等多种灵活形式,实现海洋人才的柔性流动。其次,尽快建立全国统一的海洋人才市场。《国家中长期人才发展规划纲要(2010—2020年)》明确指出,"进一步破除人才流动的体制性障碍,制定发挥市场配置人才资源基础性作用的政策措施"[5]。因此,完善海洋人才流动机制,必须健全市场机制,建立统一的海洋人才市场,发挥市场在人才配置中的基础性作用,促进海洋人才的合理流动。完善海洋人才市场供需的情报网络,建设海洋人才数据库,储存海洋人才供需信息,由政府部门定期向社会发布,从宏观上引导和控制人才流向,充分发挥市场在人才供需平衡机制中的作用。

4. 优化海洋人才激励措施

通过激励海洋人才保障海洋人才供给是世界各国普遍采取的海洋人才政策。美国早在 20 世纪 60 年代就开始实施海洋补助金计划。我国也应建立起一套能够体现海洋人才真正价值的激励措施,为各类海洋人才构建全方位、多层次、广角度的保障体系。海洋人才的激励措施不仅要注重对高层次海洋人才的激励,也要注重对高校毕业生及中、低层次人才的激励,充分发挥海洋人才队伍的整体效能;不仅要注重对海洋人才的直接物质激励措施,也要注重对海洋人才的间接激励措施,比如提供创业平台、良好的工作生活环境,通过满足不同人才的内在精神需求去激励他们。对此,可以设立海洋人才突出贡献激励基金,建立海洋人才突出贡献奖励制度,开展"海洋专业技术奖章"、"海洋技术能手"等评选表彰活动。同时深化分配制度改革,较大幅度地提高海洋专业技术人才和海洋高技能人才的收入水平,尤其对长期坚持基础研究的人员和长期坚持高质量技术服务的专家给予稳定支持,对取得重大成果、做出突出贡献的集体和个人实行重奖,允许有重要贡献的海洋科技人才先富起来,做到一流人才、一流业绩、一流报酬。此外,对于船员、海洋观测人员等长期海上作业的人才,除提高其福利待遇外,还应特别注重其精神激励。可以通过妥善安置其配偶的工作及子女教育问题,允许家属随船探亲等措施来解除其后顾之忧,使其安心工作。以此,吸引更多的人才投身海洋事业,保证海洋人才的有效供给。

海洋事业是科学技术密集型和人才密集型事业,海洋人才是发展海洋事业的第一资源和根本保障。如果说海洋人才是海洋事业发展的基础,那么海洋人才的供给就是海洋事业发展的基础。因此,应大力发展海洋教育,不断提高海洋人才管理水平,从而实现海洋人才充分、有效的供给,构建一支规模庞大、素质优良的海洋人才队伍,为建设海上强国做出积极贡献。

参考文献：

[1] 明小莉,李静. 专家探讨海洋科技人才培养[EB/OL]. http://www. taihai-net. com/news/xmnews/shms/2010-03-05/507581. html. 2010-03-05.

[2] 王琪,王璇. 我国海洋教育在海洋人才培养中的不足及对策[J]. 科学与管理,2011(3):62-68.

[3] 王远毅. 我国远洋高级船员短缺成因分析及对策[J]. 中小企业管理与科技（下旬刊）,2010(8):55-56.

[4] 于永芳,刘常青. 论蓝色经济背景下职业教育的发展[J]. 教育与职业,2010(32):13-14.

[5] 任新峰. 创新人才流动配置机制,推进区域人才开发一体化[N]. 中国人事报,2010-9-27(5).

An Analysis of Chinese Marine Talents Supply

Wang Qi，Wang Xuan

Abstract：The fulfillment of the adequate and effective supply for marine talent is the foundation of building a strong ability and high quality marine talent team, and the foundation of constructing a strong ocean country as well. At present, the total supply of Chinese marine talent has continuously increased, however, the quality issues of the supplied talents still existed. Therefore, we should vigorously develop marine education, and constantly improve marine talent management level, so as to realize the supply for marine talent is adequate and effective.

Keywords：marine talent；marine talent supply；marine education；talent management

（王　琪:中国海洋大学法政学院教授、副院长　山东　青岛　266100）

我国非正式海洋环境教育情况概述与改进建议

马　勇　周甜甜

摘要：长期以来,我国非正式海洋环境教育根据教育的发起者不同形成了五种教育模式。它们分别是各级政府直接启动的海洋环境教育模式、社区(覆盖到家庭)海洋环境教育模式、企业海洋环境教育模式、非政府组织实施的海洋环境教育模式和传媒海洋环境教育模式。各种施教主体通过以上五种模式对社会公众进行海洋环境基本知识的传授、海洋环境意识的培养。通过研究发现我国社会海洋环境教育仍存在一些问题并亟待解决。

关键词：社会海洋环境教育;情况综述;建议

海洋环境教育分为正式的学校海洋环境教育和非正式的社会海洋环境教育,社会海洋环境教育主要是由政府、海洋主管部门、媒体和非政府组织等面向公众发起的教育。我国当前非正式的海洋环境教育还不是很发达,处于起步阶段,尽管如此,近年来社会各界开展的多层面的海洋环境教育活动也呈现出可喜的令人鼓舞的局面。现根据我国开展社会海洋环境教育主体的不同将其归纳为五种模式并总结我国目前海洋环境教育存在的问题及改进建议。

一、我国已形成的社会海洋环境教育模式概述

1.各级政府直接启动的海洋环境教育模式

各级政府及其海洋主管部门由于其自身所拥有的资源,由它组织的海洋环境教育在我国社会海洋环境教育中占有重要的地位。各级政府直接启动的海洋环境教育模式主要是指由各级海洋主管部门为了提高公众的海洋环境素养,增强其海洋环境的责任心、自觉性与主动性,以使公众具有正确的海洋价值观和环保观的各种宣传活动形式。如 2007 年上海市海洋局联合南汇区政府建立海洋科普教育基地,使公众可以通过参观科普展示、聆听科普教育等活动亲身体验海洋环境,对于提高公众海洋环境意识具有重要意义;[1]2007 年,三亚市以"保护海洋环境,呵护蓝色家园"为口号进行海洋环境教育活动;[2]2009 年,玉环县海洋渔业局在中鹿岛附近海域放流 33 万尾黑鲷鱼苗和 10 万只乌贼,以缓解日渐衰退的海洋资源,这种放流是恢复海洋生物资源的有效手段,提高了公众的海洋

环境保护意识。[3]由于政府及其海洋主管部门掌握了大量的海洋环境保护的信息,能够利用大量的数据和资料来进行宣传教育。同时作为国家政府部门掌握着大量的人力和财力资源,能够组织和进行各种形式多样的宣传教育。这在我国的各种社会海洋环境教育中发挥了主导的作用。

2. 社区(覆盖到家庭)海洋环境教育模式

随着社会环保意识的日益增强,越来越多的社区对居民进行海洋环境保护的教育。所谓的社区海洋环境教育模式主要是指社区街道办事处等基层管理组织为了提高辖区居民的海洋环境意识通过组织灵活多样的活动来对居民进行的海洋环境教育形式。我们在此列举青岛市的三个社区来对其进行阐释。早在2006年青岛市天泰馥香谷小区就组织了关注海洋环境的教育活动,得到了广大群众的一致好评;2008年6月,湛山街道办事处在国家计委青岛疗养院举行了市南区"绿色环保、文明礼仪"宣讲活动,宣讲的内容包括海洋环境教育以及文明礼仪宣讲,面向上百群众上了一堂生动的绿色环保与文明礼仪教育,深受群众欢迎;[4]2008年6月,中山路街道办事处通过制作大量的展板举办海洋环境教育宣传,对于提高民众的环保意识、生态意识起到了良好的效果。

社区是居民的主要聚集区,由社区组织海洋环境的宣传教育活动,对于增强居民的海洋环境意识、树立正确的海洋观具有重要的意义。

3. 企业海洋环境教育模式

企业既是海洋环境教育的重要主体,又是海洋环境教育的对象与客体,其发动和主办的教育活动对自身的海洋环保和对社会的影响具有重要的意义。所谓企业海洋环境教育模式主要是指由企业发起的面向企业职工或广大市民的海洋环境教育。我们主要以安利公司和三亚金泰地产为例来对此进行例证。2009年12月,安利公司组织的"安利环保嘉年华"活动陆续在哈尔滨、成都、青岛、杭州、厦门等城市顺利开展,活动围绕人与水、人与生物圈、绿色生活等主题,全面展示了当今的海洋环境保护状况和环保工作的重大进展。次年,安利和中华环保基金会为继续推广环保理念,他们将"环保嘉年华游戏"搬到网上,通过相关游戏升级,增加大人和孩子参与的兴趣,使每个家庭成员都可以做到身体力行,增强对环保的认识[5]。2009年11月,金泰地产联合大东海景区在大东海广场举行"爱三亚——保护大海,金泰地产在行动"公益活动,并以"每天环保一小时"为倡议口号,以向社会招募"爱三亚、环保志愿者"的形式开展行动。活动中,志愿者到海岸线为市民及游客宣讲环保并免费发放环保购物袋和环保手环,号召市民及游客加入到环保队伍中,广场中的环保展览区、百人签名板以及环保留影区成为本次活动的亮点。[6]

企业作为市场经济的主体,它们的积极参与扩大了海洋环境教育的范围,对于海洋环境教育的宣传具有积极的作用。企业环保意识的提高也促使其在生产过程中减少生产对环境的破坏。

4. 非政府组织实施的海洋环境教育模式

近年来,我们关注到西方国家的非政府组织举办了大量的海洋环保活动,在海洋环境保护方面发挥着重要的作用,活动的类型与模式比较成熟。比如日本东京湾浒苔治理工程因其社会各团体间的广泛合作效果良好而成为典型。该工程的主办单位是两家当地的 NGO 团体"海湾设计协会"和"大地守护协会",分别从海岸带的开发和环境保护方面以及鱼类、粮食、家禽等农业利用方面进行协作探索。[7]我国非政府组织在海洋环境教育方面虽然没有西方那么突出,但也发挥了重要作用。我国的环境 NGO 从 20 世纪 90 年代诞生,数量不断增加,能力和影响力逐渐增强。据保守估计,全国大约有 1000 多个成型的本土环境 NGO,其中草根组织 100 多个,学生社团 500 个,其他的是各地有政府背景的环境NGO。[8]中国环境 NGO 已成为普及环境教育和倡导公众参与环保的重要力量。随着海洋关注度的不断提高,社会上也出现了越来越多的专职以保护海洋环境为目标的非政府组织,这些组织通过与政府、企业、市民之间的有效沟通建立起海洋环境保护的有效平台。比如大海环保公社、中国红树林保育联盟等都是以海洋环境保护为目标的非政府组织。

所谓非政府组织实施的海洋环境教育模式是指由非政府组织通过组织和开展各种各样的宣传教育活动来对广大市民进行海洋环境教育的活动形式。在此我们主要以海南省"蓝丝带"海洋保护协会为例。2007 年 6 月 1 日,三亚"蓝丝带"海洋保护协会成立,协会成员有 40 多家。为了更好地宣传和推广海洋保护相关知识,"蓝丝带"海洋保护协会组织开展了一系列的活动:"蓝丝带"六进活动(即"蓝丝带"进机关、进校园、进旅游、进军营、进社区、进乡村)、"洞天杯蓝丝带海洋摄影大赛"、"蓝丝带海南行"等。[9]这些活动的成功举办得到了社会各界的大力支持与帮助。可以说,"蓝丝带"海洋保护已经成为海南环保工作新的亮点,其影响力覆盖至整个海南,真正在社会上形成从自身做起,从平时做起,从周围做起的环保氛围。同时"蓝丝带"海洋保护协会在 2009 年开展"蓝丝带"中国行活动,活动将走遍中国沿海的九省一市,向全国人民宣传海洋保护知识,提高人们对海洋保护的意识;2010 年,"蓝丝带"走进港澳台地区,成为连接中国大陆与港澳台之间重要的纽带;2012 年"蓝丝带"带着对海洋保护的高度热情走向世界,呼吁全世界共同"保护海洋环境,弘扬海洋文化。"[10]

非政府组织由于它在联系企业、市民和政府中拥有着自身的优势,所以充分发挥它们在海洋环境教育中的作用具有重大的意义。海南"蓝丝带"的成功值得全国其他地方的组织借鉴和学习。"蓝丝带"在海南已经家喻户晓,如果在全国其他的地方出现成百上千的"蓝丝带",那么我国海洋环境教育将会前进一大步。

5. 传媒海洋环境教育模式

传媒在海洋环境教育方面拥有着得天独厚的条件。所谓传媒海洋环境教育模式是指由多种媒体发起的通过节目和宣传报道来对观众和读者进行海洋意识和海洋环保的教育形式。根据媒体传播方式的不同将其分为传统媒体即广播、报纸和现代媒体即电视、网络等,这四种媒介在海洋环境方面的宣传教育都发挥了重要作用,现分别举例说明。2008年,中央人民广播电台进行"2008感动海洋全国十佳环保人物"评选,最终蓝丝带海洋保护计划发起人之一、三亚蓝丝带海洋保护协会秘书长孙冬荣膺这一称号,[11]此次活动通过对海洋环保人物的评选和报道社会形成了关注海洋环境的热潮;宣传我国海洋事业的综合性报纸——中国海洋报于1989年9月27日创刊,该报以"增强民族海洋意识,促进涉海各业发展,荟萃沿海经济信息,展示环宇海事风云"为宗旨,开辟专门栏目、开展各类活动积极营造爱护海洋、保护海洋的舆论氛围,为我国社会海洋环境教育做出了突出贡献;我国央视少儿频道的《快乐体验》节目曾播放了一期小朋友体验"海底世界"的节目,使小朋友们通过在"海底世界"四面通透的巨型表演池里潜水、触摸鲨鱼、人龟共舞等亲历"海底体验"增加孩子们对海洋生物的感性认识,使他们深刻体会到保护海洋环境、人与自然和谐相处的意义;[12]2009年9月,应"自愿海南"的邀请,骑游部落网络团体连同美丽达俱乐部共同组织爱好者骑自行车参加了周日在假日海滩举行的"喜迎奥运,爱我家园—节能减排志愿者在行动"海洋沙滩环境保护宣传活动。骑游部落作为此次活动的参与方是在网络平台上因为共同的爱好而自愿组织到一起的人们,他们把参加活动的照片传到网络上,让网络参与者也感受活动的氛围,同时他们还通过网络平台向社会各界发起倡议,提高人们的海洋环保意识。

传媒作为最为有效的信息传播平台,它们有广泛的社会影响力。利用传媒进行海洋环境方面的教育有利于全社会都形成一种关注海洋的意识。对于形成一种正确的海洋观和海洋环保意识具有重要的作用。

总之,从以上的概述和列举当中可以看出,经过多年的积累,我国社会海洋环境教育的开展具有一定的广度和深度,取得了一定的成效。然而,目前我国社会海洋环境教育仍存在着不足,必须引起足够的重视。

二、我国社会海洋环境教育存在的问题

1. 由于缺少社会海洋环境教育法规的约束,政府部门组织的活动计划性不强、随意性大

首先,由于没有社会海洋环境教育的法规约束,很多地方政府部门的宣传教

育具有很大的随意性和主观性。海洋主管部门并没有制订出实施海洋环境教育的长期计划或规划,建立起海洋环境教育的长效机制,宣传教育活动大多集中在环境保护日而其余时间则很少进行类似的活动。其次,由于缺少社会海洋环境教育的法规约束,内陆地区的环保部门很少涉及海洋环境教育的宣传,这与我国建立海洋强国的发展战略相差甚远。

2. 举办海洋环境教育活动的社区数量极少,同时社区开展的活动次数少,缺乏统一的思想指导与规划

首先,开展海洋环境教育的社区在总量上偏少,而且大多又集中于沿海几个发达的城市。广大的社区居民不能接受到来自这一渠道的教育和熏陶。其次,即使是已经开展海洋环境教育的社区,缺乏整体性的规划,社区进行的宣传教育存在着很大的随意性和主观性,这就使宣传教育的效果大打折扣。

3. 开展海洋环境教育的企业数量少,多数企业对于海洋环境教育重视程度不够

从目前我国企业开展的海洋环境教育活动的范围和状况来看,一是开展海洋环境教育的企业数量太少,而且主要集中于沿海地区规模较大的企业。由于我国企业整体的构成中,中小型企业占有较大的比重,而它们大多都没能进行有效的宣传教育。这使广大职工与社会公众很难受到来自这一渠道的教育和影响。二是由于受追求利润的驱使与自身思想觉悟不高等原因的影响,多数企业对于海洋环境教育的重视程度不高,几乎没有开展相应的宣传教育活动,这对企业和职工的海洋保护意识的养成极为不利。

4. 非政府组织自身处境艰难,难以广泛地开展宣传教育

我国政府对非政府组织的法律界定和管理中都存在着很大的不足,这就极大限制了我国非政府组织的发展。再者,由于非政府组织自身人员素质和管理的混乱以及活动资金缺少的问题,非政府组织在我国处于非常尴尬的境地。据"中国环境 NGO 在线"公布的 NGO 名录中,只有少数几个是致力于海洋环境教育方面的组织。尽管他们开展了富有成效的宣传教育活动,但相对于我国广袤的海洋国土和繁重的海洋环境保护事业,以及我国如此庞大的社会受教者来说,现有的专注于海洋环境教育的非政府组织数量还是太少,难以全面地、广泛地开展活动。另一方面,现有的专注于海洋环境教育的非政府组织都集中于沿海地区,内陆地区几乎没有海洋环境教育方面的组织,这就限制了海洋环境教育在内陆的开展。

5. 传媒进行的海洋环境教育缺少长期、系统、整体的宣传机制

首先,我国的媒体并没有建立一种长期的宣传机制,当海洋环境宣传日、植树节等一些保护环境的节日来临时,它们便会加大宣传教育的力度。当节日过

后它们便不再关注对海洋环境的宣传。其次,我国的传媒并没有形成对海洋环境教育的整体宣传机制,各种媒体之间缺少配合。这样就使各种传媒没有形成对海洋环境教育宣传的整体合力,很难形成一种全方位立体式的宣传效果。这就大大削弱了传媒对社会海洋环境教育的影响力。

三、我国社会海洋环境教育的改进建议

1.建立海洋环境教育法规,让政府部门组织协调海洋环境宣传教育活动有法可依、有规可循

当前我国现有的法规体系中既没有一部专门针对海洋环境教育的法律规定,也没有针对海洋环境教育的具体条款的规定。这就使政府等其他部门启动和开展的海洋环境教育活动缺乏法律的支撑和保障。因此,只有建立海洋环境教育法规,各级政府部门组织协调海洋环境宣传教育才会有法可依、有规可循;才会加强管理的计划性、目的性;才会建立起海洋环境教育的长效机制。针对目前内陆地区开展海洋环境教育活动少的状况,有了法规的约束就能够促使内陆地区和沿海地区一样开展海洋环境宣传教育活动,促进这一活动的全面展开、整体推进、均衡发展。

2.加强对社区开展海洋环境教育的引导、支持与规划,鼓励社区开展形式多样的宣传教育

当前社区没有形成系统性、完整性、持久性的海洋环境教育机制,海洋环境教育宣传活动的随意性和主观性比较大。因此,应该加强对社区开展海洋环境教育的引导、支持与规划。鼓励社区根据自身特点开展形式多样的宣传教育。一是充分发挥社区墙报的作用,在墙报中开辟不同专栏,向人们传递海洋知识。同时在海洋环境教育中,通过制作知识展板和海报,丰富社区居民的文化生活、提高居民海洋环境意识。二是在社区举办海洋知识讲座和海洋生物标本展览等活动。通过举办海洋知识讲座、海洋生物标本展览、开放图书馆、举办各种专题讨论、调查搜集水资源数据以及参与沿海保护项目等多种形式活动,提高教育的科技含量,增强直观性与生动性,激发人们的兴趣,挖掘人们的潜能,努力做到海洋环境教育与现代信息技术的有机整合,为社区居民提供丰富多彩的教育环境。三是利用寒暑假举办社区的中小学生夏令营活动。在进行海洋环境教育的同时,增添海洋之旅,让人们与大海亲密接触。增强社区居民的海洋意识,树立起符合新时代发展要求的海洋观念,形成全社会关注海洋、善待海洋、保护海洋的良好氛围。[13]

3.提高企业参与海洋环境教育的积极性,使企业开展的海洋环境教育活动形成制度化、规范化

一是各级政府海洋主管部门应该加大对企业的教育力度,从根本上提高企业从事海洋环境教育的积极性。企业具有了从事海洋环境教育的主观意愿,才会对职工和社会公众进行海洋环境方面的宣传和教育。二是企业应该建立海洋环境教育的制度化规范,即在企业管理和运行的相关制度中对海洋环境教育方面进行明确的规定,只有这样,企业的海洋环境教育才会有制度保障,宣传教育活动才能系统、有效地开展下去。

4. 建立良好的非政府组织生存和发展的环境,充分发挥非政府组织的作用

一是政府应该完善对非政府组织的管理,为非政府组织的成长和发展提供较好的条件,建立和优化良好的环境。只有非政府组织充分发展了,才能更好地为海洋环境教育做贡献。二是非政府组织还应该优化组织的内部治理结构和机制,努力提高自身素质,增强社会公信力,在完善自身的同时积极投入到社会海洋环境教育事业中。三是应积极引导非政府组织开展丰富多彩的海洋环境教育活动。

5. 传媒应该建立长期、系统、整体的宣传机制

一是传媒应该将海洋环境宣传当做长期的持久性的活动而不是只针对社会热点临时启动的宣传。制订长期的系统的海洋环境教育计划,有计划、有目的地对社会公众进行海洋环境教育方面的宣传。二是传媒之间应该密切配合,形成全方位、立体式的宣传体系,焕发起公众关注海洋、爱护海洋的热情,充分调动公众的积极性,提高全社会的海洋知识整体水平,让全社会共同参与到海洋环境保护的行动中去。

参考文献:

[1] 董立万. 上海首个共建海洋科普教育基地揭牌[N]. 中国海洋报,2007-09-07.

[2] 海洋环境保护行动三亚活动拉开帷幕[N]. 海南日报,2007-07-23.

[3] 陈敢. 玉环放流 44 万尾鱼苗[N]. 浙江日报,2009-12-08.

[4] 市南区环境科学学会 2008 年度工作总结及 2009 年工作打算[EB/OL]. 青岛社会组织,http://www.qdmjzz.org/show.php? id=3406.

[5] 雅雯,安利. "环保嘉年华",举家游戏绿色周末[N]. 海峡生活报,2009-12-17.

[6] 金泰地产举行"关注三亚环境,保护海洋"环保活动[N]. 海南日报,2009-11-12.

[7] 宋宁而,王琪. 日本的浒苔治理经验及其对我国的启示[J]. 海洋信息,2009(03):15-19.

［8］梁从诫. 2005 中国的环境危局与突围［M］. 北京：社会科学文献出版社，2006：20-22.

［9］关于"蓝丝带"的几种手法［EB/OL］. 中国哈尔滨管理学院，http：//xf. 2000y. net/114271/index. asp？ xaction＝xReadNews＆NewsID＝5065.

［10］蓝丝带将走遍中国 呼吁世界保护海洋［EB/OL］. 海南在线，http：//news. hainan. net/newshtml08/2008w9r18/437768f0. html.

［11］中国象山开渔节 2008 感动海洋环保人物评选［EB/OL］. 中广网，http：// www. cnr. cn/2008zt/zghyjs/hxrmd/200808/t20080825_505082118. html.

［12］刘卡玲. 央视少儿频道到北海拍摄"海洋乐趣"［N］. 广西日报，2009-11-27.

［13］杨月，姚泊，陈南，等. 高校应如何在社区开展开展海洋环境教育［J］. 海洋开发与管理，2009，26(10)：18-23.

A Review of Informal Marine Environment Education and Suggestions for Improvement

Ma Yong, Zhou Tiantian

Abstract：For a long time, our informal marine environmental education, depending on the difference of the initiator, is formed by five education models. They are marine environmental education modesl started directly at all levels of government, community (family), enterprises, the NGOs and the media. The various teaching body through the above-mentioned five modes imparts basic knowledge of the marine environment, marine environmental awareness to the public. Throught this study, we found there are still some problems in our marine environment education to be solved.

Keywords：Social Marine Environmental Education；Situational Overview；Suggestions

（马　勇：中国海洋大学高等教育研究与评估中心教授 山东 青岛 266100）

我国学校海洋环境教育的现状、问题与建议

朱信号 ■

摘要：学校海洋环境教育，主要包含中、小和大学海洋环境教育，其既是我国海洋环境教育体系中纵向结构的主要构成，又是整个教育体系中教育成效最大、影响最为长远的活动。本文通过综述学校海洋环境教育的现状，分析了其中存在的问题，并试图提出部分改进建议。

关键词：学校；海洋环境教育；建议

学校海洋环境教育，包含小学海洋环境教育、中学海洋环境教育和大学海洋环境教育，既是我国海洋环境教育体系中纵向结构的主要构成，又是整个教育体系中教育成效最大、影响最为长远的活动，对占人口 1/4 的学生的海洋环境意识的培养、海洋环境价值观与道德观的形成，以及良好环境保护行为习惯的养成具有奠基性作用。在以下情况综述中大体分中、小学与大学两个教育段加以概述与分析。

一、学校海洋环境教育模式现状综述与分析

近年来，学校海洋环境教育已在全国中、小学乃至大学较为普遍地开展，活动的形式灵活多样，活动内容比较丰富，并取得了一定的成效，初步形成了学校海洋环境教育的有效模式。总结学校海洋环境教育已有的各种活动方式，主要有课堂讲授式与课外活动式海洋环境教育模式。

（一）课堂讲授式海洋环境教育模式

课堂讲授式海洋环境教育模式已经成为学校海洋环境教育的基本模式。课堂讲授式海洋环境教育模式分为校本课程教育模式、学科渗透式教育模式、讲座与报告式教育模式。

1. 校本课程海洋环境教育模式

校本课程教育模式是各级学校自主开设的，由专门教师系统讲授海洋环境科学基本知识、海洋环境保护基础知识与基本技能，培养学生海洋环境保护意识、增强环保责任心、提高海洋环境素养的一种教育活动形式。其基本要素组成可抽取为：学校主体——自主开设——自选内容（自编教材）——面向全体学

生——系统讲授——学业考察。

在资料收集与整理中我们发现中小学运用校本课程海洋环境模式开展海洋环境教育最成功、最典型的案例是浙江省舟山市虾峙中心小学开展的活动,以及整个舟山市中小学整体实施和推进的海洋环境教育活动;大学开展运用校本课程海洋环境模式开展海洋环境教育的案例有广州大学开展的"海洋生态学"通识课程,厦门大学、中山大学面向全校开展的海洋环境教育通识课程,上海交通大学开设的"海洋环境保护概论"通识课程等。

2.学科渗透式海洋环境教育模式

学科渗透式海洋环境教育模式是各级学校根据国家规定的课程体系,由学校相关学科教师讲授的,以在某一固定学科中相关海洋环境教育部分为教学内容,在学习国家规定课程内容的同时有意识强化海洋环境教育,促使学生掌握海洋环境知识、增强环境保护意识的一种教育活动形式。

在调研与实地考察中,我们发现学科渗透式海洋环境教育模式是课堂讲授式海洋环境教育中运用最为广泛的教育模式。这种教育模式涉及面广:在学科上涉及语文、科学、社会、自然、地理、生物等多门课程;在范围上涉及沿海地区和内陆地区所有大、中、小学。

小学在语文、科学、社会等学科教学中都渗透了一些海洋环境教育的内容。如语文课本中的《富饶的西沙群岛》《海洋——21世纪的希望》《海底世界》[1]等文章都成为了海洋环境教育的素材。学科教师亦以此内容为基础,进行了海洋环境教育的实践与探索。

广大中学在地理、生物、语文、历史、政治等课程中都进行了渗透式海洋环境教育。例如,中学地理课中大量渗透了海洋环境教育的内容。地理学科的性质和特点决定了中学地理教育是对学生进行环境保护,培养学生环境意识的重要渠道。初中地理中在海洋章节部分涉及海洋环境教育的内容,高中地理(试验修订本·必修)上册课本(2000年第2版)设有"海洋环境"单元[2]。

除了大学海洋科学类专业之外,学科渗透式海洋环境教育模式主要涉及大学开设的相关海洋环境类的选修课、通识课。如郑州航空工业学院开设《世界与海洋》选修课[3]等。

(二)课外活动式海洋环境教育模式

课外活动是学校进行海洋环境教育的另一种重要形式,不管是对中小学生还是对大学生来说都是学生比较喜欢的一种形式。但这种形式主要集中在沿海地区,内陆地区由于环境条件的限制却不能普遍地开展活动。课外活动式海洋环境教育模式分为躬身体验式海洋环境教育模式、主题活动式海洋环境教育模式、知识竞赛式海洋环境教育模式。

1. 躬身体验式海洋环境教育模式

总揽大、中、小学开展的各种近海、亲海的实践活动,我们把这些活动总结为躬身体验式海洋环境教育模式,这一模式是由各级各类学校组织的,由专门教师带领和指导的,以班级、小组、团队为单位,以走进海洋、体验海洋为形式,以亲近海洋、认识海洋、宣传海洋、保护海洋,增强对海洋的感情为目的的实践活动。近年来,沿海地区的中小学开展了众多的体验式活动,如大海与我们的生活——海口九小综合实践活动[4]。

2. 主题活动式海洋环境教育模式

近年来,各级学校举行了大量的、形式多样的以海洋环境教育为主题的活动。我们把这些活动统一归类为主题活动式海洋环境教育模式。这一模式是由各级学校组织的以学校整体或学校中某一社团为主体,在特定时间、地点,采用灵活多样的形式,以认识海洋、宣传海洋、保护海洋为目的进行的实践活动。这一类的活动林林总总、不胜枚举,如 2005 年浙江省嵊泗中学举行"海洋教育年活动";"青春伴我海岛行"活动——珠海大学生开展了走进万山认识海洋活动等。

3. 知识竞赛式海洋环境教育模式

近年来,很多学校围绕海洋环保开展知识竞赛活动,这种短时、有效的方式极大地丰富了海洋环境知识,强化了学生的海洋环境意识。知识竞赛式海洋环境教育模式是由学校或教育主管部门组织的,以部分参赛学生带动辐射全体学生参与的方式,以认识海洋、宣传海洋、保护海洋为目的进行的实践活动。这一类活动既有教育部门组织的全国或区域范围的竞赛也有由各学校组织的竞赛。如 2009 年 9 月 19 日～2009 年 11 月 8 日,为贯彻落实胡锦涛总书记"要增强海洋意识"的重要指示精神,使更多的青少年了解海洋,国家海洋局、教育部、共青团中央共同举办第二届全国大中学生海洋知识竞赛。该竞赛是每年举办一届的常规活动。

二、学校海洋环境教育存在的主要问题

从学校海洋环境教育模式的概述与举例当中可以看出,经过近些年的积累,我国学校海洋环境教育的开展已经具有一定的广度和深度,取得了一定的成效,特别是在传授学生海洋环境基本知识,培养学生海洋环境保护意识上取得了一定成绩。但我们在相关资料梳理与实地调研中也发现,由于长期"重陆轻海"的历史传统、应试教育为主导的教育体系等原因的影响,学校海洋环境教育亦暴露了一些亟待解决的问题。以下就是针对这些问题的概括与分析。

（一）学校海洋环境教育在学校教育当中的总量过少，所占比例较低

学校教育中海洋环境教育的内容很少，在整个教育系统中所占比例非常低。从课堂教学看，小学仅在语文、科学和社会等课程中少量涉及。中学阶段重点集中在地理课中。在中学阶段由于应试教育大行其道，真正能让学生学习、吸收和领悟的海洋环境教育内容更是少之又少。部分省份为减轻学生学业负担，把高中地理中的海洋地理等知识列为选修内容，又间接削弱了海洋教育在整个中学教育中的比重。虽然我们并不赞成把学科渗透式教育作为海洋环境教育的唯一形式，但对于应试教育下的中学生、特别是内陆学生来说，这往往是近乎唯一的形式。据上海青年报报道："中学课本里关于海洋的教学内容越来越少。"汪品先院士在与市民畅谈海洋时表示："加强海洋意识要从基础教育开始。"

大学海洋环境教育中内陆大学仅在国防教育中少量涉及，而有的大学则在整个大学教育期间几乎没有开设海洋环境教育的任何内容。翻阅大学教材，少见有海洋环境教育的相关内容。除了课堂讲授以外，课外海洋环境教育内容更是不足，而且出现严重的不均衡性。大学通识教育中进行海洋环境教育内容明显不足，对非海洋专业学生的海洋教育不够，没有使学生的海洋知识得到很好的延续和提高。根据课题组查阅资料显示，只有4所大学开出海洋环境教育通识课程，这4所大学分别是厦门大学、香港中文大学、中山大学和广州大学。

沿海地区大、中、小学进行的海洋环境教育多于内陆地区。由于区域条件限制，大多数内陆地区的学校根本没有进行过校本课程教学，也缺乏活动式海洋环境教育，这样，教育的效果就大为减弱。

（二）学校海洋环境教育缺少较完整的海洋环境教育教材与课外读物，并且散布于各年级及学科中的海洋环境教育的条块内容缺少联系，缺少系统性的课程设计

除了个别地区、个别学校开设校本课程外，中小学基本没有较完整的海洋环境教育教材，并且各年级各学科中涉及的海洋环境教育的专门内容比较少，在各种教材中都是重点讲述祖国的大好河山、丰富的矿产资源，涉及海洋的大都蜻蜓点水、三言两语、一带而过。同样海洋环境教育的相关读物也少得可怜，特别是一些通俗化读物严重不足。大学亦没有编撰海洋环境教育教材，进行系统的海洋环境教育。

分布于各个教育段的海洋环境教育的内容松散，没有统一的规划。由于种种原因，中小学未能把有关海洋环境教育的课程列为基础课。只是在地理、生物课程中有少许渗透，既不系统也不全面。部分沿海学校开设海洋环境教育校本课程，在一定程度上弥补了这种缺憾和不足，但真正开设这方面教育的学校可谓凤毛

麟角。沿海地区的学校尚不能进行校本课程的开发与教育,内陆地区更无从涉及。

由于海洋环境教育教材缺乏,各年级、学科中海洋环境教育内容松散,系统进行海洋环境教育几乎不太可能。所以除开设校本课程的学校、地区外,大多数学校进行的海洋环境大都是零零散散,点到为止,没有系统的课程设计与专门性的讲述。

(三)课外活动式海洋环境教育缺乏一定的组织体系,未能进行常规性、系统性活动

课外活动式海洋环境是受大多数学生喜爱的一种海洋环境教育模式,现有的课外活动式海洋环境教育大都缺乏一定的组织体系,未能进行常规性、系统性活动。大多数学校没有较完善的开展海洋环境教育的计划,没有常规的专门的组织机构。纵观沿海地区学校开展活动式海洋环境教育的情况,这些活动多是"应势而起"或"即兴而做",少有分内容、分批次、较系统、较完整组织的活动。在前文提到的课外活动式海洋环境教育中,大多数都是由班级或某一社团发起的"一次性"的海洋环境教育活动。

(四)学校海洋环境教育缺乏专门的师资队伍

海洋环境教育教师比较缺乏,现有教师大多没有进行过专门的海洋环境教育知识的系统学习,没有进行过专门实践和培训。部分语文、地理等相关学科教师在海洋环境教育方面的知识储备较低,未必能完全了解海洋环境教育的目标、内容和作法,很难较好地进行海洋环境教育。

(五)海洋环境教育主要集中在沿海地区学校,内陆地区学校涉及较少,有较严重的区域的不平衡性

由于地理条件的限制和地区历史文化的影响,现有的海洋环境教育主要集中在沿海地区各学校之中,内陆地区学校涉及较少,除渗透海洋环境教育之外,大多数内陆学校没有任何海洋环境教育。海洋环境教育不仅是沿海地区学校的事,还应具有普遍性。从海洋环境保护的全局性看,海洋本身是一个相互连通的整体,海洋又连接着陆地的江、河。因此,对海洋环境的保护需要沿海地区和内陆地区学校的共同参与。从人员流动性看,内陆学生由于升学、旅游、搬迁等原因会频繁流动到沿海地区,内陆学生和沿海学生仅是相对固定的,因此我们不能仅要求对沿海地区的学生进行海洋环境教育。

三、学校海洋环境教育的改进建议

(一)增加海洋环境教育在教育系统中的比重

各级学校应采取灵活多变的形式,在小、中、大学教育系统中适当增加海洋

环境教育的比重。在小学阶段,应在小学较高年级开设海洋环境教育校本课程,较系统地开展海洋环境教育课外活动。在中学阶段,应在各门学科中适当增加渗透式海洋环境教育的内容和重视开展课外活动式海洋环境教育。在大学阶段,可增设校本课程,开设海洋环境教育通识课、选修课和专题知识讲座;组建海洋环境教育与保护学生社团,开展有组织、较系统的系列活动;涉海大学还应建立专门海洋环境教育网站,通过网站辐射进行海洋环境教育,如我国台湾地区台湾海洋大学设立的海洋教育网(http://sea.ntou.edu.tw/)值得借鉴。

(二)完善海洋环境教育教材,构建学校海洋环境教育知识系统,制订完善的海洋环境教育教学规划

课堂讲授式海洋环境教育的开展需要编撰和完善海洋环境教育教材。校本课程教育模式教学需要各类学校,根据海洋环境教育的基本知识、所处地区特征、历史传统编撰特色的校本教材,教材内容应包括:海洋地理、海洋历史、海洋资源、海洋现象、海洋科学、海洋环保等。学科渗透式教育模式中各学科教师要加强学科内容交流、探讨,进行海洋环境教育内容的分析与比较研究,从而形成较系统的海洋环境教育内容体系,编撰专题讲义。应构建小、中、大学各年级相互联系的海洋环境教育知识系统。归纳、总结、研究渗透式海洋环境教育中教育内容的内在联系、层次结构,构建一个相互贯通的海洋环境知识系统。

制订完善的海洋环境教育教学规划,应制定小、中、大学海洋教育课程纲要和分段能力指标,并将其纳入小、中、大学相关学习领域课程纲要中。同时建立学生海洋环境教育评价指标体系,考核学生在各阶段海洋环境教育的效果。

(三)积极推广课外活动式海洋环境教育模式

实施海洋环境教育最普遍的方法就是让学生接触大海,使他们获得实践经验,学生在实践中印证海洋环境教育价值。因此,应积极推广课外活动式海洋环境教育。躬身体验式教育:根据中小学生活泼好动、上进心强、易于接受新鲜事物的特点,组织学生到海边郊游、采集动植物标本,进行海洋环境污染调查等。主题活动式海洋环境教育:可组织高年级的学生建立业余海洋环保团体,以松散的或相对稳定的形式,在课余时间开展以海洋环保为主题的社会实践活动,通过实地调查、采访、分析和研究,提出各种形式的意见和建议,呼吁政府和公众保护海洋环境。知识竞赛式海洋环境教育:可由区域或学校采用定期举办竞赛的模式,进行海洋环境教育知识竞赛,并形成相对稳定的传统,在各级学校中延续开展。

（四）加强海洋环境教育师资建设

首先,在师范院校增加海洋环境教育相关内容,从源头上解决中小学教师海洋环境教育知识缺乏的问题。其次,海洋类高校可以开设海洋环境教育教师培训班,积极开展中小学教师教育,通过师资培训让他们掌握海洋环境教育知识。最后,鼓励中小学教师进行海洋环境教育研讨和实践活动,各区教育主管机关应经常举办充实教师海洋基本知识、提高海洋教育与教学技能的研讨、观摩活动。

（五）积极引导内陆地区学校开展海洋环境教育活动

内陆学校由于历史、地理条件的限制,开展的海洋环境教育活动较少,因此,更应关注和引导内陆地区学校开展这方面的教育。可以通过开设专题海洋环境教育网站或内陆地区学校和沿海地区学校的联谊活动、内陆学生走进大海专题活动等形式,推动其开展海洋环境教育。通过海洋环境教育让学生认识到海洋环境危机不是暂时性,也不是地区性的问题,而是全球性、全人类的共同问题。要想解决这个问题就要改变人类对海洋的态度。每一个人都需要从我做起,了解自己对子孙后代所负的责任,培养与自然和平相处的胸襟。在"全球性思考、地方性行动"(thinking globally, acting locally)的指导原则下,共同关注海洋环境问题。

学校海洋环境教育是海洋环境教育三维体系空间维度中极其重要的组成部分,学校海洋环境教育的成效如何对未来人类社会的健康发展起着至关重要的作用。这是因为无论时间维度、空间维度还是形式维度的环境教育通过实施有效的学校海洋环境教育。不仅对学生群体,而且对未来的整个人类和每个个体的海洋环境观念形成、习惯养成、知识传授、技能培养和行动参与等,都具有其他形式的教育所不可替代的作用,因此,学校海洋环境教育也是海洋环境教育三维体系中最系统的海洋环境教育。

参考文献:

[1] 宋广梅.浅谈小学语文教学与环境教育[J].环境教育,2001(5):38.

[2] 郝瑞彬,段士华.中学地理教育的新内容——海洋教育[J],中学地理教学参考,2002(10):8.

[3] 马九轩.关于进行海洋意识教育的思考[J].山西财经大学学报(高等教育版),2001(2):41.

[4] 叶华荣.大海与我们的生活——海口九小综合实践活动纪实[J].网络科技时代,2007(03):96.

The Marine Environment Education in Chinese Schools: Status, Problems and Suggestions

Zhu Xinhao

Abstract: Marine environmental education consists mainly of marine environment education in primary schools, high schools and universities. It is a major component in the longitudinal structure of our marine environment education, and is among the most effective and far-reaching activities in the entire education system, educational effectiveness, most long-term impact of activities. By summing up the current status of marine environmental education, this paper analyzes the existing problems and tries to put forward some suggestions for its improvement.

Keywords: schools; marine environmental education; suggestions

（朱信号：中国海洋大学高教研究与评估中心编辑 山东 青岛 266100）

海洋伦理教育不应忽视对海洋道德情感的培养

王诗红

摘要: 海洋伦理是海洋教育的哲学基础,同时,海洋伦理也依托于人们对海洋的情感需求。本文从介绍法国纪录片《海洋》开始,从审美角度引发海洋情感,进而过渡到对海洋伦理的思考。之后从西方大地伦理学和中国传统生态哲学的角度,分析了培养对海洋的道德情感的意义所在以及当今社会现状,并以中国海洋大学为例,提出了海洋类高等学校在海洋情感教育及培养工作中可实施的具体途径。

关键词: 海洋教育;生态伦理;道德情感;海洋美学

一、美丽的海洋

在法国导演雅克·贝汉与雅克·克鲁佐德拍摄制作的纪录片《海洋》中,海洋的壮美辽阔向世人展露无遗。片中的海洋,有出神入化、绚丽多彩、摄人心魄的海底世界,也有蜥蜴乘着简陋的小舟在洒满落日余晖的海面上自由航行;有北极熊母子靠在一起看着日出,也有鲸鱼在深海处贪婪又从容地缓慢进食;甚至还有那些蹭着别人房屋的小寄居蟹、整日躲在温暖家中的小丑鱼、小到经常被忽略的海马们,虽然体态渺小但个个显示出了各自的鲜活与有价值的生命。那些面部长满鼓包的怪异鲨鱼、柔软美丽的软体生物们,也都在向人类诉说着自然的力量和生命之美。影片中巨大的水母群、露脊鲸、大白鲨、企鹅……毫不吝啬在镜头前展示它们旺盛的生命力,让人叹为观止。这是从人的视角理解的,但人永远无法理解深居在海洋的神奇生物们才能体会到的那些海洋之乐。"它们相处的融洽,像是梦里出现的和谐的世界"。因为那里,没有人类。人类足迹所到之处就是海洋生物们的灾难,正如片中的解说词:"正是人类的聪明才智污染了海洋"。

这部纪录片能把海洋拍得如此唯美,充满了无穷的魅力,在冲击人们视觉的同时,也震撼了人们的心灵,同时带来了许多深刻的思考。片中并没有冗长的说教,也缺乏大声的保护海洋的呼吁。《海洋》的背景解说精简至极,把更多的思考空间留给了观众。在看到住在海底自由自在的生灵们被捕捉屠杀的场面时,很多观众的心都碎了,禁不住惊呼:人类到底在干什么啊！片中解说指出:"正是因为人类的漠不关心,才造成了物种的灭绝"。人类是否已经对海洋之美丽丧失了感受力,变得麻木、冷漠和无情? 人类是否对自然、对海洋还有一丝的敬畏之心?

影片打动人们的也的确不是理性的说教和言辞激昂的呼吁,而恰恰就是海洋之美——海洋展现给世人的自然之美唤醒了人们内心的热爱自然的情感,人们心底沉睡已久的、生命本来俱足的感性特质被激发了出来。人们不禁开始思考自己曾经和正在对海洋所做的一切。这些事情应该做吗? 科学只讨论"能不能做";对于一件事情,讨论"该不该做"的问题,则属于伦理。由美,到情感,再到伦理,影片对人们的教化作用就这样一步一步地、顺理成章地深入进去了,过渡得是多么自然! 而这正是摄制组耗资 5000 万欧元,动用 70 艘船,在世界海洋选择了 50 个拍摄点进行蹲点拍摄,历时 7 年,所取得的效果。

二、海洋伦理

在当前全球性环境问题十分严峻的背景下,为了实现人类的可持续发展,充分发挥海洋对地球生命保障系统提供的重要生态功能,普及海洋伦理道德教育已经成为世界各国的共识。

海洋伦理可以为海洋教育确立价值定位,明确海洋教育的目标和方向[1]。因为当今科学技术改造自然的力量十分强大,如果没有正确的价值导向,科技就很可能带来灾难而不是福祉。在海洋生态文明的建设过程中,如果缺乏海洋生态道德,海洋环境恶化的趋势就不可能从根本上得到遏止。通过树立海洋的内在价值观念,引导人们的行为不能仅仅从自身利益出发,还需要考虑海洋的健康和生态功能的完整性,追求人与海洋的共生共荣[2]。这就要求我们应该把海洋伦理道德教育渗透和贯彻到整个海洋教育中去。此外,作为建设海洋生态文明的哲学基础,海洋生态伦理可以对各种针对海洋的行为进行道德评价。有时伦理道德的力量要比法律的力量更强大。人们已经逐渐发现,单纯地依靠政策、法律、法规、经济等手段还不够,更重要的是以内在的生态伦理和环境道德意识去引导人们的行为,形成舆论的压力[2]。海洋伦理是一种文化的力量,它可以充分发挥教化人类、启迪心智、规范行为的道义上的威力。

现代美国生态伦理学的开创者之一奥尔多·利奥波德(Aldo Leopold)在其著作《沙乡年鉴》中阐述了"大地伦理",认为一个真实的环境伦理,不是由于"大地"对人类的生存和福祉具有意义才具有(工具)价值,而是"大地"本身具有内在价值和权利,人类对自然界应该具有伦理责任。人类只是"大地"社区的成员之一,必须尊重与他一起生存的其他成员,而且要尊重生命共同体本身。人只要生活在一个共同体中,他就有这样的义务。这种义务的基础就是:共同体成员之间因长期生活在一起而形成的情感和休戚与共的"命运意识"。因为地球不是僵死的,而是一个有生命力的活的有机体[3]。

三、对海洋的道德情感

（一）为什么要对海洋讲情感

人类对自然的爱与关怀,人类的生态良心,并不完全是出于对人与自然关系的科学认识,而更重要的是出于情感归属的需要。科学认识所理解的自然是非常不完整的,人类必须从情感上体验自然,领会自然,热爱自然,才能发自内心地尊重和关爱自然,才能真诚地产生"万物一体"、"民胞物与"的生态关怀,才能对养育人类生命的自然界产生感恩之情,真正建立起守护地球上所有生命之家园的生态伦理学,而不只是止于保护人类生存环境的生态伦理学的狭隘境界[4]。中华哲学自古以来就提倡情感理性。所谓情感理性,不是指个人私情,而是指人类共同的、具有道德意义的情感,无论道家的"慈",还是儒家的"爱",都是一种自然的又具有道德意义的情感。这样的情感当然是能够成为理性的,那就是所谓的"情理"。情感理性实际上是一种价值理性,因为价值正是由情感需要决定的。只有承认人类的共同情感,才能建立起共同的、普遍的价值理性[5]。中国传统哲学对自然界有一种很深的敬畏之情和感恩之心,"天地有情而生养万物",整个天地之间都蕴含着一种"情"的状态。正因为如此,华夏先民的生活才具有一种神圣感和使命感,天人之间才经常具有心灵的沟通,中华民族才充满了生命力。

作为天地之间的精灵——人,是有情生命共同体中的一员。海洋,作为地球生命支持系统的最大、最重要的单元,不但孕育了丰富多彩的生命,而且供应了人类需要的氧气的70％,并通过对地球热量调节和平衡作用,提供给人类和其他生物赖以生存所需要的宜人气候……所有这些,正是海洋的情之所在。中国古代的"天人合一"观念反映了人与自然息息相关、相依共存的密切关系,反映了人对大自然的一种依赖感与亲和感。

因此,对海洋的道德情感是海洋伦理的一个重要基础。如果对海洋没有热爱、没有尊敬、没有赞美,不景仰其内在价值,要谈海洋伦理、普及海洋伦理教育是不可思议的。所以,培养对海洋的情感,是海洋伦理教育的最基础、也是最迫切的内容之一。当然,海洋伦理不仅仅是一个情感问题,人类海洋伦理的进化不仅是一个感情发展过程,也是一个精神发展过程,当伦理的边界从个人推广海洋,进而推广到整个地球共同体时,它的精神内容也随之增加了。正如中国古人所说的"与天地合其德"——这应该是人之所以为人的最高价值的实现。

（二）社会现状

在工业文明社会,"主宰自然"的思想占据主流,人与自然的关系长期以来完全是一种功利主义的利用与被利用的关系,根本谈不上感情。然而,我们依然能够看到,农民对土地有很深厚的情感,这种情感来源于生活生产实践。土地养育了农民,土地所展现出来的充满生机的自然之美在感化着农民,农民世世代代生活在土地上。这种情感无需教育或培养,而是自发产生的。依赖大海为生的渔民对海洋有着类似的情感。而对于其他人,虽然可能从审美、娱乐角度喜欢大海,也可能因为海洋提供的渔业资源而肯定海洋的工具价值,然而如果上升到心灵层次,就很难会对海洋怀有发自内心的情感了。

究其原因也很好理解。一方面是人类文明的进步使我们自身的生存能力逐渐增强,表面上看似乎可以完全自主,内心与大海的疏离感便逐渐产生并加强,对大海的征服和统治欲望也逐渐占据主导;另一方面,海洋对支持人类生存所起到的重要作用还有许多人不知道,即使有人知道,但由于海洋为人类提供的生态服务和功能已经让人习以为常,就像太阳每日从东方升起照耀大地,却很少人对太阳有感恩之情一样。因为从未失去过,所以在拥有时通常感到麻木。也有人从人类中心主义和功利角度出发,只看到海洋对人类的工具价值和资源价值,只是因为海洋污染让自己的海上游览扫兴,或者是捕鱼量越来越少,影响到了自己的经济利益,而对保护海洋有所关注,然而那只是因为海洋环境的退化造成的后果对自我的中心价值感有所削弱而表现出的一种无意识反应,根本算不上是由对海洋深厚的情感所自然引发的行为。

虽然现状并不乐观,但人们依然有着良好的基础。我们可以从内地的人们向往海洋的共性中看到这一点。来青岛旅游的许多游客只为了一个目的,那就是看一眼大海,亲自感受一下大海的魅力。而这正是我们发展和普及海洋伦理教育、培养海洋道德情感的大众心理基础。

四、海洋道德情感教育的实施途径

由于海洋具有开放性、复杂性、特殊的生态性以及稳定性与适应性相协调等特性,由此注定了海洋科学研究的多学科交叉、渗透和综合的特征。这种特征随海洋科学自身的发展日益明显。目前,海洋高等教育已形成了以海洋科学为主体,海洋学科为特色,门类齐全的学科体系。尤其是,以海洋经济、海洋文化、海洋管理、海洋政治、海洋军事和海洋史学等人文社会学科也已经提上日程。从海洋意识角度看,海洋世纪要求国民具有高度的海洋意识,海洋高等教育的发展应该起到宣传、普及海洋知识,唤醒国民的海洋保护意识的社会作用。对于海洋类高校,一方面要通过构建复合型海洋类人才培养模式,提高海洋类专业人才的素质,加强专业教育,使其能够运用扎实而丰富的专业知识开发海洋[6];另一方面,要从树立全新的海洋发展观、价值观和伦理观出发,将海洋伦理教育和情感教育与培养渗透到高校学生学习、生活与实践的各个方面。然而,对海洋的情感是不可能通过说教或规则约束来强加的。一种情感如果不是发自内心,那就不是情感。所以,高校应尽快设法解决海洋类学科发展不均衡的问题,即重理论、轻应用,重科学、轻伦理。

综合考虑,海洋道德情感培养的具体途径应从以下两个方面入手:一方面,高校应加强凡是能够提升学生感受力的课程的建设(如艺术类、自然类课程),尤其是包含与自然密切接触、能体验自然消长节律的实践活动的课程;另一方面,应着重加强以海洋为主题的各种活动,除了诸如展示海洋科技成果的学术性活动之外,还应增加各种海洋文化性活动(如国际海洋日、海洋文化节),并大力开发娱乐性活动,逐步达到凝聚人们对海洋的共同情感的目的。

中国海洋大学有着以海洋为特色办学的理念,海洋相关软硬件条件和资源十分充足,应充分加以开发、整合和利用。例如,可以利用"东方红"科学考察船或小型游艇,结合海洋科学调查或实习内容,组织学生进行海上观光、海岛旅游、海滩调查等类似旅游性的活动,开展海岛生存挑战等主题性实践活动等,必定能够增加学生对海洋的真实感性体验。更重要的一点是,如果能够依托中国海洋大学,成立一个海洋娱乐活动中心,开发游泳、潜水、帆板运动等娱乐运动项目,与大学生体育课结合,也可以向社会开放,使之成为海大新的"海洋特色"之一,必能在高校学生中乃至社会上掀起一股"走近海洋、体验海洋"或"海上运动"的高潮。此外,应进一步丰富校内海洋生物标本馆,并建立自己的活体海洋生物世界(即大型水族箱培养系统,类似青岛海底世界),在主要服务校内学生的同时,也可以接待校外游客,进而在为学校创收的同时,也为海洋教育走向大众、走向社会提供一个良好的平台。

海洋是流通的,海洋事业是世界性的,对海洋的道德情感应该是(也本来就是)人类共同的、伟大的自然情感。海洋类高校要承担起全民海洋意识教育的重任,在完善海洋科学教育的基础上,进一步加强海洋伦理教育,形成全社会关注海洋、开发海洋、保护海洋的良好氛围,推动全球海洋事业的可持续发展,重新建立人与海洋的和谐共生关系。最后引用纪录片《海洋》中的一句解说词,作为本文的结束。"地球上所有的生命都应该在这里共同生存,这样才有希望。"

参考文献:

[1] 王国聘.环境伦理学的学科发展与课程建设[J].教育部高等学校教学指导委员会通讯,2010(4):24-28.

[2] 王诗红.海洋生态伦理教育是实现海洋可持续发展的根本保障[J].中国海洋大学高教研究,2010(4):67-69.

［3］ Leopold A. A Sand County Almanac.（沙乡年鉴,侯文蕙,1997 中译本）
［M］.长春:吉林人民出版社,1949.

［4］余正荣.生态文化教养:创建生态文明所必需的国民素质[J].南京林业大学学报(人文社会科学版),2008,8(3):150-158.

［5］蒙陪元.人与自然:中国哲学生态观[M].北京:人民出版社,2004.

［6］吴高峰.我国海洋高等教育 60 年改革发展回顾与展望[J].高等农业教育,2010(4):11-14.

The Cultivation of Marine Moral Feeling: An Important Aspect of the Marine Ethics Education

Wang Shihong

Abstract: Marine ethics is the philosophical foundation of marine education. And marine ethics relies on the emotional needs of people on the sea. This paper, starting from the introduction of *OCEANS*, a French documentary film, from an aesthetics aspect, leads to the main topic of marine moral sentiments, which make a psychic transition to the appeal to marine ethics. Then, the importance and social status of cultivation of marine moral sentiments is discussed from the western land ethical and eastern traditional philosophical perspectives. In order to increase undergraduates' perceptual experience of ocean, OUC should implement some specific ways, such as initiating a wide range of activities on science, culture, tourism, entertainment and sports, establishment of marine recreation center, marine aquarium, and other facilities.

Keywords: marine education; ecological ethics; moral sentiments; marine aesthetics

（王诗红:中国海洋大学海洋生命学院讲师 山东 青岛 266003）

第二部分

Research, Training and Innovation Dynamics at UQAR

Serge Demers ∎

Abstract: This paper discusses the importance of the role played by the University of Quebec in Rimouski (UQAR) and its Institute of marine science (ISMER) in the regional socio-economic development. The collaborative approach in the institutional, research, business and governmental sectors results in synergies and a critical mass of knowledge that increases each partner's efficacy and ability to act effectively. Research & Educational Institutions, Technology Transfer & Research Centres and the innovative small industries are the three strategic levels of the the the Quebec maritime region. The expertise, knowledge and know-how stemming from these institutions, makes it a turbine of innovation, propelling this cutting-edge market even further.

Keywords: UQAR; innovation; collaborative; ISMER

University has a crucial role in the socio-economic development especially in remote areas where the establishment is both engine of economic development, cultural and recreational, and leverage in terms of quality of life. Universities functions include: knowledge-building; R&D transfer; provision of physical infrastructure; development of strategic partnerships; and the creation of potential sources of immigration through international students. In this presentation, I will discuss the importance of the role played by the University of Quebec in Rimouski (UQAR) and its Institute of marine science (ISMER) in the regional socio-economic development.

Rimouski in few words

Located on the south shore of the St. Lawrence River, Rimouski is the major urban center in the Lower-St. Lawrence administrative region. A total land area of 335 km², located 550 kilometres from Montreal and 310 kilometres from Quebec City. The city is home to more than fifty thousand (54 000) permanent residents and five thousand three hundred (5,300) students who come to Rimouski to pursue higher quality education. Rimouski is one of the highest concentrations of post-graduates per capita in Canada.

Designated as the "regional metropolis" because of the high concentration of businesses, personal and professional services, educational institutions and health care facilities, Rimouski is also home to many organizational headquarters and major administrative centres (TELUS Qu bec, Hydro-Qu bec's regional service centre, the courthouse, federal and provincial agencies, etc.) that constitute the basis of the economic vitality of Rimouski.

Marine sciences

Rimouski is proud of its status as a major maritime centre and the capital of applied research in maritime sciences. Surrounded by a natural laboratory and home to many research and teaching centres, the city welcomes numerous scientists every year, who come to complete or advance their education at one of these institutions [University of Quebec in Rimouski (UQAR), Institute of marine sciences of Rimouski (ISMER), Institut Maritime du Qu bec (IMQ) and the Maurice Lamontagne Institute (IML)]. Rimouski has also a commercial seaport opens to both the large European markets and the Canadian and American Great Lakes. Companies and organizations specializing in maritime technologies and applied research [Innovation Maritime (IM), the Marine biotechnology research centre (CRBM), the St. Lawrence Global Observatory (SLGO), the Interdisciplinary Ocean mapping Centre (CIDCO)] make Rimouski a centre for the development of maritime transport and technology. 20 percent of the local workforce is in the knowledge industry. Rimouski is the "Quebec maritime Technopole (TMQ)". The "Technopole Maritime" network, commonly known as the "Marine Resource, Science and Technology Cluster", is made up of stakeholders from the institutional, research, business and governmental sectors. Together, these partners have created an environment that fosters an exchange of resources and expertise. This collaborative approach results in synergies and a critical mass of knowledge that increases each partner's efficacy and ability to act effectively.

Regional sector of main activities

The lower St. Lawrence region offers four areas of important activities, peat, wind-energy, green building and resources, science and marine technologies sector. Rimouski decided to concentrate his effort on one niche of excellence "Resources, science and marine technologies". This niche is divided in 2 clusters:

Marine Biotechnology:

Northern environments such as the Gulf of St. Lawrence have an abundance of highly potential marine organisms. The active compounds found in cold, salty waters have exceptional properties and remarkable application opportunities in industries such as pharmaceutical, nutraceutical, cosmeceutical, horticultural and environmental. As well, the St. Lawrence River is at the heart of extensive research on issues related to climate change and environmental impacts. It is a complex ecosystem that plays a crucial role for the populations that depend on it.

In addition to research centres and academic centres, the Quebec maritime is home to a dozen companies involved in marine biotechnology. Part of them are interested in commercializing micro-and macro-algae properties while others are finding ways to commercialize residues from marine co-products. Some residues contain high levels of omega-3 fatty acids, which are shown to play a crucial role in the prevention and treatment of hypertension, cardiovascular or coronary diseases. The areas of potential application are which includes:

- Human health-natural health products (NHP), nutraceutical, pharmaceutical
- Human and animal food
- Cosmetic and cosmeceutical
- Energy-biofuel
- Environment
- Aquaculture-microalgae

Marine technology:

The marine technology sector is vast and has enormous potential. State-of-the-art technologies, specific to the marine sector such as smart buoys, sonars and professional diving equipment, are being developed alongside other technologies that have wider applications, such as navigation and communication systems, geomatics and electronic data processing.

The Quebec maritime companies, involved in the marine technology sector are specialized in high-tech fields. This cluster includes, among others, electronic navigation and communication systems, data acquisition and data management systems, marine systems integration and information technology, marine geomatics applications and mapping. The areas of potential application are:

- Marine transportation
- Data management
- Observation systems
- Electronic systems
- Professional scuba diving
- Maritime engineering and environment
- Shipbuilding

The University of Quebec in Rimouski

Through its determination and creativity, University of Quebec in Rimouski (UQAR) takes part in the strong energy that surrounds the production and transmission of knowledge, and this, while remaining responsive to community needs. A leader engaged in the deepening of marine knowledge, UQAR trains researchers, specialists and managers in various areas of the industry through its undergraduate, graduate and post-graduate programs.

UQAR offers many training programs:

- Master and doctoral programs in oceanography
- Diploma, master and doctoral programs in maritime resource management
- Bachelors in biology and bachelors in geography, with specialization in marine sciences
- Different research groups who study maritime transport, coastal geoscience, marine geology, coastal geochemistry, etc.
- Centre for Research on marine and island environments (CERMIM)
- Canada Research Chair in the Geochemistry of Coastal Hydro-geosystems
- Research Chair in coastal geosciences
- Research Chair in maritime transport

- Community-University Research Alliance (CURA) on Coastal Communities and on Territorial Development and Cooperation

It is also possible to address concerns in the maritime history, regional development and engineering program.

Institute of marine sciences of Rimouski

Commonly known as one of UQAR's worldwide ambassadors, the Institute of marine sciences of Rimouski (ISMER) is a key contributor in advancing the knowledge of ocean sciences. Major research institute in coastal oceanography, the ISMER offers diversified and integrated programs in the four major fields of oceanography (biology, chemistry, physics and geology), which are taught by expert researchers in the field.

The ISMER's research credentials have earned it five major Canadian research chairs in the following areas: aquaculture, molecular ecotoxicology in coastal environments, applied marine acoustics, marine geology and the UNESCO chair in integrated analysis of marine systems. ISMER has positioned itself as a research catalyzer in ocean environments. For example, it studies active biomolecules from the marine biomass, in partnership with the Marine Biotechnology Research Centre (MBRC). With its strong focus on acquiring new knowledge in marine science and technology, ISMER is actively involved in establishing a Quebec network of universities on active biomolecules.

The University: a key essential to the socio-economic development

There are two components on the impact of a University on regional development. The "static" impact, namely that flows directly from University research and training activities such as salaries and other operating expenses, living expenses of students and holding of conferences and seminars to the regional economy. The other impact is much more "dynamic" and is related to the overall productivity increase and development of knowledge [integration of the human capital formed at the University in organizations; research and development carried out by organizations with the support of the University; academic research (licensing, spin-offs)]. The "static" regional impact of UQAR can be described as significant financial benefits with an operating budget 2011-2012 of 72 M $ (80 percent in salary), a budget for research of 20 M $ and significant investments in facilities (near 40M $).

The regional dynamic impacts result in an increase of regional/national productivity by the contribution of highly qualified human capital formed at the University, the exploitation of research (licensing, spin-off companies), the stimulation of research and development (R&D) in enterprise to improve the production; the attraction of the University for new investments (especially in high technology) and the development of new enterprises by graduates (funding by the University Foundation). According to a study by the Desjardins Group, Quebec universities have had a static impact of 3.1 G $ in 2006, and a global dynamic impact of 11.9 G $. By applying the same ratio (dynamic impact / static impact), it would mean that for the University of Quebec in Rimouski, taking an approximate value of static impact of 152 M $, the dynamic impact would be close to 600 M $.

Regional impact training

Rimouski is the city with the highest percentage of people per capita with a university degree (21.3 percent). In 2010, the placement rate of graduates of the UQAR was 97 percent. Seventy five percent (75 percent) of the graduates originating from eastern Quebec are in employment in their region of origin. Twenty four (24) graduates of UQAR, originating from other regions or abroad, are professionally established in eastern Quebec. Close to 300 employees of the School Board system and over 200 employees of TELUS (the national telecom company) have been trained in UQAR. UQAR graduates work in departments, health and hospital, accounting firms and banks, as well as in several small and large enterprises in the region. For the year 2009-2010: 732 trainees worked in community businesses and organizations.

A very important "dynamic" impact in research is the emulation. University, in partnership with Technopole Maritime du Quebec (TMQ), has helped to attract in the region, knowledge and job generator projects such as the establishment of Technology Transfer & Research Centres (TTRC) such as the Marine Biotechnology Research Centre (MBRC), Innovation Maritime (IMar), the Interdisciplinary Ocean Mapping Centre (CIDCO), the St. Lawrence Global Observatory (SLGO), and the several small industries based on the know-how of our students.

Marine Biotechnology Research Centre (MBRC)

The MBRC is a unique research centre in Canada which focuses on the cold-water marine resources of the St. Lawrence and Eastern Canada. A strategic player in the field, the MBRC contributes to the development of marine biotechnology through technological watch, applied research, and the development of processes and value-added products. With its high-quality facilities, highly specialized equipment and expertise in regulatory matters, the MBRC is a major asset for industrial research in marine biotechnology.

Innovation Maritime (IMar)

Innovation Maritime is a technology transfer and an applied research centre, created by the Institute maritime du Quebec (IMQ), who provides R&D services, technical support, SME development support, and technology watch services to companies and organizations involved in the marine industry. Innovation Maritime is a non-profit corporation, directed by a board of representatives from the marine industry and research sectors.

Innovation Maritime's projects are organized around five main research areas: marine safety and security, port management and marine transport, underwater and hyperbaric interventions, electronic navigation and environmental technologies related to marine transport.

The multidisciplinary team includes engineers, programmers, analysts, physicists, economists, navigators, ship's engineers, professional divers, marine transportation and intermodal logistic specialists.

The Interdisciplinary Centre for the Development of Ocean Mapping (CIDCO)

CIDCO is a marine cartography and geomatics centre for innovation and technology transfer. CIDCO develops technologies for the acquisition, management and graphic representation of marine geospatial data. It is a hub of international-calibre expertise.

As a jewel in the crown of Quebec maritime, CIDCO's collaboration with various organizations and firms is of particular value in the fields of coastal engineering, underwater infrastructure management, marine geomorphology research and marine habitat characterization, as well as seafloor mapping for navigation, developing natural resources and delineating territorial borders.

St. Lawrence Global Observatory (SLGO)

An information infrastructure supporting ecosystem conservation, economic development and decision making, the St. Lawrence Global Observatory (SLGO) provides an integrated Web access to data and information from a network of government, academic, and community organizations. The synergy created by clustering the means and expertise of data producers translates into an increased collective capacity to serve various user groups. Data access via SLGO also creates opportunities for the development of value-added products and services and, consequently, significant socio-economic benefits.

SLGO contributes towards the integrated management and sustainable use of the ecosystem by providing timely and accurate data, information and knowledge to support decision making processes in areas such as public safety, transportation, climate change, resource management and biodiversity conservation.

SLGO acts as a vehicle for democratizing and enhancing the value of scientific information assets about the St. Lawrence by providing member organisations with technological expertise, data access and visualization tools and the international exposure of its Web platform.

Conclusions

In the marine science and technology sector, the Quebec maritime region with his University has positioned itself as a leader nationally and internationally, thanks to its three strategic levels that are Research & Educational Institutions, Technology Transfer & Research Centres and the innovative small industries. The expertise, knowledge and know-how stemming from these institutions, makes it a turbine of innovation, propelling this cutting-edge market even further. We can really say that the university and its partners put the human capital, the knowledge and the innovation at the fingertips for all.

(Serge Demers, Institute des sciences de la mer de Rimouski Université du Québec à Rimouski 310 allée des Ursulines Rimouski, Québec Canada G5L 3A1)

实施教学质量提升工程 确保教学工作中心地位

包木太 王卫栋 杨桂朋 李 铁 姬泓巍 ■

摘要:提高大学教学质量是提高人才培养和大学生素质的关键,大学教学质量对学生各方面的发展有着直接的影响。以调动教师教学主动性,提高大学教学质量,培养具有主动学习精神和创新能力的大学生为目标,从牢固树立教学工作中心地位、大力推进教学改革、提升人才培养质量等方面,采取一系列切实可行的措施,着实提高本科教学质量,培养创新型精英人才。

关键词:教学质量;教学改革;人才培养;精英人才

众所周知,高等学校的四大功能是"人才培养、科学研究、服务社会、文化传承与创新"。其中,人才培养是高等学校的根本任务,而教学工作是人才培养的核心。"十年树木、百年树人",为实施教学质量提升工程,确保教学工作中心地位,我们必须更加积极主动工作,与时俱进,开拓思路,不辱使命。下面分三个方面介绍中国海洋大学化学化工学院近年来在本科教学工作中所做的工作。

一、牢固树立教学工作中心地位

化学化工学院长期以来承担着比较繁重的教学工作任务,学院除承担本学院的人才培养工作外,还一直承担着学校 7 个学院 15 个专业的化学理论课和实验课的教学工作,我院教师年均本科教学工作量达 200 多学时。学院深感责任重大,学院历任党政领导和全体教师历来重视教学工作,一直把教学工作作为学院的中心工作来抓,在本科教学评估、精品课程建设、教学团队建设等工作中均取得优秀的成绩。我院已故老领导张正斌教授是我校目前唯一的国家级教学名师。多年来学院积淀形成的"强化海洋化学优势学科,保持理论应用协调发展,坚持教学科研齐头并进,努力培养创新复合人才"的办学理念。目前全院达成共识——做好教学工作是教师的天职,教学促进科研,科研反哺教学,岗位设置和岗位津贴向教学倾斜。

二、大力推进教学改革、提升人才培养质量

为进一步巩固、强化教学工作中心地位,在广泛征求全院教职员工意见与建

议的基础上,经过三次学院党政联席会议和两次全院职工大会讨论,学院出台了《化学化工学院关于进一步提升本科教学质量的若干意见》。主要是通过采取以下七大措施,进一步提升人才培养质量。

1. 成立化学化工学院本科教学指导委员会

由院长任主任,教学副院长、分管学生工作的副院长任副主任,各系主任、教学副主任、课程负责人和教学评估优秀的教师代表任委员。负责指导全院教学工作的开展与宏观管理,组织教学质量检查,推行本科教学改革,提升本科教学质量。

2. 组建 8 个本科教学团队,实施教学团队负责人制度

针对化学化工学院本科生课程情况,按照基础课、专业课两个层面组建了 8 个教学团队,分别为《无机化学》《分析化学》《有机化学》《物理化学》《无机及分析化学》5 个基础课教学团队;《海洋化学》《应用化学》《化学工程》3 个专业课教学团队。所有教师必须归属其中一个教学团队,或者以一个教学团队为主。组建教学团队的目的是弥补缺置的教研室,恢复开展教研活动,让老师们在教学中找到归宿感。

教学团队负责人全权负责本教学团队课程系列的运行、协调与建设,组织开展教学研讨活动,加强教学改革,提高教学质量,培育教学成果。教学团队负责人享受课程负责人岗位业绩津贴。

教学团队负责人制度实施一年来,各教学团队累计开展教研活动、教学观摩活动 30 余次,促进了教师们相互交流教学中的经验和感受,发挥了教学团队里老教师对年轻教师的传、帮、带作用,相互学习,共同提高。

3. 开展学院听课评价制度

为尽快提高青年教师教学水平,发挥老教师的传、帮、带作用,按照学校教学评估制度,我们进一步落实学院听课制度。院系行政领导及教学团队负责人每学期应至少听课 1 次。书记、分管学生工作的副书记每学期至少主持青年教师、学生座谈会 1 次。我作为分管教学工作的副院长,至少听课 5 次以上。2011 年春季学期我自己实际听课 18 次,从不同老师的讲课中,自己也受益匪浅。

4. 进一步推进本科生导师制

为培养拔尖创新人才,实施精英人才教育,学院在前期工作基础上,进一步在全院实施本科生导师制。本科生导师制从本科生二年级开始实施,由导师与学生进行双向选择,导师为具有中级及以上专业技术职务或具有博士学位的教师,或具有中级专业技术职务的实验技术人员与教师组成双导师。

5. 进一步推进开放实验、加强学生实践锻炼

为培养学生的创新思维,提高其实践和创新能力,学院将大型仪器对本科生

开放,进一步推进开放实验。通过实验技能竞赛、优先保研推荐和设置学分等措施调动学生参加开放实验的积极性;通过计算岗位业绩津贴、提供实验场地、实验仪器和药品等,为教师以及实验技术人员指导开放实验提供必要的支持。

加强学生实践锻炼,探索培养创新型人才的思路和方法。以"国际化学年"为契机,2011 年 5 月,教务处和化学化工学院主办、化学化工学院承办了中国海洋大学第三届化学实验竞赛,参照全国大学生化学竞赛模式开展,分预赛和决赛两个阶段,共有专业组和业余组 80 多名同学参加。通过举办竞赛,培养学生的科学创新意识、提高学生独立思考问题的能力以及与他人的合作能力。

6.加强教学交流,取人之长、补己之短

学院每学期邀请校外知名教授、专家举办 1 次本科教学交流会议。目的是让我们的老师们不出校园就能听到国家教学名师的教学经验,同时也让更多的教学专家了解海大化院,看看我们的化学、化工,认识我们的海洋化学。基于此,学院先后邀请华东师范大学副校长陆靖教授、吉林大学国家级教学名师宋天佑教授、华东理工大学国家级教学名师黑恩成教授来校举办了三场教学研讨主题报告会,受到老师们的好评。同时,每个教学团队每学期至少举办 2 次教学研讨活动,鼓励教师参加校外教学研讨和教学培训,并提供必要的经费支持。

今年秋季学期,我们将改变形式,那就是把相关的教学名师请进我们的课堂,我们的老师和学生们一起来聆听、学习不同教学名师的课堂教学,让我们的老师、学生们,在自己的校园里也能享受到来自不同高水平大学国家教学名师的课堂教学。

7.设立教学研究基金

为进一步提高教师的教学研究水平,学院设立教学研究基金,主要用于资助与奖励教师出版教材、发表教学论文和参加教学研讨活动等。

三、措施得力、成效显著

2010 年 7 月,化学专业被批准为第六批高等学校特色专业建设点,同时,"海洋化学课程教学团队"被评选为 2010 年国家级教学团队。创新人才培养成绩斐然,2010 年 12 月 13 日,在首届山东省"隆腾—双利杯"大学生化工过程实验技能竞赛中获得一等奖。2012 年 7 月 22 日至 25 日,我院首次组队参加了第三届山东省大学生化学实验技能竞赛,获得一等奖 1 个、二等奖 1 个、三等奖 1 个的好成绩。8 月 24~25 日,在中国石油大学(华东)举行的第五届全国大学生化工设计华北赛区竞赛,共有来自清华大学、天津大学、中国矿业大学(北京)等 21 所高校 51 支队伍参加了华北赛区的决赛,化院学子组成的"海洋之星"队荣获华北赛区一等奖。9 月 12 日在重庆大学举行的全国总决赛中获得二等奖。

2011 年化院学士学位获得率 100％,考研录取率 48％,其中基地班考研录取率 92.5％,一次性就业率 90％。目前形成了人人重视教学,踊跃参加教学研讨活动的良好氛围。

四、结语

教学工作任重而道远,实施精英教育,培养精英人才,是时代发展对研究型大学人才培养提出的新要求,相信在学校各级领导的支持与指导下,在全体老师们的共同努力下,化学化工学院的教学工作会稳步、有序地向前推进!

The Project on Improving Teaching Quality to Ensure Teaching in Central Place

Bao Mutai, Wang Weidong, Yang Guipeng, Li Tie, Ji Hongwei

Abstract: Improving the college teaching quality is the key of improvement of the personnel training and comprehensive quality of university students. University teaching quality has a direct impact for all aspects of development of the students. Mobilizing all positive factors of teaching, improving teaching quality initiative university, cultivating of active learning spirit and innovative ability of college students as the goal. From firmly establish teaching center position, vigorously promote teaching reform, improve the personnel training quality, etc. A series of practical and feasible measures are taken to really improve the quality of undergraduate teaching and cultivating innovative elite talents.

Keywords: teaching quality; educational transformation; educational reform; professional mannel

（包木太:中国海洋大学化学化工学院教授、副院长 山东 青岛 266100）

海洋药学专业本科人才培养的基本思路与实践[*]

吴文惠　李　燕　陈舜胜 ■

摘要：立足高等学校的人才培养功能，上海海洋大学开展学科建设实践，融合食品科学与工程学科、生物技术学科和海洋生物学学科构建了海洋药学专业本科人才培养体系。海洋药学专业本科人才培养的根本目的是让同学们形成海洋药学专业研究和开发的意识，具备海洋药学专业开发、研究与探索的理论知识体系和实践能力。海洋药学专业本科人才培养的基本思路是通过药学和海洋生物科学为双核心的课程体系来培养学生专业思维和专业能力，突出学生创新实践活动的教学计划设计。培养的海洋药学专业本科人才对发展海洋药学专业行业、促进国家海洋科教事业和推进海洋科学进步将发挥重要作用。

关键词：海洋药学专业；学科建设；海洋药物；人才培养

高等学校的功能是高等教育价值的体现，它通过人才培养、科技创新和社会服务表现出来。人才培养是高等教育的基础和出发点，是高等学校最基本的功能，适应时代需要，不断开拓新的人才培养体系是高等教育服务社会、促进社会进步的重要体现。

在高等教育大众化的背景下，学校要根据自身特点和优势来确定学校的发展方向，我们围绕国家"十一五"科技发展战略目标和国家"十一五"海洋科学和技术发展规划纲要，在对国内外相关高校院所涉海学科进行广泛调查的基础上，针对海洋科学发展现状和趋势，站在国家海洋科技发展、海洋产业发展的高度，通过剖析我校自身学科优势和已有基础，分析了上海海洋大学海洋学科建设的主攻方向和特色，希望通过海洋药学专业人才培养体系的构筑来促进上海海洋大学海洋学科的整体发展，全面提升办学水平，努力为我国海洋科技事业发展和地方经济发展做出新贡献。

一、开展学科融合建设实践，设置海洋药学专业人才培养体系

（一）海洋药学专业人才培养体系的设置

21世纪是海洋科学在多学科交叉融合背景下蓬勃发展的时代[1]，特别是海

＊　基金项目：上海市教委重点学科建设项目资助(J50704)。

洋生物科学研究随着美国科学家采用基因技术在深海发现微生物的新种和日本科学家在海底淤泥发现 600 万年前的原虫而令人耳目一新,探索海洋的自然科学规律和开发利用海洋资源成为新世纪海洋科学和生命科学领域的研究热点。20 世纪末,我国海洋高等教育迎来了一个快速发展的时期,1959 年成立的我国大陆唯一的一个海洋学院山东海洋学院于 1988 年更名为中国海洋大学,1997年湛江海洋大学成立,1998 年浙江海洋学院成立,这标志着我国的海洋科学教育事业进入了蓬勃发展的新时期[2,3]。

在"向海洋进军"的感召和新世纪的国内外海洋科学和教育蓬勃发展的大环境下,上海海洋大学立足于海洋生物资源方面的学科优势于 2001 年设置了面向"海洋世纪"、支撑上海未来经济发展战略的海洋药学专业人才培养体系。

(二)海洋药学专业人才培养体系的任务

高等学校的专业设置和社会需求、科技发展是相互促进、相互协调的关系。海洋药学专业人才培养体系是在"海洋药学专业、海洋保健品的研制、开发备受世界各国关注;我国对海洋药学专业的研究相对落后;海洋世纪的上海海洋大学要在海洋化学、海洋物理等学科补充高层人才,利用水产学科综合优势,在海洋药学专业研制、开发方面有所突破"的思维下[4]组建的融合学科,是上海海洋大学建设特色性大学的重要体现。

高等教育必须面向社会发展和时代需要优化专业设置。海洋药学专业人才培养体系的设置其实质在于扩展和满足上海海洋大学在上海市和全国的服务内容。它承载着整合上海海洋大学的传统优势学科—海洋学科和生物学科的作用,但它又不是海洋学科、生物学科、药学学科的简单综合。高校专业设置是否和社会需求相一致,直接关系到高校的发展,也直接影响到高校资源配置的效率。建立学科交叉和融合专业、优化教学资源来设置海洋药学专业人才培养体系,对上海海洋大学的特色大学创建、培养既具有宽厚的基础知识又具有创新能力的人才方面将承担着更重要的责任。

海洋事业要发展,海洋教育要先行。围绕 21 世纪海洋科学的战略发展目标和我国科技中长期发展规划,海洋高等教育必须要有一个长足的发展和进步,海洋药学专业作为海洋生物资源利用的重要分支必将有大的发展。

海洋药学专业人才培养体系的任务除了在海洋药学专业方面有所成就外,它的任务还应该有:提高国民的海洋意识和充实国民的海洋知识,培养参与国际海洋大科学研究的研究人才,培养参与海洋高科技竞争和海洋高技术产业发展的技术人才,培养为海洋生物资源可持续利用的应用型人才。海洋药学专业人才培养体系在海洋高等教育中将占据越来越重要的位置,它将以海洋药学专业为切入点,为我国的海洋战略服务,培养具有海洋意识的专门人才和提高国民的海洋意识[5]。

(三)构筑海洋药学专业人才培养体系的意义

改革教育模式、拓宽专业口径是高等教育满足社会需要、与时俱进的基本原则。上海海洋大学本着"优化专业,活化方向,按需培养"的原则,融合构建出了海洋药学专业人才培养学科体系。它将对以下 3 方面产生深远的影响:①进一步加大我国海洋生物资源的探索和利用程度,充分利用我国的海洋生物资源,提高海洋生物资源的利用水平,开发新的药物资源;②在利用海洋生物多样性和天然产物多样性寻找针对于多种疑难病症药物的研究上,海洋药学专业人才培养体系培养的学生将发挥中坚和生力军的作用,并且在具体的寻找药用先导化合物或药物设计上会受到海洋药学专业专门知识的启迪;③国际海洋新秩序形成后,在我国海洋国土的管理与保护、发展与繁荣海洋文化科学上都将发挥重要作用等。

海洋药学专业人才培养体系正站在海洋科学的前沿教育领域,这种强烈的海洋意识与高等教育的基本功能紧紧结合在一起,必将为我国国民海洋意识的提高做出贡献。

二、海洋药学专业人才培养体系的学科内涵

(一)海洋药学专业人才培养体系的学科构成体系

海洋药学专业人才培养体系是以化学科学和生物科学为核心和基础的学科,该培养体系是以海洋生物为对象、以获得天然药物和生化药物为教育内容的学科。

围绕着上述的学科内涵,在教育内容上应该含有:①化学原理和概念,形成纵横交错的无机化学、分析化学、有机化学、物理化学的网络体系,接触到结构化学、无机固体化学、生物无机化学等新领域。②生物学原理和概念,在知识性、系统性和科学性的指导原则下,突出生物化学与分子生物学的理论基础和研究进展,培养学生分析生物学现象、用生物学的原理和方法探索本专业具体问题的能力。通过生物学类课程的基础性、先进性、实践性等特征对海洋药学专业人才培养体系中学生知识结构的构建、能力素质的培养来施加直接和长远的影响。③药学原理和概念,立足于现代药学基础,在海洋天然药物化学、药物化学、药剂学、制药工艺学、药理学等学科范畴,重点阐述天然药物的分离、化合物结构解析、药物结构与药效的关系、药物作用机理、药物的量效关系和生产工艺,以此来培养学生的生物技术海洋生物制药专业方向、专业意识,形成专业思维。药学原理和概念的描述是生物技术海洋生物制药专业方向的核心内容。④海洋生物药

物原理和概论,海洋生物制药是海洋资源开发与利用的蓬勃发展领域之一,是多学科交叉渗透的新兴学科领域,在能够充分、合理、持续地利用海洋资源的前提下,正在形成系统而完善的学科体系。在了解海洋生物资源、海洋生态环境的基础上,结合药物研究和疾病研究的前沿领域,将阐述海洋特有生物活性物质的分离、海洋生物资源的药学利用途径、海洋生物在海洋药学专业研究上的前沿研究成果。海洋药学专业人才培养体系将培养学生的海洋药学专业理念,为海洋药学专业和海洋新产业的形成输送具有海洋生物资源利用意识的有用人才。海洋生物药物原理是生物技术海洋生物制药专业方向的尖端内容,它被化学原理和概念、生物学原理和概念、药学原理和概念托举为海洋药学专业人才培养课程体系的最上层。

海洋药学专业人才培养体系在上述课程体系的支撑下,还应外延至这些课程体系相关的研究领域。目前,重点以海洋天然产物化学研究为基础,以海洋生物中防治重要疾病创新药物先导结构的发现与优化为主要研究方向。综合运用现代分离、分析技术与活性追踪相结合的方法,研究发现海洋生物中用于防治严重危害人类健康的重要疾病创新药物先导结构或目标分子;对发现的重要活性先导化合物进行系统的结构修饰或合成研究,探讨相关衍生物的结构与活性的关系,发现结构简单、活性强、毒性小的新药目标分子。

在规范和建设海洋药学专业人才培养体系的同时,要积极创造研究条件、开拓研究领域、取得研究成果,为海洋科学的发展做出贡献。

(二)海洋药学专业人才培养体系的课程体系

遵照高等教育的办学规律,按照"宽口径,厚基础,高素质,多规格"的高校毕业生培养要求,在充分分析海洋药学专业人才培养体系内涵的前提下,设置了31门必修课,19门选修课,这些课程有机构成了海洋药学专业人才培养体系。

海洋药学专业人才培养的课程体系是化学类课程和生物科学课程支撑的生物技术学科、药学学科、海洋药学专业领域的交叉融合。生物技术学科和药学学科又共同托举起海洋生物制药这一新兴学科领域。

在充分调研国内外相近和相关专业的基础上,考虑到海洋药学专业人才培养体系的知识内涵和展望海洋学科未来的前提下构筑了海洋药学专业人才培养的课程体系,该课程体系符合海洋时代的发展要求,也符合社会经济发展要求,更符合学生专业成才的要求。

(三)海洋药学专业人才培养体系的特点

海洋药学专业人才培养体系培养的是具有药学知识、制药工程知识和海洋药学专业知识的专门人才,毕业生要掌握现代海洋药学专业生物技术的基本理论和基本技能,适合在医药、农药、生物制品、食品、精细化工等企业、科研院所及其经营管理部门从事医药、食品和生物制品的生产、研究开发和经营管理工作[6,7]。

围绕着上述培养目标和规格构筑的生物技术海洋生物制药专业方向课程体系,它具有基础性、特色型、优化性、宽广性和前沿性的特点。化学类课程和生物科学方面的基础课程体现着该课程体系的基础性;有海洋特色的药学学科和有海洋特色的基因工程药物学科体现着该课程体系的特色性;以较少学时突出了该课程体系的优化性;广泛的药学学科领域并涉及食品、精细化工、市场营销等领域体现着该课程体系的宽广性;体现海洋科学和药物科学的最新研究成果显示出该人才培养体系的前沿性。

三、海洋药学专业人才培养目标及其发展方向

"21世纪是海洋世纪",海洋作为人类重要的活动空间,是由作为主体的海洋水体、海底、海中的陆地、海面上空的大气和围绕大海周缘的海岸等组成的统一体。所以,在这立体范围内,直接或间接开发利用海洋资源和空间的生产、交换、分配和消费活动,就是海洋经济活动。直接或间接开发利用海洋而发生种种社会关系的各种活动群体及其组合成的关系网络就构成了海洋社会。通过海洋社会在海洋领域的经济活动创造出来的物质的、精神的、制度的文化,也就形成了海洋文化。海洋药学专业人才培养体系不但为海洋文化积累物质的创造,也在积累精神的创造,进行涉海高等教育的高校在海洋文化的建设上担负着重要的责任,今天中国的和平崛起,也一定要在海洋领域取得令人瞩目的成绩,才能赢得新世纪国际竞争的胜利。

海洋药学专业人才培养体系经过几年来的改革与实践,为社会输送了许多合格的海洋药学专业方面的人才,取得了显著的高等教育成效。以后,将以海洋药学专业人才培养体系为突破口,通过构筑集成的海洋药学专业科研技术平台,使上海海洋大学成为我国进行海洋药学专业研究与开发、高层次人才培养、国内外合作研究与学术交流的重要基地。同时,使海洋药学专业人才培养体系培养的专门人才具备参与国际竞争的实力,把我国的海洋事业推向一个更加光辉灿烂的新时代。

参考文献:

[1] 冯士筰. 海洋科学类专业人才培养模式的改革与实践研究[M]. 青岛:中国海洋大学出版社,2004:34-48.

[2] 盛大申. 当前高校特色学科建设与专门人才培养探讨[J]. 武汉科技学院学

报,2006,19(1):87-89.

[3] 杨子江,阎彩萍. 我国水产学科改革面临的新形势与急需解决的问题[J]. 中国渔业经济,2006(1):12-16.

[4] 郑卫东. 上海发展海洋高等教育的探讨[N]. 中国海洋报,2000-07-28(3).

[5] 周祖德. 以学科建设为核心推进学校全面发展[J]. 中国高等教育,2006(1):43-45.

[6] 元英进,尤启冬,于奕峰,蒋建兰,赵广荣,程卯生,姚日生,宋航. 制药工程本科专业建设研究[J]. 药学教育,2006,22(1):14-16.

[7] 于奕峰,刘守信,张越,刘红梅,孙凤霞,徐智策. 制药工程专业学科建设的研究与实践[J]. 药学教育,2004,20(4):23-25.

The Basic Ideas and Practice of Marine Pharmacy Undergraduate Training Subjects

Wu Wenhui, Li Yan, Chen Shunsheng

Abstract: Shanghai Ocean University carrys out the disciplinary practice based on the training function of universities. We integrated food science and engineering, biotechnology and marine biology and built a marine pharmacy subjects undergraduate training system. The fundamental purpose of marine pharmacy undergraduate training subjects is to allow students to form a sense of research and development of marine drug. The basic idea of marine pharmacy undergraduate training is to train students professional thinking and expertise ability and highlight teaching program design on the students innovative practice, which takes the medicine and marine science as the dual-core curriculum. The cultured marine pharmacy undergraduate will play an important role in the development of marine drugs industry, promoting the science and education of national marine and promoting marine science progress.

Keywords: marine pharmacy disciplines; disciplines; marine drugs; undergraduate training

(吴文惠:上海海洋大学食品学院教授 上海 201306)

海洋信息技术创新应用能力培养途径与任务群构建*

周 立 刘付程 彭红春 吕海宾 卢 霞 汤均博 ■

摘要:本文探索了"创新应用能力本位教育(CDIO+CBE)"的高等工程教育新模式,培养多学科渗透交叉融合的海洋信息技术创新应用人才。通过"3S(地理信息系统、全球卫星导航定位、遥感)"技术支撑的海洋信息工程岗位职责和任务目标,创建人才培养为能力目标,进行培养规格、课程体系、教学内容、教学方法等的改革创新。采用以设计为导向的"CDIO+CBE"教育培养模式全面育人。培养学生创新应用的知识结构、能力结构,探索培养海洋信息高科技创新人才的道路。

关键词:海洋信息技术;人才培养模式;能力本位教育(CBE);基于项目学习(CDIO)

一、背景

21世纪是海洋的世纪,开发海洋已成为许多国家的战略重点。海洋信息支撑着整个"蓝色国土"的信息网络,海洋信息技术成为国家战略性高技术。数字海洋这一巨大的系统工程,正面临着需要大量海洋信息基础设施设计、建设、管理的高科技人才的机遇与挑战。由于海洋环境的特殊性和复杂性,加之人类对这块处女地认知有限,需要培养创新型的应用人才,强调具备创新的应用能力这一特点,将计算机技术与3S(地理信息系统、全球卫星导航定位、遥感)技术、网络通信技术、传感器技术集成应用于海洋资源开发与管理。而目前培养海洋科学类专业应用人才的教学体系、课程设置不能适应全新的信息人才培养需求。海洋信息技术高等教育急待开发创新。

为此,为了更有针对性地培养社会所需要的海洋信息技术创新型人才,我们在海洋技术国家级特色专业建设点开展了海洋信息技术创新应用能力培养教育改革探索。本文重点论述了培养目标确定和培养途径与任务群构建。

* 基金项目:中国高等教育学会"十一五"教育科学研究规划课题计划项目(06AIJ0090170);江苏省教育厅高等学校教育教改研究项目,(苏教高[2007]18);第六批国家级特色专业建设点项目(TS12099)。

二、人才培养模式创新

创新应用能力培养首先要有全新的人才培养模式。海洋信息技术创新人才培养模式改革以淮海工学院海洋技术专业为平台，综合分析借鉴了联合国教科文组织 CDIO（Conceiving Designing Implementing Operation）工程教育改革创新人才培养模式和国际高等工程教育盛行的 CBE（Competence Based Education）工程能力本位教育模式，选择了两种人才培养模式融合创新。

CDIO 即"构思—设计—实现—运行"的国际工程教育与人才培养的工程教育理念和创新模式，强调综合的创新能力、与社会大环境的协调发展。同时更关注工程实践，加强培养学生的实践能力。尝试以"项目实现"作为工程实践教育的组织原则，在专业培养上以实践性和探索性的项目设计为载体，以系统观念为指导，通过多种教学因素的集成来培养学生的个人能力、团队能力、系统调控能力。基于 CDIO 方法的工程教育人才培养，有三个总体目标：工程教育应该始终强调技术的根基；培养学生具备带头创建和运作新产品、新流程和新系统的能力；培养学生能够理解科学和技术发展的重要性、战略性以及对社会的影响。CDIO 被联合国教科文组织产学合作教席列为工程教育改革战略创新人才培养模式。

CBE 是一种强调对各种能力（知识＋技能）的综合详细表述、学习和训练的教育模式，即认为教育的最终表现为学习者获得了预期的能力。而对于高等工程教育而言，这些能力是指某一种职业、职责或职务所必须具备的能力。显然，能力本位的教育模式具有两大鲜明的特点："以目标为中心，在评价中学"和"以学生为中心，在做中学"。将培养目标的重点转移到如何适应用人单位和有利学生就业上面。解决人才市场需求、学生就业意向与学校教育计划接口问题。

研究综合的"创新应用能力本位教育模式（CDIO＋CBE）"。CDIO 教育模式的特色是创新人才培养，CBE 教育模式的特色是人才能力培养。改革将基于项目学习的 CDIO 创新能力教育模式与 CBE 能力本位教育模式结合，培养国际化创新应用型工程技能人才。CBE 能力本位教育模式提供人才培养的能力目标需求与能力标准，重点解决人才市场需求、学生就业意向与学校教育计划接口问题，为 CDIO 人才培养质量评价提供标准。CDIO 创新能力教育模式提供人才培养的综合途径与环境。重点解决培养人才 5 大能力，即获取知识的能力（自学）、运用知识的能力（解决问题）、共享知识的能力（团队合作）、发现知识的能力（创新）、传播知识的能力（交流沟通）。通过 CDIO 和 CBE 两种教育模式的结合、互补、渗透，打造出"创新应用能力本位教育（CDIO＋CBE）"的高等工程教育新模式。培养 GIS 高科技创新应用工程人才。期望能为中国的工程教育与人才培养模式探索一条新的改革思路,结合我国高等教育的实际,探索出具有中国特色的高等工程教育之路,为培养符合现代岗位要求的国际化工程技术人才做出贡献。2008 年开展了海洋信息技术"创新应用能力本位教育(CDIO＋CBE)"人才培养探索。

三、能力目标确定

首先,依据 CBE 模式走出学校,聘请了 15 位来自海洋信息技术应用、科研第一线的技术管理专家组成海洋技术专业人才培养模式改革工程专家委员会。通过开展广泛的"应用岗位工作分析"、"岗位职责任务分析"等工作,建立海洋信息技术应用岗位"职责/任务结构体系"。确定创新应用型人才能力需求、培养能力目标和最终目标。突出了海洋"3S"技术集成应用的岗位职责。

通过工程专家委员会研究制定了以"3S"技术为代表的现代信息技术支撑的创新应用岗位职责任务。系统地设计开发了一个庞大的海洋信息技术应用岗位职责/任务群分析系统。职责/任务群共分为从 A-U 的 21 个大项目,构建了数字海洋技术应用岗位"职责/任务"结构体系,如表 1 所示。并按 CDIO 教育模式 5 大能力标准分类,确定人才能力需求、培养任务与任务应达到的能力目标和最终目标,如表 2 所示。

表 1　"3S"技术集成空间信息服务职责/任务表

表1.2　任务表

直接信息服务	U01	2
复合信息服务	U02	3
查询信息服务	U03	2
计算信息服务	U04	2
复杂信息服务	U05	3

表1.1　职责表

3S集成空间信息服务	
U00	2

注:①职责表方框中数字为该职责可能出现的概率。3-经常出现;2-可能出现;1-较少出现。

②任务表方框中的数字为难度系数;3-综合性技能,技术复杂;2-具有教多步骤,较困难;1-程序较简单。

表 2 "3S"技术集成空间信息服务能力—目标表

序号	任务	能力目标(EO)	最终目标(TO)
1	直接信息服务	1.根据要求,提供原始遥感影像信息服务 2.根据要求,提供 GPS 定位信息服务 3.根据要求,提供 GIS 数据库中存贮了的信息服务	按一定要求,利用已有或实时采集的数据层提供数据服务 ■ 获取知识 ■ 解决问题 ■ 交流沟通 ■ 服务创新
2	复合信息服务	1.根据要求,提供经过处理带有 RS 影像或地图背景的解算好的 GPS 导航等定位信息 2.根据要求,提供经过处理带有地学编码的遥感影像或同时包含 RS 和 GIS 信息的影像地图	按一定要求,利用已有数据生成新数据层 ■ 获取知识 ■ 解决问题 ■ 团队合作 ■ 交流沟通 ■ 服务创新
3	查询信息服务	根据要求,提供包括从空间位置到空间属性的双向查询以及二者的联合查询,此处空间位置可由 RS、GPS 或 GIS 任意一种方式指定	按一定要求,利用已有数据生成可视化的数据集 ■ 获取知识 ■ 解决问题 ■ 服务创新
4	计算信息服务	根据要求,采用 RS、GPS 或 GIS 数据库中存贮的数据,由 GIS 计算所得的空间目标本身的长度、面积和体积或其相互之间的距离和空间关系等	按一定要求,利用已有或实时采集的数据计算并生成可视化的空间几何数据关系 ■ 获取知识 ■ 解决问题 ■ 服务创新
5	复杂信息服务	根据要求,利用 GIS 空间分析模型和 RS、GPS 或 GIS 数据库中存贮的数据得到的各种结果,如:1.航道最短路径或交通堵塞时的替代路线 2.污染物泄漏或管线断裂影响范围 3.自然灾害灾情实时估算等	按一定要求,利用已有或实时采集的数据进行空间分析模型计算,并生成可视化的空间分析数据结果 ■ 获取知识 ■ 解决问题 ■ 团队合作 ■ 交流沟通 ■ 服务创新

四、培养途径/任务群构建

"CDIO＋CBE"方法是基于构想一个强调技术基础的创新能力教育,并置身于工程(产品或系统)生命周期的具体环境中,创新应用人才培养途径/任务群设计遵循基于项目的工程(产品或系统)生命周期全过程,即 CDIO(Conceive Design Implement Operate)"构想—设计—实现—运行"4 个过程。涵盖现代海洋信息工程师涉及产品、生产流程以及系统生命周期的各个方面必要的专业活动。根据确定出的海洋信息技术创新应用岗位职责、任务与能力目标的要求。拟聘请 20 位来自海洋科学、海洋技术类和信息类的教授组成海洋技术专业人才培养模式改革教育专家委员会。依据岗位"职责/任务表",研究设计多学科渗透交叉创新应用人才培养途径和课程设置方案,开发多学科渗透交叉的"3S"技术特色专业人才培养计划。在技术基础上给学生提供更多的创新应用工作知识。

培养途径总体设计是在 CBE 能力本位教育的基础上,与 CDIO 有机结合。通过项目设计将整个课程体系有机而系统地结合起来。其特点是所有需要学习和掌握的技能都围绕"项目设计＋综合实践"这个核心,形成一个创新的应用能力培养体系。以设计为导向的"CDIO＋CBE"培养模型如图 1 所示。

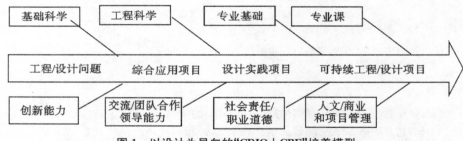

图1 以设计为导向的"CDIO＋CBE"培养模型

通过导论性的基础课程,从起始阶段就将工程实践引导入门,让学生尽早领略工程技术之美;在教学计划和教学实践中围绕项目设计实践将相关课程有机联系起来;通过贯穿专业学习全过程的"CDIO＋CBE"项目,让学生在学习专业知识的同时直接体验高级设计实践过程,在知识的学习和应用之间形成良性互动。

"CDIO＋CBE"培养模式:即注重职业道德,培养综合能力。这一创新教育模式强调以做人为基础,做人与做事结合,做人通过做事来体现,做事依靠做人来保证,在培养过程中注重人文精神的熏陶,使培养出的工程师具备良好的职业道德、创新精神、富有责任感。

五、结语

培养海洋信息技术创新型人才需要创新高等工程教育。教育的创新归根结底要以思想、观念的更新为前提。在海洋信息技术专业教学改革工作中，必须提倡思想和观念的更新，确立新的工程教育观念，把知识、能力和素质协调发展作为衡量现代海洋工程环境下海洋信息技术人才质量的重要依据。把培养海洋信息技术创新型人才与社会发展进步紧密结合起来。从实际出发，从前瞻性的工作思路、时代性的教育内容、导向性的育人机制、创新性的实践载体等方面入手展开，开拓新思路，探索新途径，从而更有效地推进现代海洋信息技术工程教育的改革。

根据探索创新应用能力本位教育（CDIO＋CBE）的高等工程教育新模式，可以有效地将国家海洋战略性新兴产业发展的目标与海洋信息化建设对"3S"复合型创新应用人才的迫切需求紧密结合。解决海洋科学类高等工程教育人才市场需求、学生就业意向与学校为国家培养创新型人才接口问题。该专业改革实施以来，取得了大量丰硕的系列成果。成果对实现为国家培养海洋信息化急需的高科技创新应用人才有突出贡献，在高等工程教育改革方面迈出了重大步伐，取得了较大的人才培养效益，对海洋创新应用型人才培养模式改革具有示范带动作用。

Building in the Education Route and Tasks of the Innovative Application Competency on the Marine Information Technique

Zhou li, Liu Fucheng, Peng Hongchun, Lü Haibin, Lü Xia, Tang Junbo

Abstract: In this paper, it is groped for higher engineering educational mode(CDIO + CBE)of competency based education in the GIS innovative application. Marine GIS innovative application professionals are educated for mode in the more infiltrating & fusing subject. The function and task aim are founded in Marine Information Technique. For the ends of the cultivating higher GIS innovative application talent by the 3S technique ability supporting, it is innovated by the use of the engineering competence based education mode in the cultivating standard, the course system, the teaching matter and the method. The knowledge & ability structure of the"3S"innovative application is cultivated by the means of the avenue in to combine teaching with producing. The cultivating paths are groped for the high-tech innovative application talent with Marine Information technique ability.

Keywords: marine information technique；talents cultivating mode；competence based education(CBE)；learning based project(CDIO)

（周　立：淮海工学院测绘工程学院教授 江苏 连云港 222001）

理工复合型"海洋化学与化工"人才培养的实践[*]

高建荣　艾　宁　曾淦宁 ■

摘要：伴随着海洋经济的发展，海洋人才需求规模将日益加大。浙江工业大学本着"以浙江精神办学，与浙江经济互动"的办学宗旨，瞄准国家海洋经济发展战略和社会人才需求，在"海洋化学与化工"专门化人才培养模式与方法领域积累了一定的经验，概括为"强化基础、注重实践、面向创新"。该校在自身传统优势学科基础上，积极培养适合从事海洋化学与化工的应用型、复合型高层次工程技术和工程管理高级专门人才，在"海洋生化资源开发与应用"、"海洋环境与检测"、"海洋腐蚀与防护"等三领域与省内海洋类专业人才培养高校实现错位共同发展。该校的人才培养实践经验表明：在海洋专业人才市场尚未成熟的当前条件下，海洋专业毕业生尤其是本科生需加强理工复合，在重基础、促深造的同时，必须重交叉（学科交叉）、促应用（科技转化）。

关键词：海洋经济；人才培养；理工复合

海洋经济已成为"十二五"时期转变经济发展方式的重中之重，其发展的核心内容就是对海洋资源的开发利用，以及对海洋环境的生态保护。相应的海洋产业科技人才也可分为两类：一是海洋高新技术研发和产业化科技人才，二是海洋基础学科领军科技人才和海洋环境保障科技人才，二者之间存在着密切的相互转换和相互促进作用。

伴随着海洋经济的发展，海洋人才需求规模的加大，海洋科学学科与其他学科的交叉和融合进一步加强，这也为海洋科学学科的发展注入了新的活力。新形势下，深化海洋高等教育、服务海洋经济发展的形式及内容，探讨如何将海洋产业的发展和高校社会责任有机融合，探索有效助推海洋产业发展的高等教育的体制和制度创新方式，已刻不容缓。高等教育普及化的背景下，大学更要增强引领的责任感，为发展海洋科技、提升和延续海洋经济竞争力搭建最为重要的基础平台。

浙江工业大学本着"以浙江精神办学，与浙江经济互动"的办学宗旨，瞄准国家海洋经济发展战略和浙江省打造"一核两翼三圈九区多岛"海洋经济大平台的

---

* 基金项目：由浙江工业大学 YX1002，YX1103，MS1101，JGZ1101 资助。

人才需求,在海洋学科专业人才,尤其是海洋化学与化工专门化人才培养模式与方法领域积累了一定的经验。

一、浙江工业大学理工复合型"海洋化学与化工"人才培养背景

排除保护资源、限制开发等其他因素,作为产业发展支柱的科技水平比较落后仍是制约海洋经济发展的重要因素[1,2]。2011 年 9 月 16 日,国家海洋局、科技部、教育部和国家自然科学基金委等部门联合发布了《国家"十二五"海洋科学和技术发展规划纲要》(简称纲要)。纲要提出,"十二五"期间要继续深化科技兴海战略的实施,大力推进海洋科技与海洋经济的深度融合;强化人才队伍和科技条件平台建设,进一步提高海洋科技竞争力。海洋科技对海洋经济的贡献率要由"十一五"时期的 54.5% 上升到 60%;海洋开发技术自主化实现大发展,专利授权增长 35% 以上。浙江省"十二五"规划要求全省"推进陆海联动,加快海洋经济强省建设",依靠科技发展海洋产业,深入实施"科技兴海",整合海洋科技资源,加强海洋生物医药、海洋功能食品、海洋环保技术及设备、海水淡化及综合利用等新兴领域的研究开发和成果转化,培育一批具有高成长性的海洋产业。作为海洋大省、资源小省的浙江,大力发展海洋经济,科学合理地利用海洋资源,是我省实现经济转型和突破资源瓶颈的重要步骤。

加大海洋资源工程化开发及应用专业人才的培养面临难得的有利条件和机遇:一是随着海洋科技的进步,将为大规模海洋资源的工程化利用奠定更加坚实的基础;二是以节水为核心的水价机制的逐步形成,将有效地抑制淡水资源的消费,从而形成引导海水利用特别是工业大规模利用海水的动力。但是,由于海洋经济产业供需双方市场的不成熟[3],目前海洋人才的培养在一定程度上表现为供给创造需求,而非由社会需求直接引导。而作为新兴的产品,无论是海洋科技产品或是海洋人才产品,在一些领域内经济成本高的弱势比较明显。由于海洋开发基础设施的不完善,也使得潜在的市场需求较难转化为现实的需求,会制约需求潜力的释放。

二、浙江工业大学理工复合型"海洋化学与化工"人才培养方针

涉海高等院校是海洋产业发展的推进器和人才培养的孵化器。如何整合及利用有限的教学资源,积极引导海洋人才向海洋经济建设第一线流动,让人才优势切实转化为发展优势,是高等院校在海洋新兴产业破土融冰的过程中必须承担的历史责任。作为新兴学科,浙江工业大学海洋学科坚持"强化基础、注重实践、面向创新"的人才培养方针,借势省重点学科(化学工程与技术;材料科学与工程),积极培养适合从事海洋化学与化工的应用型、复合型高层次工程技术和

工程管理高级专门人才。

(一)强化基础

强化基础有两方面的内容,其一是为学生的长远发展提供终生受益的基础教育和专业教育,特别是数学、外语等可以使学生获得再学习能力、培养高水平思维能力、逻辑推理能力、发散思维能力的基础课程。其二,通过《海洋科学导论》《化工原理》等基础必修课程的开设,使学生较为系统地掌握海洋科技和化学工程的基本原理和基本方法,了解海洋类和化工类相近专业的一般原理和知识,结合《无机与分析化学》《有机化学》《物理化学》等课程的讲授,使学生初步具备从事海洋化学与化工研究、开发的基本能力。只有这样,才能保证学生在思维最活跃、精力最旺盛、条件最优越、时间最充裕的年龄段,学习人类知识海洋中最宝贵的精华,以保证在今后的工作中具有求真和学术批判的能力、分析和解决关键问题的自信和能力。

(二)突出实践

结合海洋经济发展特点,从学生的社会适应性能力方面进行三个层次的实践训练,注重实践,重视具体问题的务实精神,在实验与实践教学中逐步形成较强的信息获取能力、实验动手能力和实验设计能力。信息获取能力——掌握获取市场和技术信息的方法和渠道,掌握文献检索、资料查询以及运用现代信息技术获取相关信息的基本方法,具备跟踪海洋科技发展方向的能力,以及面向和引领未来的发展潜力。实验动手能力——具有一定的实验设计和操作技能,能独立归纳、整理、分析实验结果;具有撰写合格论文、参与学术交流的能力;实践设计能力——具备综合考虑技术、经济、环境和社会等因素,进行工程项目设计与实践研讨、组织与管理实施,以及产品创新的能力。通过这些实践环节的设置,使学生能够较为系统地掌握海洋化学与化工研究、开发过程的共性规律,具有较强的专业实验技能,能够运用科学研究方法进行技术开发;较为系统地掌握化工单元设备的设计方法和操作规范,具备解决单元设备操作问题的能力,以及一定的标准设备选型和非标准设备设计的能力。具备一定的解决现场生产问题的能力,具备工艺创新和过程强化的能力,能够提出节能减排的工艺方案。

(三)面向创新

培养学生创新意识和能力,通过各类各层次大学生课外科技创新活动,构建完整的科研实践训练体系。本科生直接参与工程或科研项目,特别是大型工程或科研项目,是我校海洋类人才培养的重要经验和传统之一。自 2003 级开始进行海洋技术本科专业人才培养以来,本科生作为负责人承担"全国大学生创新实验计划项目"、"全国化工设计大赛"、"全国海洋知识竞赛"、"浙江省新苗人才计划"、"浙江工业大学运河杯课外科技立项"等各类各层次课外科技创新项目的比例20%左右,参与这些项目或担任教师科研助手的本科生比例更是超过70%。这个体系的基本特点是"量大、面广、质量高"。大多数学生都能通过自主创新活动或结合教师的科研项目,参与到不同类型、不同层次、与专业相适应、多学科交叉融合的创新实践活动中去。近年来,学生利用暑假自发组织了对青岛、舟山、厦门等地海洋教育、科研、产业、经济的考察活动,也都得到了很好的锻炼。这一系列活动使学生的基础知识、工程实践能力、创新能力、项目管理能力和社会活动能力得到综合性、实战性的强化训练,本科生毕业前,以第一作者或主要参加人员共同完成科研工作,并在国内外学术期刊上发表的比例超过30%。

三、浙江工业大学理工复合型"海洋化学与化工"人才培养规划

当前,科技对海洋经济的贡献率不高,科技投入、科技创新、科技成果的转化依旧相对薄弱、覆盖面较小[4]。海洋新兴产业自主创新能力还不足,从技术的角度来看,基本上还处在引进技术、消化吸收向自主创新的过渡时期。在海洋资源开发产业及就业市场不够成熟的形势下,涉海高校如何做好沿海发展的"推手",彰显为海洋经济示范区经济服务的特色和意识,已成为其自身发展过程中面临的挑战、责任和重大机遇[5]。如何更有效地整合资源,使有限、稀缺的教育资源得到最大程度的发挥,快速提升海洋教育实力,培养具有创新精神、创新能力的高素质创新人才,力争使人才资源的总量、素质、结构与海洋事业的快速发展相协调,已成为各级政府关注的焦点,也成为一种发展的趋势[6,7]。

在海洋专业人才市场尚未成熟的当前条件下,海洋专业毕业生尤其是本科生在重基础、促深造的同时,必须重交叉(学科交叉)、促应用(科技转化)。具备在海洋相关领域继续深造进行科学研究的能力的同时,必须初步具备承担涉海工程、技术实践及管理的能力,掌握解决工程问题的先进技术方法和现代技术手段。

基于此,对接国家海洋发展战略需求,浙江工业大学重点围绕海洋经济密切相关的三方面开展海洋人才培养工作,保证学生在最重要的基础知识和专业基础知识方面能得到足够而且结构合理的科学培养,同时在专业知识方面能够体现浙江工业大学的学科优势和特点。

1."海洋生化资源开发与应用"

该方向以海洋新兴产业的战略需求为着眼点,重点开展海洋生化工程过程技术及工艺研究、海洋精细化学品及专用化学品制备研究、海水化学资源提取及综合利用、海水淡化技术及工艺研究等。

2."海洋环境与检测"

该方向侧重于海洋资源、能源及材料开发过程中的环境污染检测及保护。利用全生命周期过程中的绿色化工技术,注重材料的环境友好性能,积极开展海洋的环境污染检测、防范、治理及修复。

3."海洋腐蚀与防护"

该方向注重化学工程与技术的应用,同时也注重和"材料科学与技术学科"的交叉,主要研究内容包括:海洋工程及装备材料、腐蚀与防腐技术、海洋功能材料、海水直接利用、海水综合利用材料等。

四、浙江工业大学理工复合型"海洋化学与化工"人才培养总结

目前我国海洋经济发展过程中,科技和人才是关键,人才是解决问题的基础和先导。只有培养出与海洋经济和新兴产业紧密结合的专业人才,才能真正提升创新能力,加快实现科研成果,从而振兴海洋新兴产业,同时也有效降低新兴产品成本,释放潜在市场需求能力,促进海洋市场经济环境日趋稳定成熟。

培育新一轮海洋人才竞争优势不仅是海洋经济发展的基础,而且能够更好地助推科技和产业转型、升级、发展,构筑浙江省海洋经济在全国的示范作用。《浙江省海洋新兴产业发展规划(2010—2015)》明确指出要"强化科技创新、加强人才培养",同时对包括浙江工业大学在内的骨干涉海机构提出了更高的要求——强化科技创新、加强人才培养。浙江工业大学对海洋资源、能源和新材料的开发利用正朝着综合型和深度开发的方向发展,新技术、新工艺、新设备、新产品开发研究将是浙江工业大学的特色之一,本着加快海洋人才培养步伐,与省内海洋类专业人才培养高校错位发展的思想,未来将在如下几个领域内进一步凝练特色:①海洋生物质资源开发;②海水化学资源综合利用;③海洋药物化学品的研究与开发;④海洋环境化学及风险研究;⑤污染海域生物修复;⑥海洋防腐及材料开发应用。

参考文献:

[1] 郭越,董伟. 我国主要海洋产业发展与存在问题分析[J]. 海洋开发与管理,2010,27(3):70-75.

[2] 陈明义. 建设海洋强国是中华民族伟大复兴的一个重要战略[J]. 发展研究,2010(6):4-7.

[3] 李慧莲,黄晓萌. 发展战略性新兴产业需要三个创新——访国务院发展研究中心产业研究部部长冯飞[N]. 中国经济时报,2011-02-21.

[4] 刘明. 影响我国海洋经济可持续发展的重大问题分析[J]. 发展研究,2010(3):57-61.

［5］孙雷,马汝伟.地方高校在江苏沿海发展中的作用探析［J］.中国高校科技与产业化,2010(4):42-43.

［6］苗振清,刘煜.对海洋类专业人才培养的思考——以浙江省为例［J］.高教论坛,2009(2):21-24.

［7］曾宪文.服务半岛蓝色经济区构建高等学校涉海专业体系的研究［J］.当代教育科学,2010(7):24-26.

Practice of Integrated Scientific and Technological Talents Training on Marine Chemistry and Chemical Engineering

Gao Jianrong, Ai Ning, Zeng Ganning

Abstract: With the development of marine economy, the demand of marine personnel will be growing gradually. As the sole co-constructive university of Province and Educational ministry at East China, Zhejiang University of Technology insisted inheriting the spirit of "Running the University with 'Zhejiang Spirit' and Interacting with Zhejiang Economy", aiming at the national marine economic development strategies and social needs, accumulated active experience on talent cultivation modes and methods of marine chemistry and chemical engineering, which could be summarized as "strengthening the foundation, emphasizing the practice, facing the innovation". Based on its traditional disciplines, Zhejiang University of Technology devoted for the talents training on the field, especially application and the reuniting of science and engineering, composed by "development and application of marine biological resources", "marine environment and analyzing", "marine Corrosion and Protection", which maybe thought as one type of staggered development strategy, particularly at the unbalanced situation of marine professional talents supply and demand. Experience of Zhejiang University of Technology indicated that training pattern of the marine talented person reunite the science and engineering, promote practices and applications, be with firm basic theories, widen interdisciplinary knowledge, active innovative spirit.

Keywords: marine economy; talents training; integrated scientific and technological mode

(高建荣:浙江工业大学化学工程与材料学院教授 浙江 杭州 310014)

MIT 开放教学资源中的水利与海洋相关课程[*]

陶爱峰　郑金海　张　弛　王　岗　陈波涛　■

摘要:结合在 MIT 的访问研究体验,通过搜索关键字及通读课程介绍的方式,在 MIT 开放教学资源中的 2000 门课程中,选出和水利、海洋相关的 45 门课程。对 45 门课程进行了梳理和归总,将课程分为海岸海洋动力基础课程、海岸海洋工程专业课程、海洋科学专业课程及水文水资源专业课程四类,介绍总结了各类课程的基本情况,可为我校相关专业的课程建设提供借鉴。

关键词:MIT 开放课程;海岸海洋动力学;海岸及海洋工程;水文水资源;海洋科学

自 2001 年 4 月至 2010 年 10 月,MIT 陆续公开了全部六个学院共 32 个系所的 2000 门课程,并在其学校主页上正式声明,迄今为止,几乎所有原本 MIT 学生才能接触的课程都已经公之于众。无论是其开放课程的思想还是其提供的宝贵资源,对于全世界教育事业的发展而言,都无疑是无价之宝。然而,面对众多的开放课程,如何选择真正适合学习或者借鉴的资源,也成了一个非常现实的问题。而且,虽然 MIT 公开了所有的实物性资源,但每门课程的背景及蕴含的文化却是难以公开的。笔者将结合自己在 MIT 近两年的工作经历和体会,针对河海大学特色专业的需求,通过搜索关键字及通读课程介绍的方式在 MIT 开放资源中的 2000 门课程中,选出和水相关的 45 门课程,并对课程进行了分类,在介绍各类课程的同时,还会重点介绍其对应的背景信息。

一、MIT 开放课程

麻省理工学院(Massashusetts Institute of Technology,以下简称 MIT)开放课程(Open Course Ware,以下简称 OCW)是一项基于网络的开放式课程计划。

1999 年,面对日益兴起的网络和信息技术革命的挑战,MIT 教务长 Robert

---

* 基金项目:本课题由以下项目资助:①2009 年度江苏省研究生培养创新工程研究生教育教学改革研究与实践课题;②2011 年度江苏省研究生培养创新工程研究生双语授课教学试点项目;③河海大学港口航道与海岸工程国家特色专业建设项目。

A Brown 要求学院教育技术委员会提供策略上的规划,让 MIT 能够确立自己在远距和电子教学环境中的定位[1]。在以市场为导向的大环境下,绝大多数策划团队向校长递交的策划书中都十分注重知识的商业价值,试图建立远程教育盈利性机构,这也与当时很多美国高校的策略如出一辙。然而,一名叫俞久平的华裔教授领导的小组却提出了另外一种思路[2]:将所有大学部和研究所的课程教材上网,免费提供给世界各地的任何使用者。在解决了一些教授关于知识产权等方面的顾虑之后,他的想法出人意料地得到了学院自上而下的普遍支持。因为,开放课程的宗旨与 MIT 的办学理念(推进知识进步和传播,在科学、技术及其他学术领域教育和培养学生,更好地服务于民族和世界)不谋而合,同时,延续了 MIT 和美国高等教育的传统:开放分享教育资源、教育理念和思考模式,并希望借此契机引导世界上的其他大学将网络资源作为教学内容的重要组成部分。

2001 年,MIT 网上公布了首批 500 门课程,所公开的资料主要包括主讲教师信息、教学大纲、课程笔记、作业及答案、考核标准、参考资料,部分课程材料中还包括教师上课的实时录音或视频资料。这一创举,开创了世界远程教育的新局面,耶鲁大学、日本早稻田大学等来自全世界范围的 100 多所大学和研究机构,相继在知识的开放与共享上做出新的贡献。

二、海岸海洋动力基础课程

自 1893 年 MIT 应美国海军战事所需成立了造船与海洋工程系以来,MIT 一直都走在船舶与海洋工程专业的国际前沿地带。1970 年,该系更名为海洋工程系,2005 年海洋工程系归入机械工程系,以海洋工程中心的形式继续正常运作。在这 110 多年的历史里,MIT 不仅造就了一大批学术精英,还细心凝练了一系列的经典课程。比如,MIT 海洋工程专业研究生的必修基础课程"Marine Hydrodynamics"。该课程经历了 J. N. Newman 及 Dick K. P. Yue 等几代大师的精心锤炼,从教学理念、教学手段、教学材料等方面都已经相当完善,几乎每个环节都有值得借鉴的地方,笔者将在另一篇文章对该课程进行专题评述。

MIT 早在 1974 年就出版了国际流体力学协会(NCFMF)主编的"Illustrated Experiments in Fluid Mechanics",并发布了所有实验的影像资料。实验围绕 21 个课题展开,几乎涉及了流体力学的所有主要内容,比如,流体力学的欧拉与拉格朗日描述、连续介质变形、流体中的波动、磁流动力学等。这些珍贵的实验文字与影像资料,对所有流体专业的初学者而言,可谓意义非凡,因为她不仅帮助学生理解了很多流体力学课程中的难点,她还激发了学生对自然界的发自内心的好奇。当笔者数次经历了周会时海洋工程中心(COE)主任 Triantafyllou

教授与涡流实验室（VFRL）主任 Yue 教授围绕分层流或者涡旋等问题，兴致勃勃地谈起他们 30 年前上课时看的实验录像时，我们清楚地看到了，或许正是那些实验带给他们的好奇，让他们 30 年来在自己的研究道路上乐此不疲。而今天，这些资源和所有相关的课程一起都可以为全世界的所有人所共享了。

表 1 所列为 MIT 开放课程中的所有海洋工程专业基础课程，共 17 门。其中 4 门本科生课程，一门本科研究生通用课程，其余 12 门为研究生课程，最后的 5 门课程均和数值计算有关。因是专业基础课，授课人员与辅导人员一般都是经验丰富的教授，特别是研究生课程。一些大课更是特殊对待，如"Advanced Fluid Mechanics"，通常安排三到四位教授分学期轮流授课，每个学期的课一般有两名教授一起上，一位主讲课程，一位辅导作业。作业与课程的课时基本一致，且辅导作业的教授经验和资历往往比主讲教授更胜一筹。

表 1　MIT 开放课程中的海洋工程专业基础课

课程名称	授课对象	主讲教师
Hydrodynamics	本科生	Alexandra Techet 教授
Advanced Fluid Mechanics	研究生	Gareth McKinley 教授 Ahmed F. Ghoniem 教授 Ain Sonin 教授 Anette Hosoi 教授
Marine Hydrodynamics	研究生	Dick K. P. Yue 教授
Nonlinear Dynamics and Waves	研究生	Triantaphyllos Akylas 教授
Wave Propagation	研究生	Chiang C. Mei 教授 Rodolfo R. Rosales 教授 Triantaphyllos Akylas 教授
Nonlinear Dynamics I: Chaos	本科生	Daniel Rothman 教授
Nonlinear Dynamics and Chaos	研究生	Rodolfo R. Rosales 教授
Dynamics and Vibration	本科生	J. Kim Vandiver 教授 Nicholas Patrikalakis 教授
Intermediate Heat and Mass Transfer	本科生	Bora Mikic 教授
Marine Power and Propulsion	本科生/研究生	David Burke 教授 Michael Triantafyllou 教授
Turbulent Flow and Transport	研究生	Ain Sonin 教授
Compressible Fluid Dynamics	研究生	Anette Hosoi 教授

（续表）

课程名称	授课对象	主讲教师
Introduction to Numerical Analysis for Engineering	本科生	Henrik Schmidt 教授
Numerical Fluid Mechanics	研究生	Henrik Schmidt 教授
Numerical Marine Hydrodynamics	研究生	Jerome Milgram 教授
Computer Methods in Dynamics	研究生	Klaus-Jürgen Bathe 教授
Finite Element Analysis of Solids and Fluids	研究生	Do-Nyun KimKlaus-Jürgen Bathe 教授

三、海岸海洋工程相关专业课程

MIT 主楼正门右侧最引人注目的艺术品就是一个巨大而古老的船锚，船锚的背后是 MIT 著名的开放于 1922 年的船舶博物馆（Hart Nautical Gallery）。这一醒目的船锚和历史悠久的船舶博物馆，时刻提醒着 MIT 的所有师生及游客们别忘记 MIT 在船舶与海洋工程专业的巨大成就。因 MIT 培养了美国近半数的海军技术军官，海军一直以来都是 MIT 海洋工程专业的友好合作伙伴。因此，MIT 的很多海洋工程相关的科研项目也或多或少与军事有关，比如，如何设计潜艇外形及其动作使其规避监测等。笔者有幸参与了 MIT 海洋工程中心的一个全自动水下仿真鱼寻找目标最优途径的讨论，并亲历了拖曳水槽里各式各样的水下仿真鱼的设计及实验过程，真正体会到了 MIT 造船与海洋工程专业百年沉淀的力量与现有的海洋工程中心与时俱进的魄力。在 MIT 海洋工程专业建立一百多年的时间里，MIT 在美国海洋战事中可谓功劳卓著。每年一度的海军技术官员毕业典礼不仅壮观而且饱含深意，它既代表了 MIT 对国家的贡献也从一个方面说明了美国海军的技术实力。笔者有幸看到了两次这样的典礼，每次都回想起河海大学国防生毕业时的场景。在这个方面，MIT 与河海大学确实有着丝丝缕缕的相关，也都为各自国家的海军科研基础做着不懈的努力。

1951 年起，在 MIT 师生的共同抗议下，所有和军事直接相关的研究项目一起被搬到麻州的林肯实验室，从此 MIT 声明所有在主校区的研究均以基础研究及民用为主，且所有成果可以公开发表，这一举动使得 MIT 的卓著成绩开始广布在包括军事和民用的各个领域。目前来开，几乎所有的人都感受到了整个世界对新能源的呼吁，MIT 海洋工程中心一直以来不仅充当着呼吁者的身份，而且是步履铿锵的先行者。作为呼吁者，MIT 校长 Susan Hockfield 曾在白宫为新能源问题发表演说。作为先行者,以美国皇家院士华裔科学家 C. C. Mei 为代表的一批大师们,带领各自的团队从太阳能、核能、风能、波浪能等各个方向已经开展了多年的探索性工作。2005 年起,土工工程系等六个系所共同开设了"Sustainable Energy",2007 年重新整编,参与授课者有三名教授和一位负责新能源协会的博士。美国设在 Cape Cod 的最大的海上风能发电场的主要设计及研究人员也包括 MIT 的海洋工程中心。与海洋工程的相关一系列专业课程正是围绕这样的背景开设并积极发展着。表 2 中共列出了 8 门专业课程。

表 2　MIT 开放课程中的海洋工程相关专业课

课程名称	授课对象	主讲教师
Exploring Sea, Space & Earth: Fundamentals of Engineering Design	本科生	Alexandra Techet 教授
Introduction to Ocean Science and Engineering	本科生	Alexandra Techet 教授
Ocean Wave Interaction with Ships and Offshore Energy Systems	研究生	Paul D. Sclavounos 教授
Ship Structural Analysis & Design	研究生	David Burke 教授
Design Principles for Ocean Vehicles	研究生	Alexandra Techet 教授
Design of Systems Operating in Random Environments	本科生	Franz Hover 教授 Michael Triantafyllou 教授
Design of Ocean Systems	本科生	Chryssostomos Chryssostomidis 教授 Franz Hover 教授
Sustainable Energy	研究生	Elisabeth Drake 博士 Frank Incropera 教授 Jefferson W. Tester 教授 Michael Golay 教授

四、海洋科学专业课程

剑桥地区最高的楼就在 MIT 的校园里地球、大气与行星科学系(Earth, Atmospheric and Planetary Sciences)就在这栋高楼里。MIT 机械系的海洋工程专业主要围绕海岸、近海、海洋及船舶工程问题开展工作,地球、大气与行星科学系有个大气海洋与气候专业(Atmospheres, Oceans and Climate),主要围绕大尺度的海洋科学问题开展工作,两个本身已属强势的专业与世界最大的私立海洋研究所——美国伍兹霍尔海洋研究所(WHOI)联合培养海洋工程和海洋科学专业的学生,且已有40年的联合培养历史。参与联合培养的学生一般前两年在 MIT 上基础课,之后到 WHOI,通常都会经历外海的大型科学调查项目的考验。因此,MIT 的海洋科学相关课程不仅凝聚着 MIT 的众多学者的智慧,也包含着伍兹霍尔海洋研究所多位大师的努力。表3列出了海洋科学相关的12门课程,大部分为研究生课程。

表3 MIT 开放课程中的海洋科学专业课程

课程名称	授课对象	主讲教师
Surface Processes and Landscape Evolution	本科生/研究生	Ben Crosby 博士 Kelin Whipple 教授
Atmospheric and Ocean Circulations	本科生	R. Alan Plumb 教授
Fluid Dynamics of the Atmosphere and Ocean	研究生	James Hansen, Jr 教授
Wave Motion in the Ocean and the Atmosphere	研究生	Paola Rizzoli 教授
Quasi-Balanced Circulations in Oceans and Atmospheres	研究生	Kerry Emanuel 教授
Large-scale Flow Dynamics Lab	研究生	Glenn Flierl 教授 Lodovica Illari 博士
Introduction to Observational Physical Oceanography	研究生	Raffaele Ferrari 教授 Terrence Joyce 博士
Turbulence in the Ocean and Atmosphere	研究生	Glenn Flierl 教授 Raffaele Ferrari 教授
Atmospheric and Oceanic Modeling	研究生	John Marshall 教授 Kerry Emanuel 教授 Alistair Adcroft 博士
Prediction and Predictability in the Atmosphere and Oceans	研究生	Jim Hansen 教授
Advanced Structural Dynamics and Acoustics	研究生	David Battle 博士 Henrik Schmidt 教授 Tomasz Wierzbicki 教授
Computational Ocean Acoustics	研究生	Henrik Schmidt 教授

五、水文水资源专业课程

如果大家注意观察 MIT 的主页,经常会看到 MIT 学生或老师为发展中国家设计简易实用净水设备,每年暑假都有很多来自 MIT 土木与环境工程系的学生到世界各地有饮用水问题的贫困地区,因地制宜地制造或发展一些技术,帮助当地居民最终获得新水源或达到提高饮水质量的目的,他们最近帮助过的地方是加纳,还曾围绕印度、尼泊尔等国家的贫困民众饮水问题,开展过多年的研究工作。结合遇到的各种问题,MIT 也渐渐开设了一系列的水文水资源相关的课程,一些近五年内开设的课程如水化学(Aquatic Chemistry)等虽然新开不久,但也吸引了不少学生选课。在今年 3 月的墨西哥湾漏油事件和 5 月的波士顿饮用水荒事件后,MIT 校长再次呼吁加强与水相关的系列研究工作。相信在这样的背景下,水文水资源相关的课程将会引起更多 MIT 学生的关注。表 4 列出了水文水资源相关的 8 门课程,都是研究生课程。

表 4　MIT 开放课程中的水文水资源相关专业课程

课程名称	授课对象	主讲教师
Groundwater Hydrology	研究生	Charles Harvey 教授
Water Resource Systems	研究生	Dennis McLaughlin 教授
Advanced Fluid Dynamics of the Environment	研究生	Chiang C. Mei 教授 Guangda Li 博士
Aquatic Chemistry	研究生	Jeff Seewald 博士 Jim Moffett 博士 Meg Tivey 博士
Water Quality Control	研究生	Eric Adams 博士
Water and Wastewater Treatment Engineering	研究生	Peter Shanahan 博士
Water and Sanitation Infrastructure in Developing Countries	研究生	Susan Murcott 博士
Desalination and Water Purification	研究生	John Lienhard 教授 Miriam Balaban 博士

六、结语

自 2001 年 MIT 公开第一批宝贵的课程后,教育资源开放共享的新理念已经在全世界范围内拓展开来。成立于 2003 年的中国开放教育资源协会 (CORE)[3]的网站上,已经可以查到上百所参与开放课程的学校,可以说,几乎各学科各专业都可以找到可供参考的国际课程了,然后每所学校开设的精品课程都离不开其独有的文化和背景,MIT 开放课程思想的倡议者俞久平教授曾提及,麻省理工学院的开放式课件在中国不一定合用,也有此意。要想更好地学习或者参考一门好的开放资源中的课程,应该尽力知道它所依托的背景。本文正是基于这样一种思想,结合笔者在 MIT 的工作经历和体会,针对现在工作单位河海大学特色专业的需要,对 MIT 开放资源中所有和水相关的 45 门课程进行了梳理和归总,并对各自的背景进行了简要介绍。

参考文献:

[1] MIT 开放课程历史[EB/OL]http://ocw. mit. edu/about/our-history/ [2011-05-10].

[2] 叶铁桥. 麻省理工学院教授建议中国一流大学开放课件[N]. 中国青年报, 2007-05-30.

[3] 中国开放式教育资源共享协会[EB/OL]http://www. core. org. cn[2010-08-20].

The Relevant Courses in Hydraulic and Marine Studies in MIT Open Teaching Resources

Tao Aifeng, Zheng Jinhai, Zhang Chi, Wang Gang, Chen Botao

Abstract: Based on the experiences of visiting and research at MIT, and by searching for keywords and reading through curriculum descriptions of the 2000 courses in the MIT open teaching resources, we selected 45 courses that are related with hydraulic and marine studies. In this paper, the 45 courses are sorted and divided into four categories, namely coastal and o-cean dynamics foundation courses, coastal and marine engineering professional courses, marine science professional courses and hydrology and water resources professional courses. This paper summarizes the basic situation of the four categories of courses, and can provide references for the construction of relevant professional courses in our university.

Keywords: MIT Open CourseWare; coastal and ocean dynamics; coastal and marine engineering; hydrology and water resources; marine science

(陶爱峰:河海大学港口海岸与近海工程学院副教授 江苏 南京 210098)

国内外开放教学资源中的海岸工程相关课程对比分析*

郑金海　陶爱峰　张　弛　王　岗　陈波涛

摘要：在 MIT 创立开放课程近十年之际，以河海大学的海岸动力学国家精品课程为切入点，罗列了三所开设海岸工程相关课程的国内外大学，简述了这三所大学海岸工程相关课程开放资源的课程设置和发展状况，指出中国高校开放课程发展过程中仍然存在的问题，为今后的发展提供借鉴意义。

关键词：海岸工程；开放课程；河海大学；MIT；TU-Delft

2001 年 4 月，麻省理工学院（Massahusetts Institute of Technology，以下简称 MIT）首先发起了开放课程运动，以一种开放的姿态迎接 21 世纪信息化时代的到来，为世界各地的求学者提供了最优质的学习资料。随后美国、英国、德国等国家的世界一流高校都纷纷响应，日本的大学还成立了开放课程联盟，世界远程教育实现了历史性的飞跃。2003 年我国教育部也启动了"高等学校教学质量和教学改革工程"，其中的"精品课程建设工程"计划在 2003～2007 年建设 1500 门国家级精品课程，利用现代化的教育信息技术手段将精品课程上网并免费向社会开放，以实现优质教学资源共享[1]。时至今日，开放课程的发起已近十载，本文以河海大学的"海岸动力学"国家精品课程为切入点，罗列了 MIT、代尔夫特理工大学（Delft University of Technology，以下简称 TU Delft）和成功大学相关课程的发展状况，指出中国高校开放课程发展过程中仍然存在的问题，为今后的进一步发展提供借鉴意义。

一、河海大学国家精品课程——海岸动力学

自 1952 年严恺院士开设该课程以来，河海大学"海岸动力学"课程经历了近 60 年的发展历程。1980 年，由薛鸿超、顾家龙和任汝述教授编写的高等学校试

* **基金项目**：本课题由以下项目资助：①2009 年度江苏省研究生培养创新工程研究生教育教学改革研究与实践课题；②2011 年度江苏省研究生培养创新工程研究生双语授课教学试点项目；③河海大学港口航道与海岸工程国家特色专业建设项目。

用教材《海岸动力学》成为了我国在该课程上的第一本教材。20 世纪 90 年代初，在严恺院士的带领下，海岸工程课题组完成了《中国海岸工程》的编著，在国内外产生了重大影响，它集中体现了海岸工程课题组卓越的科研实力，为"海岸动力学"课程的教学提供了坚实的后盾。2006 年，为了适应培养新世纪复合型人才的需要，课题组组织编写了该课程的英文教材，并在 2007 年，以双语教学的模式通过了"国家精品课程的评选"，通过发布课程录像和课件等教学内容成为了一门网络开放课程。

本开放课程主要有以下几个方面的特点：

（1）采用双语教学模式。同时提供中英文配套教材，主要以英文课件进行课堂讲授，教师大都具备国外留学经历，有效地保证了双语教学的开展。双语教学有利于激发学生学习英语的兴趣，培养学生阅读英文专业文献的能力，但由于开放课程的普及程度不足，并没有达到预期的效果。

（2）适用于本科教学，旨在为学生建立海岸工程相关领域的基本认识。主要介绍海岸动力因素（包括波浪和近岸水流）的基本理论和海岸泥沙运动的基本规律及其岸滩演变，并简要涉及港口选址、港口与航道工程的平面布置，港口与航道的回淤分析及海岸工程的环境影响等问题，为学习水运工程规划、港口工程和海岸工程等专业课程以及今后从事科学研究打下基础[2]。但教学内容更新不够及时，学生无法掌握"海岸动力学"的最新发展动态。

（3）实践教学环节主要以海岸灾害与防护教育部重点实验室内波浪水槽为依托，主要开展验证性试验，缺乏启发性实验和以学生自主设计为主的实践过程。

二、MIT 机械工程系海岸工程相关开放课程

MIT 是开放课程的发起者，从 2001 年 4 月至今，MIT 已经将全校 2000 多门课程全部公之于众，并建立了完善的开放课程运行机制。从 1893 年成立造船与海洋工程系，到 2005 年海洋工程系归入机械工程系，MIT 的海洋工程专业为军备建设和民事工程建设提供了有力的科技支撑。在机械工程学院的开放课程中，主要包括 9 门与海岸工程密切关联的课程，主要有研究生课程和本科生课程两大类，具体如表 1 所示。总结表中课程构成和课程的具体内容，得出 MIT 海洋工程开放课程具有以下几个方面的特点。

1. 注重学科交叉领域的发展

MIT 十分重视通过跨学科培养综合性的高级人才，为此他们专门成立了科学、技术与社会规划（STS）学院，有组织、有计划地在自然科学、技术科学与人文科学、社会科学相互交叉的学科领域进行跨学科教育[3]，这种培养理念无处不在

地渗透在 MIT 的科研和教学活动中。

以"波浪传播(Wave Propagation)"为例,这是一门于 2006 年秋季学期开设的研究生课程。就课程题目而言,我们更多地会想到这是一门讲述海洋波浪的课程。然而,它却从我们身边常见的弹簧拉伸现象入手,以固体力学中的胡克定律为切入点,扩展到弹性杆的纵向和横向波动,继而延伸到应用流体力学理论建立的公路交通流数学模型,血管中血液传播的脉动机理,最后才涉及发生在海洋里的波浪运动现象。这是一个由简到繁,由具象到抽象的过程,该课程首先呈现了自然界各个领域中发生的波动现象,横向对比其发生的过程,简述各自的研究方法,提供了海洋波浪理论研究的新思路,是交叉学科教学一个很好的例子。然后,课程回归到了海洋波浪领域,在流体力学的框架下,深入介绍了一些研究海洋波浪传播的基本理论,体现了研究生课程应有的深度。

表 1　MIT 开放课程中的海岸工程相关专业课

课程名称	授课对象	主讲教师
Marine Hydrodynamics	研究生	Dick K. P. Yue 教授
Wave Propagation	研究生	Chiang C. Mei 教授 Rodolfo R. Rosales 教授 Triantaphyllos Akylas 教授
Exploring Sea, Space & Earth: Fundamentals of Engineering Design	本科生	Alexandra Techet 教授
Introduction to Ocean Science and Engineering	本科生	Alexandra Techet 教授
Ocean Wave Interaction with Ships and Offshore Energy Systems	研究生	Paul D. Sclavounos 教授
Ship Structural Analysis & Design	研究生	David Burke 教授
Design Principles for Ocean Vehicles	研究生	Alexandra Techet 教授
Design of Systems Operating in Random Environments	本科生	Franz Hover 教授 Michael Triantafyllou 教授
Design of Ocean Systems	本科生	Chryssostomos Chryssostomidis 教授 Franz Hover 教授

为了继承这种传统,MIT 专门成立了大约 70 个跨学科研究组织并给予了极大的物质支撑。然而,更重要的是,其中体现了一种不断开拓科学"无人区"的精神,这才是科学领域最重要的增长极。通过开放课程计划,MIT 也向世人传

达了这种宝贵的科学精神。

2. 注重经典教育

MIT 的开放课程中，尤其是经典理论课程，一般都具备这样的特点：课件表达清楚完整，触类旁通，给出了详细的公式推导过程，并在"相关资料（Related resources）"中提供了比较经典的论文和书籍，供读者查阅或者进行扩展阅读。对于经典理论的学习，学习者必须以一种高山仰止的虔诚心态，从最基本的理论基础和公式推导入手，逐步攻克经典理论的每个环节，才能从根本上真正掌握。另外，对于理工科来说，经典理论的创立者第一次将一种或者简单或者复杂的自然现象，运用数学方法升华到理论的高度，只有通过阅读经典理论书籍，了解理论生发的初始过程，才能使寻找到抽象自然现象的新途径成为可能。MIT 历来以这种最接近真理的方式进行教学，有利于学生掌握全面的基础知识，形成扎实的知识体系并极具原创性。

3. 注重实践课程的开展

"Mind and Hand"是麻省理工学院的校训，毫无疑问，实践课程是其教学体系中的重要环节。在 9 门海岸工程开放课程中，除了 4 门实践课程外，还有"海洋水动力学（Marine Hydrodynamics）"等课程也包含有实际环节。实践课程一般在简要介绍了基础知识后，给出需要解决实际问题并设置实验设计框架。这些问题一般都比较贴近生活，学生必须自行设计实验方案，提出解决方法。

这种原创性实践课程的有效开展，能够检验学生对基础知识的掌握程度，极大地锻炼了手脑结合的能力，是世界各地的大学必须具备的一种教学手段。

三、TU Delft 的近海工程开放课程

TU Delft 的近海工程开放课程是专门为研究生开设的课程。它主要包括 Offshore Hydromechanics 和 Offshore Moorings 两门理论课程和 Offshore Wind Farm Design 一门实践性课程。它综合了土木工程、海洋工程、工程力学等学科的内容，关注近海固定和浮式钻井平台的稳定性问题，主要包括水静力学、流体动力学和波浪理论等基础课程，并通过数值方法模拟波浪场中近海漂浮物的运动状况。在实践课程 Offshore Wind Farm Design 中，学生必须自行设计实验方案，模拟出一个切实可行的风力发电场。在学习过程中，学生必须具备解决前所未见的难题的勇气，并拥有足够的主动性和积极性去完成一些创造性的活动，这才是该开放性课程设立的初衷。

四、成功大学海岸工程相关开放课程

成功大学的海岸工程相关课程主要有"海岸管理"和"海洋污染"两门课程。

主讲者均为社会科学家,旨在从海岸带资源和环境综合保护角度,为理工科学生灌输一些合理利用海岸资源的方法,培养他们的社会道德责任感。在课程设置上,介绍了海岸管理和海岸环境保护的基础法律法规,大量应用最新研究成果和研究方法充实课程内容,并广泛借鉴发达国家的案例充实理论教学。值得一提的是,课程内容注重联系国际一流期刊(*Nature*、*Science* 等)的最新观点和研究成果,引导学生深入思考学术前沿问题,开拓了学生的视野和研究思路。

五、结语

自 2003 年我国教育部启动"高等学校教学质量和教学改革工程"以来,我国高校精品课程建设一直处在技术准备和成果推广阶段,受到的关注程度远远不能达到引领信息时代发展和普及远程教育的目的,这与开放课程创立近十年之际,世界著名大学开放资源的蓬勃发展极不协调。比较河海大学"海岸动力学"精品课程和其他三所世界著名大学的海岸工程相关开放课程,可以看到国内高校开放课程建设主要存在以下三个方面的不足:

(1)宣传力度不足,没有足够的求学者参与其中,因而没有像 MIT 那样形成课程设立者和课程参与者共同学习的良性氛围。

(2)课程更新不够及时,与国际前沿技术和最新观点的联系不够,学生无法了解该学科领域的最新动态,不利于学生开展创新性的科研活动。

(3)实践环节的设置缺乏创新,不利于激发学生的创造性和参与其中的热情。

参考文献:

[1] 王洪菊. MIT OCW 与我国精品课程比较[J]. 科技信息,2009(32):86-87.

[2] 河海大学海岸动力学国家精品课程[EB/OL]. http://online. hhu. edu. cn/jpkc2007/haiAnDongLiXue/zcr-1. htm [2007-06-20].

[3] 熊华军. MIT 跨学科博士生的培养及其启示[J]. 比较教育研究,2006(4):46-49.

A Comparative Analysis on Coastal Engineering Courses in Open Teaching Resources Home and Abroad

Zheng Jinhai, Tao Aifeng, Zhang Chi, Wang Gang, Chen Botao

Abstract: In the occasion that MIT started its Open Courseware for nearly a decade, this paper takes Hohai University's Coastal Dynamics, one of the national excellent courses, as an entry point, lists three domestic and foreign universities that offer coastal engineering courses, and briefly introduces the open curriculum resources of the coastal engineering-related courses in the three universities. This paper points out that there are still problems in the college open curriculum development and could be a reference for future development.

Keywords：coastal engineering；open courses；Hohai University；MIT；TU-Delft

（郑金海：河海大学 港口海岸与近海工程学院教授 江苏 南京 210098）

淮海工学院海洋科学专业建设的探索与实践*

许星鸿　王淑军　姚兴存　张林维　焦豫良 ▆

摘要：本文对我校海洋科学专业四年来的建设情况进行了总结,包括专业建设目标、人才培养方案、师资队伍建设、课程建设、提高教学条件及教学管理等方面,并提出了进一步加强专业建设的工作思路。

关键词：海洋科学；专业建设

淮海工学院是江苏省于 1985 年为呼应国家进一步加快沿海地区改革开放,在全国首批沿海开放城市——连云港创办的一所本科院校,现已发展成为我国东部沿海地区一所初显海洋特色的多学科性大学。海洋科学专业开设于 2007 年,历经 4 年的建设,已顺利通过学士学位点授予权评审。现将有关海洋科学专业建设各方面的情况总结如下,以供参考。

一、明确海洋科学专业建设目标

经过 20 世纪八九十年代世界上"海洋大科学"研究,尤其是全球海洋观测系统,海洋科学钻探、热液海洋过程及其生态系统,海洋生物多样性、海岸带综合管理科学等多领域的研究发展,海洋科学技术发展为一个庞大的学科群。同时,人们也越来越认为该学科群是解决人类面临巨大的人口、资源和环境压力以及全球变暖、厄尔尼诺等世界性问题困扰的金钥匙。由此,海洋科学技术成了 21 世纪最具活力、最有发展前途和热点的科学技术之一。进入 21 世纪,我国正式加入 WTO 后,我国的海洋事业将进行"权益、财富、健康、安全、科技"10 字方针战略,并力争经过 5～15 年的努力,使我国海洋科技在 21 世纪初的总体发展水平达到发达国家 20 世纪 90 年代中期水平,部分领域接近同期国际水平[1]。江苏省是一个海洋大省,在 2009 年 6 月国务院审议通过的《江苏沿海地区发展规划》中明确指出,将江苏沿海地区建设成为我国东部地区重要的经济增长极。而连

* 基金项目:淮海工学院教学教改研究立项课题"海洋科学特色专业建设的研究与实践"(XJG2011-1-6)、"创新人才培养模式培养海洋科学人才"(XJG2011-1-7)。

云港作为中心城市之一,也将成为江苏省集中布局临港产业,形成功能清晰的沿海产业和城镇带的"东方桥头堡"。随着海洋科学的发展和相关产业链的延伸,社会对海洋科学专业人才的需求量将大大增加。

在此大背景下,我校提出"扎根淮海、面向黄海、服务沿海、辐射陇海"的发展战略。结合我校的实际办学力量,明确了海洋科学专业侧重于海洋生物学方向的建设目标。为提高办学水平,保证人才培养质量,我们制订了海洋科学专业建设规划,并组织有关专家对专业规划进行严格的分析论证,在师资队伍建设、实验室建设、实习基地建设、图书资料和教学管理等方面确定了长短期目标,责任到人,以确保完成各项任务。

二、人才培养方案的制订与修订

我们将《高等学校海洋科学教学指导委员会指导意见》作为主要依据,根据本科办学方针的要求,结合我校的实际,制订了海洋科学专业的人才培养方案,将人才培养定位于适应海洋产业发展需要的应用型、复合型人才[2]。针对本专业特点和学科发展趋势,积极调研其他开设海洋科学专业的高校教学情况及相关用人单位的人才需求状况,修改、完善人才培养方案,以满足"重基础、宽口径"的基本要求,体现我校"上手快,后进足"的办学思路,使其适应社会对人才培养质量的要求。

三、师资队伍建设

几年来学校高度重视师资队伍的建设,制订了师资队伍建设"十一五"规划和学术梯队建设方案,通过引进高级人才充实了教师队伍,同时鼓励本校教师在职进修、攻读学位,选派优秀教师出国深造。经过4年的建设,淮海工学院海洋学院的海洋科学专业拥有一支业务素质较高、学历和职称结构合理的专业师资队伍,为教学计划的顺利实施及教学质量的提高奠定了坚实基础。

四、课程建设

在课程设置方面,紧密结合人才培养目标,开发新课程,改造旧课程,优化课程结构。组建课程教学组,对所承担的课程制定科学的教学大纲。授课前编制较详细的授课计划。实行集体备课制度,注重对教材及教学内容的选取,不拘泥于教材内容,积极补充新的科研成果信息,优化教学内容。注重课程之间的衔接、理论环节与实践环节的衔接,避免出现不同课程之间的内容重复以及理论环节与实践环节的脱节现象。鼓励教师开展精品课程建设,目前已建成多门各级精品课程。

制订了教材建设规划,并由课程教学组对教材建设负责,教材建设紧紧围绕培养方案,注重学生系统知识结构的建立,目前已有数部我校教师主编出版或参与编写出版的教材。

五、提高教学条件

近年来学校投入大量资金添置及更新了教室的多媒体教学设备。目前海洋科学专业的所有课程已经全部使用多媒体辅助教学,并建成了部分网络课程。

在省教育厅及学校的大力支持下,目前海洋科学专业的专业基础实验室如生物化学、微生物、普通生物学实验室等已建成省级生物学实验教学示范中心,海洋科学专业实验室也已初具规模,保证了实验教学的质量。

投入经费数十万元,用于购置本专业图书文献资料,为学生课外学习、拓宽专业知识面提供了良好的条件。

通过积极联系,本专业现已建成一批相对稳定的实习基地,为本专业的学生实践能力和综合素质的培养提供了保障。

六、教学研究与改革

学校积极鼓励开展教学研究和教学改革,对教研和教改项目给予专项经费支持,教师参与教学研究和改革的积极性很高。4 年来专业教师共承担了十余项教研和教改项目的研究,这些教改成果对教学水平的提高发挥着积极的作用。

七、教学管理

加强教学管理,系统全面实行教学质量监控,保证教学活动的进行。建立了校、二级学院和系三级教学质量监控体系,主要体现在四个方面:①专业定位与培养目标:主要监控专业定位、培养目标和培养计划的落实情况,并根据经济、社会的发展和需要对制定的海洋科学专业培养计划进行调整;②教学条件:主要监控师资力量、教材选用、实习实践条件、图书资料等;③教学实施过程:2007 年我们结合教育部教学水平评估的要求制定了一系列教学管理规范性文件,对授课、考试各环节、学生成绩登记、实验等教学环节均进行了详细的规范化要求。为了把教学管理落到实处,在每学期的期初、期中和期末都有教学检查。期初的教学检查主要检查教师的教学准备情况、教师教案、备课笔记、多媒体课件情况。期中教学检查主要检查教学运行情况,教师教学材料的齐备,实验和实践教学完成情况,教师相互听课等,同时开展一系列的提高课堂教学质量的活动。期末教学检查主要检查教师执行教学进程表情况,拟卷和试卷批阅分析,考试秩序等。教学检查实行教师自查、系普查和海洋学院抽查的分层次、有重点的检查模式。检查过程有计划、有记录,注重教学信息的收集;④教学效果:通过学生教学信息员汇报、师生座谈会、教学督导组听课、教师评学、学生评教、毕业生毕业调查反馈制度、社会评价与社会声誉反馈机制等对教学效果进行监控管理,以便及时调整专业培养目标,修订培养计划,完善课程体系,提高人才培养质量。

从海洋科学专业第一届学生起实施"本科生导师制",入学时给每位学生安排导师,由导师针对学生的具体学习、生活、思想等情况提供多方面的指导,并引导学生积极参与科研活动,对稳定学生的专业思想、提高专业兴趣、形成良好学风以及培养综合素质等方面起到了积极的作用。

八、发展方向

在海洋科学专业的建设工作中,还存在着某些专业课实践环节较薄弱、专业特色不明显等不足之处。在今后的工作中,要进一步加强课程建设和专业实验室建设,明确课程组负责人职责,通过观摩调研、设备添置等途径,提高专业课实践环节的教学水平。积极与地方企事业单位、科研院所联系交流,建立良好的"产、学、研"合作关系,拓展学生实习教学基地,形成以科研促进教学、以教学带动科研的良性循环。深入了解社会对海洋科学人才的需求状况,及时修订人才培养方案,以保证人才的培养质量,满足地方经济建设发展的需求。

参考文献:

[1] 全国高等学校教学研究中心. 海洋科学学科专业发展战略研究报告[J]. 教育部高等学校教学指导委员会通讯[2007-10-18]. http://www. edu. cn/yjbg_6109/20071018/t20071018_259850. shtml [2007-10-18].

[2] 孙健. 新建地方本科本科院校发展定位问题初探[J]. 成都大学学报(教育科学版),2008,22(2):25-27.

The Exploration & Practice of Marine Science Subject in Huaihai Institute of Technology

Xu Xinghong, Wang Shujun, Yao Xingcun, Zhang Linwei, Jiao Yuliang

Abstract: The authors mainly discuss the work of the specialty construction of marine science subject in Huaihai Institute of Technology for the past four years by retrospective analysis, which included the goals of specialty construction, personnel training scheme, the building of teaching body, course construction, the improvement of teaching quality and teaching administration. And then future working idea was also put forward for further strengthening the specialty construction.

Keywords: marine science; specialty construction

（许星鸿：淮海工学院海洋学院副教授 江苏 连云港 222005）

地球系统科学中海洋科学专业创办的探索与实践*

姜　涛　任建业　傅安洲 ■

摘要:21世纪以来,我国经济的发展越来越多地依赖于海洋。要实现海洋强国目标,离不开海洋人才的支撑,而人才的培养要靠海洋教育。该文在阐明海洋科学与地球系统科学的关系基础上,介绍了中国地质大学(武汉)依托传统地球科学优势,创办海洋科学专业的经验与成效。

关键词:海洋科学;地球系统科学;中国地质大学

　　21世纪是海洋的世纪,目前世界海洋经济正以十年翻一番的速度迅速增长,海洋经济正成为世界经济新的增长点。我国于2003年5月印发了《全国海洋经济发展规划纲要》(国发[2003]13号),明确提出建设海洋强国的战略目标。2011年8月发布的《国家"十二五"海洋科学和技术发展规划纲要》[1]明确指出,未来5～10年是我国海洋科技实现战略性突破的关键时期,我国经济的发展将越来越多地依赖于海洋。要实现海洋强国目标,离不开海洋人才的支撑,而人才的培养要靠海洋教育。

　　中国地质大学是教育部直属的全国重点大学,是一所以地球科学为主要特色,地球科学各分支学科设置较齐全、整体实力雄厚的综合性大学,是首批进入"211工程"重点建设高校和"985工程优势学科创新平台"建设高校之一,是国家建设高水平大学公派研究生项目60所合作院校和国家"111计划"成员高校之一,目前全校师生正在按照温家宝总理提出的建设"地球科学领域世界一流大学"为目标而努力,为了实现此目标,就需要促进各学科在以地球系统科学思想为指导下的深度融合,形成以地球系统科学为主导的学科体系。

　　中国地质大学(前北京地质学院)早在20世纪50年代即组建海洋地球物理勘探教研室,是我国高校系统最早发展海洋地质学科的单位之一。由于历史上的局限和教育管理体制的制约,我校海洋地质学科的发展一度停滞不前。20世

* 基金项目:湖北省教学研究项目"海洋科学课程体系建设及人才培养模式探索"(No. 20060178)和中国地质大学(武汉)教学研究项目"海洋科学本科生专业导师制探索与实践"(No. 2010B05)共同资助。

纪 90 年代中后期起,学校基于"建设地球科学领域一流大学"的战略考虑,将海洋科学学科的发展列入整体规划,以我校两个国家一级重点学科——地质学和地质资源与地质工程和湖北省重点学科——海洋地质为主要依托,通过"211"一、二期工程予以重点支持,将该学科确定为大力扶持的学科群之一,海洋地质学科进入蓬勃发展时期。1999 年 4 月中国地质大学海洋地学中心成立,2001 年获得"海洋地质"硕士学位授予权,2003 年获得"海洋化学"硕士学位授予权和"海洋地质"博士学位授予权,2003 年和 2008 年"海洋地质"两度持续被批准为湖北省重点学科。根据我国高等教育事业及我校发展的实际[2,3]以及我国国民经济建设对海洋科学高层次人才的急迫需求,2003 年,中国地质大学(武汉)设立海洋科学本科专业,开始招收"海洋科学"专业本科生,并于 2005 年正式成立海洋科学与工程系。2007 年,我校"海洋科学博士后流动站"被国家人事部和全国博士后管理委员会批准成立,基本构建了本学科"学士—硕士—博士—博士后"的系统的人才培养格局,形成了以"海洋地质"为主要特色并带动相关海洋专业方向的学科体系。2011 年被国务院学位委员会批准"海洋科学"专业博士学位授权一级学科点,成为了继中国海洋大学、厦门大学和同济大学之后,第四个设立海洋科学一级学科博士点的高校。同时,经过"211"二期工程学术梯队的建设,培养了一批优秀学科带头人和专业技术骨干,目前已经初步形成了一个梯队合理、专业结构比较全面、研究力量比较雄厚的教学和科研队伍。数年来开设有关海洋和海洋地质的理、工、文类课程 30 余门,招收培养各类学生 240 余名。在2009 年教育部主持的全国学科排名中,我校继续保持全国学科排名第四的位次。

下面着重介绍一下我校依托传统地学优势创办海洋科学专业的过程与体会。

一、厘清海洋科学与地球系统科学的关系,依托地学优势,创办特色鲜明的海洋科学专业

地球系统科学是从传统的地球科学发展而来的。人类要从环境中获取食物、能源,必然关心所居住的环境,对所立足的地球产生求知欲,于是逐渐形成了地球科学的各分支,如气象学、海洋学、地理学、地质学、生态学等[4]。随着研究的深入,形成了各自的研究方法、手段和目的。但是,由于地球的空间广域性,形成它的时间悠久性和组成其要素的复杂性,分门别类的研究尽管有的学科已达定量、半定量化的研究水平,但仍不能完整地认识地球,传统地学面临着挑战。用系统的、多要素相互联系、相互作用的观点去研究、认识地球,越来越为有识之士所倡导。于是,美国国家航天局(NASA)于 1983 年最早提出了地球系统科学

的概念。1988 年,以美国地球系统科学委员会(Earth System Sciewce Committee)出版的《地球系统科学》一书为标志,"地球系统科学"思想和概念被明确提出。地球系统科学是把地球看成一个由相互作用的地核、地幔、岩石圈、水圈、大气圈、生物圈和人类社会等组成部分构成的统一系统,是一门重点研究地球各组成部分之间相互作用的科学。研究目的是了解地球系统所涉及的过程,各组成部分之间的联系和相互作用,维持充足的自然资源供给,减轻地质灾害,调节全球环境变化并使危害降到最小,获取在全球尺度上对整个地球系统的科学理解。1990 年代以来,这一观点逐渐成为地学界共识,美国、英国、日本等国纷纷制定相关计划,更促使了这一学科蓬勃发展起来。美国已有 22 所大学将地球系统科学教育纳入课程之内,联合国的《21 世纪议程》更将地球科学作为可持续发展战略的科学基础之一。英国自然环境研究委员会(NERC)于 2002 年 12 月提出了一项地球系统科学研究计划——量化并理解地球系统(QUEST)计划,并于 2004 年 7 月发布了该计划的科学计划和实施计划,其主要目标是提高对地球系统中大尺度过程及其相互作用的定性和定量理解,特别关注大气、海洋、陆地中的生物、物理和化学过程之间的相互作用以及人类活动与它们之间的复杂关系。

海洋科学是研究海洋的自然现象、性质及其变化规律以及与开发利用海洋有关的知识体系。它的研究对象是占地球表面 71% 的海洋,包括海水、溶解和悬浮于海水中的物质、生活于海洋中的生物、海底沉积和海底岩石圈,以及海面上的大气边界层和河口海岸带。因此,海洋科学是地球科学的重要组成部分,它与物理学、化学、生物学、地质学以及大气科学、水文科学等密切相关。按照海洋中发生的自然过程,大体上可分为物理过程、化学过程、地质过程和生物过程四类,每一类又是由许多个别过程所组成的系统。对这四类过程的研究,相应地形成了海洋科学中相对独立的四个基础分支学科:海洋物理学、海洋化学、海洋地质学和海洋生物学。从以上学科的定义和隶属关系上可以看出,海洋科学是地球系统科学中极其重要和不可或缺的一个组成部分。

进入 21 世纪以来,世界各沿海国家已经把合理开发和利用海洋作为求生存和求发展的基本国策,并采取了一系列措施加快向海洋进军的步伐。我国是一个海洋大国,拥有大约 18000 km 海岸线,大陆架和专属经济区的海域约 300×10^4 km^2。由于其独特的地域优势和丰富资源受到广大中外地质学家的关注。多年来,中国的大陆边缘及其周边地区在全球构造研究以及地质历史研究方面都占有重要的位置。这个地区位于现代欧亚板块、太平洋板块和印澳板块的交汇地带,其演化受控于洋、陆板块的相互作用,构成了全球构造运动最为活跃的峰带之一,是地球系统动力学研究的前缘与热点。海洋沉积物及其所载的环境信息,是海洋地质研究中的又一十分重要的研究内容。众所周知,对深海钻探

(DSDP)、大洋钻探(ODP)和综合大洋钻探计划(IODP)获取的大量岩心沉积物的组成(无机、有机和同位素)、生物、古地磁及年龄等方面的研究成果,已为解决海底扩张、板块漂移、全球气候变化、地史生物绝灭事件等一系列重大科学问题做出了关键的贡献。因此,海洋科学研究对地球动力学及全球环境演变研究是非常重要的。

更重要的还在于我国近海海域蕴藏着巨大的能源资源和其他矿产资源。未来 20 年内,预计我国经济将继续以较快的速度发展,石油需求快速增长势头难以遏制。若不改变油气产量现状,我国经济发展、社会进步和环境改善依赖国外资源程度势必加大,国家不安全因素增加。因此,如何保障长期的、稳定的和充足的油气供应,是我国未来经济发展面临的一个重大战略问题。从资源量分布和探明程度分析,我国大陆边缘海域有潜力成为我国增加储量的主要地区。已有成果表明该海域具有丰富的矿产资源,我国管辖海域内已知的沉积盆地 51 个,总面积 178 万 km^2,其油气资源量分别占全国油气总资源量的 20% 和 30%。

因此,加强海洋科学的研究,不仅对于提高我国海洋地质学和地球动力学研究水平有着深远的科学意义,而且对于我国长远能源供给和捍卫领海资源有巨大的经济和战略意义。在社会需求这一强大推动力的作用下,21 世纪海洋科学必然会呈现出加速发展的势头,我校正是基于此才决定创办并大力扶持和发展海洋科学专业。

二、凝练优势学科方向,合理设置研究领域,加强学科特色建设

中国地质大学是国内最早建立海洋地学团队的高校之一,从 20 世纪 80 年代起,即通过与地质和石油部门合作,在南海、东海等水域开展基础地质研究。近 20 年来,学校与国家海洋局及其下属单位、大洋协会、青岛海洋地质研究所、广州海洋地质调查局、中国海洋石油总公司等多家科研和生产单位建立合作关系。积极参加以 ODP/IODP(大洋钻探计划)、InterMargins(国际陆缘计划)等国际合作项目,积极参加大洋资源调查,凭借多学科综合优势,通过承担"973"、"863"、国家专项和自然基金项目,在边缘海构造演化、大陆岩石圈减薄和边缘裂解、环太平洋中新生代沉积盆地演化与油气分布规律、深水陆坡沉积与油气盆地成因、甲烷水合物成藏机制、模拟及其资源综合评价、西太平洋海山富钴结壳的物质来源与成矿环境等方面取得重要成果。此外,在中国东部岩石圈构造演化与西太平洋俯冲带及边缘海盆演化的耦合关系、深水陆坡沉积模式与油气成因、深部地幔活动影响下的海底成岩成矿特征、中国东部海域盆地动力学和油气成藏动力学等研究领域内也取得了重要的成果。

我校在海洋地质、地球物理和海洋化学等领域发展迅速,为海洋科学专业的

发展奠定了基础。我校海洋科学专业的办学要凭借我校的这些学科和专业优势，以海洋地质与资源为今后一段时期专业办学的主要方向，在积累丰富的办学经验，并办出特色之后再逐步向海洋科学的其他领域延伸和覆盖。目前，我校海洋科学专业正通过与海洋其他分支学科的融合，形成既可全面体现海洋科学学科体系、又充分依托我校在海洋地学方面的优势并突出海洋地学特色的发展局面。主要研究方向和特色是：①海洋地质与海底资源：南海海洋地质、深水油气勘探、海洋沉积学等；②海洋天然气水合物：天然气水合物地质背景的沉积物识别综合标志、海底环境的流体—水合物实验系统和保真开采技术系统等；③海洋矿产资源勘探与评价：钴结壳资源动态评价、海洋地理信息系统与海岸带国土资源调查；④大陆边缘盆地动力学；⑤海洋环境与地球化学：海洋元素分析测试新技术研究、海洋元素富集机制与成矿规律研究和海洋元素在生命过程中的作用与全球变化等。这些方向覆盖了海洋地质领域的主要研究内容，在理论研究上属于国际前沿，在应用开发上极具价值，对于我国长远能源供给和捍卫领海资源有巨大的经济和战略意义。

三、探索多种联合办学方式，建立适应科学发展的教学内容和课程体系

在构建完整的海洋科学专业本科—硕士—博士—博士后培养体系上，我们走的路与其他老牌海洋专科院校不同。基于我校从 20 世纪 80 年代以来在海洋地质专业上的科研工作基础，2001 年我校"海洋地质"硕士学位点获得批准，并于 2002 年开始招收"海洋地质"专业硕士研究生，在海洋地质学、海洋微体古生物、海底天然气水合物、海洋环境和资源、海洋地球物理、海洋地质与资源、海洋沉积与环境等研究方向招收硕士研究生。2003 年我校"海洋地质"博士学位点获得批准，同年在海洋地质与资源方向招收博士研究生。其中海洋地质在 2003 年被批准为湖北省重点学科，并且于同年在资源学院成立海洋科学与工程系，开始招收海洋科学（海洋地质与资源）专业的本科生。至此，我校的海洋地质教育培养工作体系才建立起来，并于 2007 年获批海洋科学专业博士后流动站。

由于我校海洋科学研究主要分散于各三级单位，而且属于内陆办海洋科学专业，因此，在人才培养方面必须要探索多种联合办学方式，加强校内各相关专业的整合，并积极深化和促进与国内涉海院校、科研单位和产业部门的合作。然而如何能让联合办学落实到实处，更好地发挥出应有的作用，成为我们亟待探索的主题。为了加强本学科的建设，探索了多种联合办学方式，除加强与国内海洋相关研究院所和企业，如广州海洋地质调查局、青岛海洋研究所、国家海洋局第二海洋研究所（杭州）、国家海洋局第三海洋研究所（厦门）、中国海洋石油总公司

及其所属分公司进行广泛的交流和合作,还应采取以下措施:

(1)与国家海洋局第二、第三海洋所分别签署了联合共建海洋科学人才培养协议,为本科生教学和生产实习提供基地,一方面让学生有机会参观甚至使用这些生产部门的先进仪器和设备,另一方面让学生有机会直接参与这些单位的生产和科研工作。同时,通过与大洋协会及相关院所的合作,使我系学生有机会直接参与大洋科学考察。

(2)采用双导师制共同指导本科生的毕业生产实习和毕业论文设计,我们聘请了国家海洋局第二、第三海洋所10多位专家作为本科生的毕业生产实习和毕业论文设计的现场指导导师,这些专家既是专业计划的参与者、实习基地的服务者、实习课程的讲授者,又是学生实习的指导者和教学质量的检验者,有效地把握了教学质量,取得了良好的教学效果。

(3)聘请国内海洋相关研究院所和企业的著名专家作为本系兼职教授或兼职博士生导师。已经聘请广州海洋地质调查局海洋地质学家金庆焕院士和国家海洋局杭州海洋二所海洋地球物理学家金翔龙院士等专家为我校兼职博士生导师;此外,还聘请了广州海洋地质调查局、青岛海洋研究所、国家海洋局第二海洋研究所(杭州)、国家海洋局第三海洋研究所(厦门)、中国海洋石油总公司等单位10多位专家作为我校兼职教授,不定期给学生作学术报告和座谈交流,受到欢迎和好评。

在海洋科学专业学生的教育模式方面,树立以学生为主体地位、注重学生个性发展、培养学生创新能力、提高学生整体素质的指导原则,构建融传授知识、培养能力与提高素质为一体的人才培养模式。坚持加强基础、拓宽专业口径、多学科交叉、渗透和综合、注重能力的培养目标。培养出具有创新精神、实践能力和能够参与国际竞争的、高素质的海洋科学高级专门人才。为了实现上述培养目标,我们不断转变和更新教育思想观念,推进素质教育,实现由注重专业对口教育向注重全面素质教育转变;由注重知识传授向注重创新能力培养转变;由注重单纯的学科系统性向注重整体优化的综合性转变;由注重教师的传授向教与学相长,向学生是教学主体转变。

在本科生培养上,我们立足海洋地质科学基础理论、基本知识、基本技能的培养,扩展相关学科的基础知识培养,进一步加强学生科学思维、素养和创新意识的训练,以期使学生在本科阶段具有进行海洋地质学科学研究、教学和管理的初步能力,能成为科研机构和高等院校中从事基础研究和教学工作的高层次人才,为未来的学业进修和海洋科学相关领域的生产工作打下坚实的基础。本科专业人才培养,要求学生具有较好的数学、物理和化学等自然基础科学知识,并在牢固掌握专业基础、外语、计算机技能的基础上,系统学习海洋科学和资源勘查的基础理论和基本知识,掌握与海洋地质学研究及资源勘查和综合评价有关的基本技能与方法,学习有关海洋工程、环境、灾害以及与人类可持续发展等方面的知识,并在海洋地质、海洋能源资源和海域环境勘查、评价、开发与管理等方向有所侧重。

在研究生培养上,我们结合资源类专业优势,针对国际国内海洋地质科学研究热点,选取我们具有优势基础的海洋学科分支领域作为专业研究方向。硕士研究生主要的专业研究方向有海洋地质与资源、海洋沉积、边缘海盆地动力学、天然气水合物与环境和海洋地球物理等;博士研究生的研究方向为海洋地质与资源。在研究生培养期间,要求学生掌握海洋地质领域的基础理论、系统的专门知识和必要的专业技能,能熟练进行专业文献阅读、归纳和总结,了解所研究学科方向的发展现状和动向,发现问题,提出创新见解,并具有撰写学术论文和学位毕业论文的能力。最后使学生达到具有独立从事海洋地质领域科学研究和教育教学的能力和实事求是、认真负责、严谨创新的科学作风的目标。

四、加强教学硬件建设及课程体系建设,建设高水平的师资队伍,为海洋科学专业建设和人才培养提供重要保障

依托地球科学学科来发展我校的海洋科学是我们学科发展和建设的重要战略。但是地球科学不能代替海洋科学,海洋科学包括了海洋地质、海洋化学、海洋物理和海洋生物四大学科,而且在应用领域还有军事海洋学、资源海洋学等一系列分支专业和学科。办好海洋专业需要加强育人的"软件"环境建设,同时"硬件"环境的建设也至关重要。

(一)建立了一支学科结构基本合理,以中青年为主要骨干的年富力强的教师队伍

高层次学术带头人和高层次教师的引进尤为重要,加强年青教师的进修和培养也是当务之急。海洋科学与工程系目前在岗教员 21 人,其中湖北省楚天学者 1 人,学校特聘教授 2 人,教授 4 人,博士生导师 5 人,副教授 4 人。近年来通过加大人才引进的力度,引进了美国约翰霍普金斯大学博士后 1 名,中国海洋大学和南京大学博士研究生各 1 名来校工作,专业教员的学科结构得到一定的改善。为了弥补我们专业教员学科结构不尽合理的问题,通过联合办学聘请了国内的一批海洋专业的著名学者担任兼职教授、兼职博士生导师,目前,聘请的共有金翔龙院士、金庆焕院士等十多名著名的海洋专业专家学者,他们在支持我们专业的办学,特别是本科生毕业实习和海洋调查方面起到了重要的作用。此外,近年来不断派出年青教师参与国内外重要的海洋科学研究和调查活动,如青年教师姜涛博士以岩心—测井—地震解释科学家的身份参加了"地球号"关于日本

南开海槽发震带的 IODP 计划,肖军博士参加了中国"大洋一号"DY115-19 航次第一航段科考任务,还有 4 名青年教师目前正在国外进修。

(二)加强课程体系建设

课程体系建设是高水平人才培养的基本保障,课程体系的构建决定了海洋科学专业培养学生的知识结构以及综合素质的培养,也决定了海洋科学专业的特色。我校海洋科学专业课程体系建设的宗旨是构建基于培养自主型、创新型人才的地质—资源特色海洋科学专业的课程体系。我校针对学科方向制订了一系列与社会需要相适应的课程和教学实习方案,在教材建设中采用引进与自编相结合的思路,也就是普识类教材采用引进为主,如引进国家级教材《海洋科学导论》和《海洋调查技术与方法》等,对于特色类教材采用自编为主,如《大洋底构造地质学》《海洋矿产资源》和《沉积盆地分析》等。

(三)紧抓教学实践环节

以建立"海洋地质与资源"实验室及分析测试系统和海上实习基地为目标,强化专业课教学和现场研究能力的建设,完善硬件设备,结合国家需求和学科发展的前沿,培养基础理论扎实、动手能力强,能够适应国家海洋科学发展需求的高素质专业人才。目前已经建立了标本观测室和微观实验室两个专业教学实验室,激光拉曼原位测定和释光断代两个专业研究实验室,周口店和秦皇岛两个野外教学实习站,并在杭州、厦门和中海油湛江分公司成立了联合办学基地,以满足本专业学生的毕业实习和研究生培养的需要。

综上所述,回顾我校海洋科学专业的创办过程,我们深刻体会到,人才培养、科学研究、社会服务和传承文化是高等学校的四大基本职能,对于新专业的创办和建设来说,它们相互之间往往形成脱节的现象,而我校正是由于依托地球系统科学中的传统优势专业,在海洋科学专业的相关研究方向有比较长期的研究积累和比较明显的优势,在明确海洋科学与地球系统科学的关系的基础上,强化特色办学,因而使得海洋科学专业的创办具有高起点、高速度和强优势,很快形成了本科(海洋地质与资源)—硕士(海洋地质和海洋化学)—博士(2003 年海洋地质专业被批准为湖北省重点学科;2011 年获国务院学位办批准海洋科学专业一级学科博士点)—博士后流动站(2007 年获批海洋科学博士后流动站)的完整的人才培养体系。

展望未来,我们将进一步整合校内资源,加强与兄弟院校、涉海科研单位和产业部门的合作,在继续加强具有地学特色的海洋科学学科建设的同时,围绕海洋科学领域重大科学问题和开发海洋资源、保护海洋环境、维护国家海洋权益等重大应用需求,以平台建设为突破口,培养和构建具有国际影响力的高层次的

"学科领军人物＋团队"的海洋自主创新学科平台,使我校成为我国海洋科学领域科技创新和高层次创新人才培养的重要基地之一,为我国海洋科学和海洋经济发展、国防建设、海洋防灾减灾、环境保护和海洋权益等提供强有力的理论和技术支撑,并为使我校达到地球科学领域世界一流做出贡献。

参考文献:

[1] 国家"十二五"海洋科学和技术发展规划纲要[N].中国海洋报,2001,10916(A2).

[2] 方念乔.突出地质大学特色 办好海洋科学专业[J].中国地质教育,2006,4:78-80.

[3] 苗振清,刘煜.对海洋类专业人才培养的思考——以浙江省为例[J].高教论坛,2009,2:21-24.

[4] 毕思文,许强.地球系统科学[M].北京:科学出版社,2002.

Exploration and Practice of Establishing Marine Science Specialty in Earth System Sciences

Jiang Tao, Ren Jianye, Fu Anzhou

Abstract: The economic growth in China is more and more dependent on the ocean since 2000s'. Building a strong Ocean Country needs a large number of science and technology personnel in marine field, who will be qualified through ocean education. On the basis of illuminating the relationship between marine science and earth system systems, this paper introduces the experience and effects of building marine science specialty relying on the solid base of earth sciences in China University of Geosciences(Wuhan).

Keywords: marine science;earth system sciences;China University of Geoscience

(姜 涛:中国地质大学(武汉)资源学院副教授 湖北 武汉 430074)

海洋技术专业大学生创新活动的探索[*]

韩 震 杨 红 杨晓明 刘 瑜 ■

摘要:在建设创新型国家的战略中,大学承担着培养创新型人才的重要任务。大学通过科研创新及创造性人才的培养带动了整个社会的飞跃发展。国内高校为适应海洋事业发展的需要,许多高校都设立了与海洋技术有关的专业。本文以上海海洋大学为例,从如何帮助海洋技术专业学生选择大学生创新课题,培养其创新情感,强化其创新型意识方面进行了一些探索。

关键词:海洋技术专业;大学生;创新活动

在建设创新型国家的战略中,大学承担着培养创新型人才的重要任务。大学通过科研创新及创造性人才的培养带动了整个社会的飞跃发展[1]。国内高校为适应海洋事业发展的需要,上海海洋大学、中国海洋大学、河海大学、厦门大学、广东海洋大学等高校都设立了与海洋技术有关的专业。上海海洋大学设置海洋技术专业其定位主要是培养具备海洋科学的基本理论以及海洋遥感与信息处理等方面的基础知识和基本技能,能在海洋信息技术、遥感技术、地理信息系统技术及其相关领域从事科研、教学、管理及技术工作的专门人才,培养具有良好科学素养、实践能力和创新精神的海洋技术领域的专业人才。在上海市第四期教育高地"海洋技术特色专业建设"项目资助下,我们就如何帮助海洋技术专业学生选择大学生创新课题,培养其创新情感,强化其创新型意识方面进行了一些探索。

一、大学生创新课题的选择

大学生创新能力的建设是一个漫长的培育过程,需要有自己的定位。上海海洋大学的目标是到 2020 年,把学校建设成为一所海洋、水产、食品等学科优势明显,理、工、农、经、文、管、法等多学科协调发展,教学科研并重,国际化、开放型的高水平特色大学。在《国家中长期科学与技术发展规划纲要(2006—2020

* 基金项目:上海市第四期本科教育高地"海洋技术特色专业建设"项目资助。

年）》中海洋技术是 8 个前沿技术中的 1 个,在海洋技术的 4 个研究方向中,海洋环境立体监测技术方向重点研究海洋遥感技术、声学探测技术、浮标技术、岸基远程雷达技术,发展海洋信息处理与应用技术[2]。这也是上海海洋大学海洋技术的专业定位方向。上海海洋大学海洋技术专业大学生创新课题题目的选择要符合学校和国家在该领域的定位,学生是未来海洋科技创新的主力军,课题的难易程度因人而异,要有助于提高其动手能力、实践能力和创新能力,综合开发和挖掘其潜能、培养其全面发展。

二、指导教师队伍建设

指导教师的业务能力是培养大学生创新能力建设的关键。近三年来,上海海洋大学海洋技术专业教师先后承担国家科技部、国家海洋局、上海市科委等部门资助的科研项目 30 余项,每一位教师都有自己主持的科研项目,明显促进了大学生创新活动水平的提高。在大学生创新活动过程中,指导教师通过帮他们选择课题方向,制订课题目标,以资金、试验场地和荣誉奖励等各种方式调动鼓励大学生的创新热情,并帮助他们克服和改变大学生功利化倾向。同学们在和专业老师朝夕相处的接触过程中,也体会到了创新的艰难和幸福,他们深刻地认识到只有创新才是科研活动可持续发展的动力。

三、大学生创新能力基地建设

大学生创新能力基地建设是大学生创新能力建设培养的重要环节[3-5]。通过大学生创新能力基地建设,可以有效地培养学生的创新情感和创新意识。上海海洋大学建立了 MODIS、NOAA、MTSAT 卫星地面接收站,这些数据对海洋技术专业的学生是免费的。另外我们通过与美国国家海洋大气局(NOAA)合作,建立了中国海遥感监测网和中美海洋遥感及渔业信息研究中心。通过与国家海洋局第二海洋研究所合作,联合成立了海洋渔业遥感和地理信息系统实验室。这些基地的建立,为上海海洋大学海洋技术专业大学生创新活动提供了良好的平台,大学生通过在这些基地的学习和锻炼,了解到了该领域国内外的研究现状和研究热点以及上海海洋大学海洋技术专业研究现状。指导教师通过鼓励他们,大大激发了他们的创新意识,使他们认识到自己通过创新活动,将来也可以推动中国甚至整个世界在海洋技术领域的发展。

四、开展的大学生创新活动

上海海洋大学海洋技术专业创新能力培养目标的定位始终把大学生创新能力建设摆在培养大学生综合竞争力的突出位置,倡导一种以创新为荣、以创新为乐、崇尚创新的良好氛围。

上海海洋大学海洋技术专业主要开展了以下创新活动比赛项目:①遥感技能竞赛:包括遥感外业作业(光谱仪的使用与操作、实践考察等)、内业处理(包括遥感影像处理、遥感影像解译、遥感专业软件操作等)等竞赛;②地理信息系统(GIS)技能竞赛:包括GIS数据处理操作、商业GIS软件操作、简单GIS二次开发实践等;③测绘技能竞赛:包括测绘仪器操作竞赛、测绘外业观测竞赛、测绘数据内业处理操作竞赛;④海洋技术专业技能综合竞赛:包括海洋技术、遥感、GIS、测绘等专业知识问答竞赛、实践操作竞赛等。

五、大学生创新活动的成果

上海海洋大学海洋技术专业教师都参加了大学生创新项目的指导任务。60%海洋技术专业学生参与到大学生创新活动中,锻炼了自己的创新精神与实践能力,并取得了一定的研究实践成果,获得市、校、院三级累计20余项大学生创新项目。例如,海技2007级学生张琨发表国家核心期刊论文2篇,申请国家发明专利一项;海技2007级学生张明伟于2009年参加上海市大中学生科普征文比赛获大学生组三等奖;海技2007级学生罗涵刈2009年参加中国大学生自强之星评比获得"中国大学生自强之星"称号。

通过大学生创新活动,海洋技术专业在校学生的动手能力、实践能力和创新能力都有明显的提高。上海海洋大学海洋技术专业将进一步加强大学生创新活动建设,成为国内海洋技术专业领域高层次人才培养的摇篮,为国家和上海市海洋事业的发展提供技术和人才支撑。

参考文献:

[1] 刘波.加强科研平台建设,提高大学科技创新能力[J].复旦教育论坛,2004,2(6):36-40.

[2] 国家中长期科学与技术发展规划纲要(2006—2020年).中华人民共和国科学技术部[EB/OL]. http://www.most.gov.cn/kjgh/kjghzcq/ [2010-05-08].

[3] 覃铭,卿培林,刘淑辉.国内创新实践教育基地建设现状的分析[J].人力资源管理,2010(6):56-57.

[4] 易红.高校实验教学与创新人才培养[J].实验室研究与探索,2008,27(2):1-4.

[5] 陈绪诚.创建高水平实验教学示范中心的实践[J].实验室研究与探索,2007(4):93-94.

Innovation Activities of Students Majoring in Ocean Technology

Han Zhen, Yang Hong, Yang Xiaoming, Liu Yu

Abstract: In the strategy of constructing an innovative country, the university undertakes the important task of training innovative talent. By scientific innovation and cultivating creative talent, universities lead the whole society to develop. In order to meet ocean development, many universities have established ocean technology majors. This paper taking Shanghai Ocean University as an example, from how to help students choose ocean technology innovation subject, cultivating their innovative emotion, strengthen their innovative consciousness to undertake a few explorations.

Keywords: ocean technology; college students; innovation activities

（韩　震:上海海洋大学海洋科学学院教授 上海 201306）

以培养实践能力为核心开展跨学科的海洋科学素质教育

郑爱榕　郭立梅　刘丽华　刘瑞华　■

摘要：为满足我国海洋事业发展对人才的迫切需求，海洋人才的高等教育除了从学历教育扩大规模、提高质量外，还可以在大学生中开展跨学科的海洋科学素质教育。本文介绍了厦门大学国家海洋环境科学实验教学示范中心通过开设全校性选修课程《海洋科学入门实验》和举办"走进海洋实验技能大赛"进行跨学科的海洋科学素质教育的实践情况，旨在交流海洋科学素质教育经验和提高大学生的海洋科学素质。

关键词：跨学科；海洋科学素质教育

海洋已成为 21 世纪国际竞争的重要舞台，海洋学科是当今世界发展最快的科学领域之一；海洋的开发和保护已成为当前科学之热点，海洋经济成为新的经济增长点，海洋权益的维护任务艰巨，海洋划界日益复杂、纷争不断。国家要求涉海高校加强海洋人才培养，尤其要培养具有国际竞争力和强烈创新意识并具有高水平实践能力的海洋人才。为应对国家对海洋人才的迫切需求，我们认为海洋人才的高等教育除了应该从学历教育扩大规模、提高质量外，还必须从战略高度上在大学生中普及海洋科学知识，培养他们的海洋意识，提高他们的海洋科学素养。我们应把握机会让人文、经管和理工医科等人才掌握和了解海洋科学基本知识，把海洋科学的知识融会贯通在其他学科领域，以确保海洋资源开发利用的可行性、海洋环境管理的合理性。不同学科逻辑思维不同，解决问题的方式不同，而海洋科学本身就是多学科的问题，海洋中的科学问题需要多学科的参与才能解决。建立跨学科教育平台，可以促进学科之间的渗透、交叉和互补；同时吸引其他学科优秀的人才（如化学、生物、物理、医学等学科）介入海洋科学，其微观的技术手段将给海洋学科带来技术改革；而海洋科学宏观的研究思路将促进其他学科对科学问题的多方位思考和深入研究。

厦门大学位于海滨城市，漳州校区与国家海洋地质公园比邻，拥有丰富的岸线滩涂、火山地貌、海底世界、国家海洋科普基地等进行海洋科学教育的天然资源，得天独厚。厦门大学国家海洋环境科学实验教学示范中心（以下简称中心）

拥有开展海洋各分支学科的教学实验室和海洋调查必备的"海洋2号"教学实习船等资源。中心充分利用学科优势,发挥国家级实验教学示范中心的示范作用,连续6年对全校本科生开设《海洋科学入门实验》课程,并于2010年12月在漳州校区面向全校本科生举办了首届"走进海洋"实验技能大赛,作为提升学生的综合素质,普及海洋知识和增强海洋意识的一种素质教育途径,取得了意想不到的效果。本文通过介绍有关课程和大赛的内容、组织、实施和效果,旨在交流跨学科的海洋科学教育经验和促进大学生海洋科学素质的提高。

一、开设全校性选修课程《海洋科学入门实验》

(一)教学目的与内容

《海洋科学入门实验》课程2个学分,2个课时,对漳州校区一、二年级本科生开设,每学期修课学生数50～100人。

该课程的教学目的是通过海洋地质学、海洋生物学、海洋化学和物理海洋学的基本实验的鉴赏和训练,让学生了解和掌握海洋各学科的基本知识,提高学生的海洋科学素养和实践能力。课程内容分四大单元:

第一单元:2个实验,1次野外考察。通过观察岩石(沉积岩、岩浆岩和变质岩)、矿物(宝玉石)标本,野外考察漳州滨海火山国家地质公园的牛头山火山口遗址,学会运用已学知识来观察分析各种海洋地质作用现象、地貌特征等,培养观察、分析和解决问题的能力。

第二单元:2个实验,1次海上调查。通过课堂进行海洋气象、海水温度和盐度、海流观测和GPS定位的训练和上船现场调查和观测厦门九龙江河口海湾的水温、海流和气象情况,了解海洋调查的基本方法和常识。

第三单元:2个实验,1次潮间带海洋生物采集。通过观察丰富多彩的海洋贝类和形态各异的海洋蟹类、制备及观察海绵骨针、潮间带海洋生物现场采集,认识海洋生物。

第四单元:3个实验,通过测定海水酸碱度、盐度和营养盐,了解海水的基本化学性质。

课程考核方式:撰写实验报告和调查报告、闭卷笔试。

(二)教学效果

自2005年至今,该课程已运行了10个学期,有550多位来自理工科4个学院11个专业和人文学科7个学院24个专业的学生选修。其中,人文经管类学科的学生占57.8%,理工科学生占42.2%。经济学院学生的占比例最高(20.3%),其次是管理学院学生(14.8%)和化学化工学院学生(10.9%)。从反馈意见可以看出,学生对该课程的内容和形式均很满意,达到预期效果。

1. 通过该课程的学习,丰富知识,开阔视野,大大激发了学习兴趣和热情

学生认为该课程涵盖面极广,学科交叉性极强,既相对独立,又互相影响,就像一扇窗,打开了他们求知的心灵,可以终身受用。03级法学院法律系法律专业柳同学说:"这门课不可或缺,是专业课本中找不到的。它极大地丰富了我的课外知识和见解,对我产生了深远的影响。通过这门课我还了解到海洋观测的最新仪器设备,真是大开眼界"。03级人文学院新闻系广播电视专业陈佳妮说:"上完本课程,我发现自己对一些较浅而有趣的理科知识产生了更大的兴趣。该课程给我的感觉是生动地、形式多样地讲述科学知识,开阔了视野和兴趣范围。"人文学院哲学系哲学专业兰同学说:"选修这门课对我影响很大,将是一份相当宝贵的记忆。建议继续开这门课,让更多的同学接触海洋、认识海洋,通过易懂又生动的课堂学习,更深地体会到海洋与海洋科学的魅力。"

2. 通过该课程的实践,培养了严谨、客观的作风,提高了动手意识和能力

04级建筑与土木工程学院建筑专业的程同学认为《海洋科学基础实验》时间虽短,但收获颇丰,主要体现在"这门课是一门科学,在实验的同时,我感受到了科学的严谨性,做科学必须一丝不苟,尊重事实;这门课让我知道了理论的准确性必须得到实践的检验。这门课给我的启发很大,我是学建筑学的,建筑是一门交叉学科,有点艺术,更离不开科学。我们应该以科学为基础,进行艺术创作,并让艺术为科学增添色彩。"03级经济学院财政学专业的王同学写到:"这是一门动手操作、实践性很强的课程,作为文科生,很少有机会进入实验室、亲身实践,这门课给了我这个机会。不仅让我学到了知识,拓宽了我的知识面,还增强了我的动手能力和实验的操作能力。"人文学院中文系汉语言文学专业郭同学说:"动手实验的实践精神对于我专业的学习有一定的启发,毕竟做学问并不能闭门造车,在故纸堆里研究知识,应该像科学实验一样亲自深入社会生活中,获得知识,提高动手能力。"

3. 通过该课程的学习,使学生感受到了教书育人的魅力

由于该课程涉及海洋地质学、海洋生物学、海洋化学和物理海洋学等学科,需要不同学科的教师授课,参与该课程的教师共有5位,实验技术人员4位,研究生助理4位。该课程教师敬业、认真的教学态度深深地感动了学生。人文学院新闻系广告专业黄同学说:"海洋系老师严谨认真的态度真是让人感动,它带给我的不仅仅是知识和乐趣,更多的是感动,是对生活、对自然的热爱"。管理学院会计系的王同学说:"各位任课老师、辅导老师及实验老师严谨治学的态度和对教学的敬业精神对我感触最深。也感受到学者们的人格魅力。"还有同学写到:"我不仅学到了丰富的海洋知识,各位老师精辟的深入浅出的授课方式以及

严谨的学术态度更是深深地影响了我,谢谢老师!"

4.通过该课程的学习,培养了学生的团结协作精神

由于课程内容均为实践性,需动手实验,实验时2人一组;另有2次野外考察。50多位学生来自不同的院系和专业,课程的学习使他们走到一起,互相认识,学会了团体协作。

二、举办"走进海洋实验技能"大赛

(一)大赛宗旨

以通识教育为理念,以"趣味、科普"为原则,适应学校综合性大学文、理、商、工和医等学科齐全的特点,引导学生认识海洋、关爱海洋,为学生施展自身才华和展示技能提供舞台。通过技能大赛带动实验室的开放,为学生提供更多、更大的学习空间;让学生体验实验探究科学的乐趣,充分发挥其主观能动性,培养学生崇尚科学、积极实践、勇于创新的精神,从而深化教育改革,推进素质教育,促进学生素质的全面发展。

(二)大赛组织与实施

组织形式:为使大赛有序进行、公平竞争,成立了大赛领导小组、技术组和宣讲组。领导小组由漳州校区教务办主任、学院分管教学院长、中心主任和分管学生工作的书记组成,主要负责审批大赛的议程、内容。技术组由中心的任课教师和实验教辅人员组成,主要承担竞赛的命题、改卷、答辩、仲裁、实验准备等工作。宣讲组由学院团委和学工组的教师组成,主要承担宣讲、报名登记、会场布置等组织工作。

参赛对象、奖项和赛制:因为大赛面向的是漳州校区已掌握一些专业基础知识的一二年级本科生,同时大赛要面向全校18个学院,让愿意参加竞赛的学生都能和都有机会参加,故大赛设置了专业组和非专业组。专业组参赛对象为与海洋学科相关学院的学生;非专业组则是除专业组以外的所有学生。为了增进学生间的协作和交流,大赛要求以团队的形式报名参赛,每个团队由3人组成,鼓励跨学科组建团队。专业组和非专业组分别设置一、二、三等奖各1项。大赛设置了初赛、复赛和决赛,以淘汰制遴选获奖者。

根据以上规则和要求,宣讲组以海报、专题讲座的形式面向全校学生发出通知,开展报名工作。首先特邀国家海洋局著名专家周秋麟教授进行题为"海洋生命历程"的讲座,以此拉开实验技能大赛的序幕。

(三)竞赛内容

大赛设置了实验基础知识笔试、实验技能、海上考察和现场竞答4套程序进

行选手淘汰。

(1)笔试:大赛的初赛形式,所有报名选手均需参加,以筛选出复赛选手。笔试内容涵盖海洋生物学、海洋化学、物理海洋学、海洋地质学等海洋科学四大分支学科的基础知识及实验室安全知识,采用卷面评分。主要考查学生对海洋科学基本知识的了解程度。专业组和非专业组用同一套试卷,但分别排名。

(2)实验技能:大赛的复赛形式,以"海洋科学基础实验"的实验项目为基础,从中挑选适合比赛的内容,要求参赛学生按命题在规定的时间内完成实验(专业组和非专业组命题不同)。对每个实验操作步骤均设计了评分标准,评委老师全程跟踪打分。重点考查选手实验操作的规范性、基础理论与基本知识的灵活运用能力。

(3)海上考察:大赛的亮点,所有进入决赛的选手均可参加。决赛选手乘"海洋2号"在厦门湾进行为期半天的考察,并请海上科考经验丰富的首席科学家分别介绍物理海洋学、海洋生物学和海洋化学等调查内容,专家的介绍是现场答辩的题材之一。

(4)现场竞答:大赛决赛阶段,有抢答、必答、纠错、选题等多种形式,以现场竞赛的方式进行,除了考察选手对海洋知识的综合运用能力外,还考验学生的现场反应能力及心理素质。

(四)大赛成效

大赛历时半个月,受到各方高度关注,收到了意想不到的效果。

(1)受益面广,参与者多。大赛意想不到地吸引了649名学生,共计183支团队报名参赛,其中专业组115支,非专业组68支,占漳州校区一二年级学生的8%,覆盖了全校90%的学院(除人文学院和艺术学院)。最终专业组获奖团队落在海洋与环境学院、化学化工学院,非专业组获奖团队落在管理学院和经济学院。

(2)调动学生的学习积极性,激发了学习海洋科学的兴趣,促进实验教学质量的提高。教授的讲座用生动形象的语言带领与会学生进入了一个充满神奇与梦幻的海洋世界,向学生展示了海洋科学未来广阔的发展前景,让所有与会的同学了解到生命与海洋息息相关这一事实,激发了他们对海洋的热爱之情和对海洋科学的浓厚兴趣。本学院学生报名人数达到80%以上。大赛的设计环环相扣,由浅至深,对非海洋专业学生是海洋知识的普及,对专业学生是实验基本功的训练和提升。通过比赛,学生学习积极性显著提高,甚至有外院学生要求学习海洋科学知识。

(3)比赛形式丰富多样,为学生提高科学思维能力、分析动手能力,培养崇尚科学、积极实践、勇于创新的精神构建了很好的平台。

三、努力的方向

根据问卷调查,大多数学生认为《海洋科学入门实验》课程虽好,但课时偏少,特别要求多安排野外实习和实践的次数,增加动手机会。我们认为,可以在第四单元海水化学实验让学生自己配溶液和试剂,在实验原有的基础上提出开放性和设计性的要求,让学生自己去设计测量方法,观察现象,以满足兴趣浓厚、学习基础好的学生得到更多和更高层次的训练。第三单元海洋调查方法的一些仪器设备无法直观了解,应利用多媒体教学,通过图片展示和实物观察,增进学生对海洋科学的感性认识,加深印象。

我们希望把"走进海洋"实验技能大赛继续举办下去,进一步改进竞赛细节,完善各个环节;同时开展海洋科普系列讲座。希望通过竞赛,让学生能真正品尝到海洋科学知识的大餐,海洋科学素质有质的飞跃。

Centering on Practice Ability to Carry out Interdisciplinary Quality Education on Marine Science

Zheng Airong, Guo Limei, Liu Lihua, Liu Ruihua

Abstract: To satisfy the need of development of marine cause in our country, the higher education for qualified marine scientists may carry on interdisciplinary quality education on marine science to university students except increasing the number of students and improving the quality of education. National Experimental Teaching Demonstration Center of Marine & Environment Science conducted interdisciplinary quality education about marine sciences through setting up courses of "Marine Sciences Elementary Experiment" and the Competition of "Experiment Technology for Understanding Ocean". The processions of this practice were introduced to share experience of teaching and increase the quality of student about marine sciences.

Keywords: interdisciplinary quality education; marine sciences elementary experiment

(郑爱榕:厦门大学国家海洋环境科学实验教学示范中心教授 福建 厦门 361005)

Analysis on the Construction of Teaching Team in the Oceanography

王　辉　王秀芹 ■

Abstract: This paper introduces the effectiveness of team-building of the state-level oceanography course and its role in promoting the teaching of oceanography. The experience in the construction of teaching team is shown here. The teaching team of oceanography is formed in optimization by the members from different specialties, in which the teachers' level is reasonable and well-functioned. Regular seminars and meetings in teaching are held to provide extensive opportunities for communication among teachers, who make use of a variety of training and learning chance to study the advanced experience and open ideas. All kinds of ways are utilized including the demonstration teaching, the exchange teaching and discussion of lesson plans, etc. to study the effect and tutorial in teaching. Teaching philosophy is constantly updated and teaching methods are improved, which promote the education, the construction and development of curriculum and teaching quality. The construction of the teaching team has a good role in teaching promotion. Furthermore, it leads other disciplines in marine science courses to have seminars in the form of teaching to improve the quality of teaching, training and other issues.

Keywords: teaching team; oceanography; teaching role

Oceanography is an important and professional basic course in the disciplines related to marine science and marine technology. It is an introductory course for students who are doing marine research. The result of teaching has a great impact on students. Therefore, the formation of a stable, motivated teaching team will be of great effect in oceanography.

Ⅰ. Construction of the teaching team

It is our mission of teaching for the higher education, which is the basic principle for the survival of universities. Since 2003, the Ministry of Education launched the assessment of Undergraduate Education, which greatly promoted the reform of university teaching, teaching construction and management, and also contributed to our teaching team to improve the quality of teaching.

At present, our teaching team in oceanography has been formed 3 stable groups, which are a teaching group, a materials-compiling group and an instructor-guiding group. The teaching group is responsible for teaching oceanography (I, II, III) for the undergraduate students, which builds foundation of marine characteristics at Ocean University of China. The teaching materials-compiling group is mainly in charge of writing a new textbook. The instructor-guiding group takes charge of guidance of oceanography teaching, which is made up by the teachers who have strong academic attainments and higher teaching abilities to participate in curriculum development and teaching & guidance in order to ensure the quality of teaching. Three teams have different but clear responsibilities. The members of teams are overlapping and sharing the guidance to get development together.

The teaching group is the core in the team, in which Professor Feng Shi-zuo, the member of the Chinese Academy is the leader and middle-aged teachers are the backbone. The teaching team of oceanography has a reasonable degree structure (PhD, Master and Bachelor), age structure (old, middle and young ages), and the title structure (professors, associate professors and lecturers). Team members have different academic backgrounds, which are beneficial to make up interdisciplinary knowledge for each other to generate new ideas. Thus, the teachers' level is reasonable and the formation of the members is optimized, which is better for the long-term development.

II. Promotion in teaching role on the construction of teaching team

The teaching team in oceanography focuses on the training of teachers under the guidance of the instructor-guiding group. The main teachers in the teaching group have very serious teaching attitude and pay much attention on high-quality teaching and training. For the young joined teachers, other members of the team pass on experience to them and provide them accumulated teaching materials and achievements free of charge. They are also encouraged to be the teaching assistants for the backbone teachers.

The teaching team organizes various seminars and meetings to analyze and discuss the position of the oceanography course, syllabus, teaching plans, lectures' contents, the order of the chapters, the difficulties and teaching methods chapter by chapter and section by section. The experts in the instructor-guiding group give a strict inspection on the course content, particularly for the important and difficult parts. They also demonstrate the effective teaching methods. Young teachers regularly give lectures to those experts, who can have instruction in the teaching content, teaching ways, and even voice tone, also encourage young teachers to participate in various forms of scientific and academic activities to enhance their personal knowledge. Under older teachers' words and deeds, young teachers improve their individual teaching quickly with hard working and positive attitude.

Further the teaching team shares a large amount of pictures, animation etc. in the multimedia course to increase much information for students to enhance understanding. All teaching materials are open for use in the team.

After many years of practical experience, the teaching team in oceanography gets stronger under the enthusiastic support of all staff. The teaching skills have been upgraded, and the young teachers' abilities are growing. A wealth of teaching materials has been accumulated.

Ⅲ. Summary and discussion

In recent years, the teaching team in oceanography seeks how to effectively improve the classroom-teaching and how to effectively carry out high quality training for the people with special skills. A number of teaching systems have been developed independently in supplementary with the teaching and revised during the teaching. The team participates in a number of national education research projects and hosts a number of intramural educational reform issues. They are all helpful in improving the teaching.

The teaching team not only effectively enhances the team members' personal qualities and academic teaching, but also draws attention of national oceanography teaching and leads to other research and curriculum development. The team takes the lead and plays a good role in promoting the undergraduate teaching.

The members of the team still make use of a variety of training and learning opportunities to study the advanced experience and open ideas. Teaching philosophy is constantly updated and teaching methods are improved，which promote the education.

However，there are still some issues which should be considered. As the number of the students is increasing year by year，the shortage of faculty members is a big problem. The big pupil-teacher ratios weaken the effect of learning. The teaching will occupy much time，and lessen the time in research，which bring a vicious circle in the long run.

（王　辉:中国海洋大学海洋环境学院讲师 山东 青岛 266100）

第三部分

我国水产高等教育的历史沿革与战略转型*

宁 波

摘要：20世纪初，为维护海权，清政府与国民政府开始发展水产教育。新中国成立后，从1952年起陆续建立上海水产学院等若干水产高校，并学习苏联水产高校经验，逐步建立中国水产高等教育的主要格局。经过几十年发展，成就斐然。20世纪末，为适应海洋产业等发展需要，中国的水产高校先后更名为海洋大学，由单科性水产高校转型为综合性海洋大学。为有效构建海洋高等教育体系，今后海洋高等教育宜走高起点、国际化办学之路，建立政府、高校和社会之间的良性互动关系。

关键词：水产高等教育；海洋高等教育；水产业；海洋产业；转型

20世纪初，为维护岌岌可危的海权，清政府与国民政府先后学习日、美等国经验，开始举办水产教育。1952年，新中国陆续建立上海水产学院、舟山水产学院等若干本科水产学府，并学习苏联经验逐步建立起我国的水产高等教育体系。经过几十年努力，我国的水产高等教育为发展中国水产业、解决中国人"吃鱼难"问题做出巨大成绩。20世纪末，随着海洋产业的迅速崛起，水产高校先后更名为海洋大学，由单科性水产高校向综合性海洋大学转型。

一、水产高等教育的发端

中国渔业历史悠久，然而受几千年封建社会"以农为本"思想的影响，中国的水产教育却起步较晚。及至清末，由于海权旁落，有识之士提倡教育救国、实业救国，水产教育始被提上日程。

1903年，状元、翰林院编修张謇（字季直）考察日本，对日本的水产教育深有感触。1904年有感于"渔权即海权"，张謇遂向清廷提议创办江浙渔业公司，并"建立水产商船两学校"。[1]清廷筹办水产教育，"盖因此项人才，可以移作商船及海军之用也。"[2]1911年孙凤藻在天津创办中国第一所水产教育机构——直隶水产讲习所，旋改为河北省立水产学校，设渔捞、制造二科。1912年，毕业于东

---

* 基金项目：上海市教育委员会科研创新项目（09YS287），2012上海高等教育085工程建设项目。

注：本文曾发表于《上海海洋大学学报》2011年第3期，此次略有修改。

京水产讲习所的张镠在吴淞创办江苏省立水产学校,设渔捞、制造二科;1921年该校创办我国第一个养殖科。1915年,赵楣在临海创办浙江省立甲种水产学校。1920年,福建集美学校添设水产部,冯立民任主任。1923年,尉鸿谟在烟台创办山东水产讲习所。1924年,奉天省立水产中学在营口成立,1928年改为辽宁省立水产高级中学。1929年,广东水产试验场设立水产讲习所,由场长陈同白兼任所长。1931年,江苏在连云港东海中学创办渔村师范科,王珏任主任。1934年改称江苏省立连云水产职业学校,由王刚任校长。

抗战期间,"沿海各校,或毁于战火,或被迫停办,仅集美广东二校,迁地开学,得以幸免"。[3]如江苏省立水产学校,"校舍及各项设备毁于炮火者,据称几达20万元之巨,元气大伤"。[4]国民政府内迁后,经江苏省立水产学校校友会等提议,1939年在合川国立第二中学设水产部,由陈谋琅任主任。1942年经国民政府参政会参政员黄炎培等建议,1943年起水产部独立设置为国立四川水产职业学校。抗战结束后,沿海各省水产学校陆续恢复,又在台湾成立基隆水产职业学校和高雄分校、澎湖水产职业学校。

1949年以前,综计"全国共有大、中级水产学校约10所,共培养出毕业生3000人左右。"[5]从1904年到1951年,是我国水产高等教育的启蒙期,为我国水产高等教育奠定发展基础。

二、水产高等教育的发展

20世纪20年代,中国水产高等教育开始起步。1924年和1925年,江苏省立水产学校先后设立航海专科、远洋渔业专科,是为水产高等教育之嚆矢。1927年,江苏省立水产学校成为第四中山大学农学院水产学校,归高等教育处管辖,改为正式专门学校。1929年,河北省立水产学校升格为河北省立水产专科学校;1946年山东大学设立水产系,是我国第一个大学本科水产系。

1930年,侯朝海、张元弟、陈谋琅、李安人、尉鸿谟、陈同白在《河南教育》联合发表《对于全国水产教育之建议书》,认为水产教育应该培养中央及各省水产方面急需之专门人员,谋本国重要水产人员之集中,聘用德、法、挪威、丹麦等国水产专家任教,以海军教育训练水产学生,水产教育经费较普通教育经费之标准稍高,规定水产教育经费占教育经费比例及规定留学生水产科之学额、注重渔民教育等。他们还建议"大学中应设水产科,或先设水产专修科","在国立大学中先在吴淞同济大学内筹设,次于广州中山大学,沈阳东北大学添设之",指出"按上海交通便利,实居全国水产区域及水产贸易之中心……宜即设水产科或水产专修科,以作全国水产学术机关之中枢"。另建议"应设国立水产专修科学校一所,以造就关于水产之行政、教育、调查、实验等之高级专门人员,地点以青岛最为适宜,"因为青岛渔业设施"均早经德日二国办理完全,虽在全国之地势次于吴淞,而局部环境在今日教育水产技术人员,实为相宜"。[6]1931年,侯朝海又在《中国建设》发表《中央及各省应有水产教育设施》一文,进一步详细阐述了对全国水产教育建设的思想。[7]

然而,在过去虽然有详细、周全的水产教育规划,其实施却困难重重。且当时水产教育大多学习日本。由于日本水产教育缺乏理论深度,应用技术也局限于当时日本需要,造成渔业生产长期"重海洋、轻淡水,重捕捞、轻养殖,重生产、轻加工"的经验教训。[8]

1949年以后,人民政府重视水产教育事业,于1952年组建成立中国第一所本科水产学府——上海水产学院,设置海洋捕捞、水产养殖、水产加工工艺、水生生物、航海5个本科专业。

20世纪五六十年代,上海水产学院聘请苏联、日本专家讲学,培养水产高等教育师资,与山东大学水产系一起翻译苏联米高扬渔业工学院、海参威远东渔业工学院、莫尔曼斯克航海学校等高校的教学计划、教科书等,拟定全国高等水产学校8种统一教学大纲,率先在全国开设一系列水产类课程。1972年,上海水产学院搬迁至厦门集美办学,易名为厦门水产学院。1979年经国务院批准,在上海原址恢复上海水产学院,在厦门保留厦门水产学院。

1958年,舟山水产学院在浙江创建。同年,大连水产专科学校成立,并于1978年升格为大连水产学院。1959年,山东海洋学院以山东大学水产系等机构为基础创建。该校除举办海洋高等教育外,仍继续水产高等教育事业。1960年,由广东水产学校、暨南大学水产系组建成立广东水产专科学校,后陆续并入华南工学院湛江分院、湛江水产专科学校、广东省立海事专科学校,终于1979年升格为湛江水产学院。

此外,除水产专门院校外,华中农业大学、南京农业大学、苏州大学、西南大学等数十所高校,中国水产科学研究院及下设研究所,中国科学院水生生物研究所、海洋研究所,国家海洋局一、二、三海洋研究所,也陆续举办水产高等教育。

台湾的水产高等教育,发端于1953年台湾海事专科学校渔捞科。1967年8月,高雄海事专科学校亦开办水产高等教育。后台湾海事专科学校发展为台湾海洋大学,高雄海事专科学校发展为高雄海洋科技大学。台湾未建立专门的高等水产院校,其水产高等教育由海洋类高校以及台湾大学、成功大学、中山大学、东海大学等承办。

从1952年到1996年,是我国水产高等教育的发展期。期间,除建立5所专门水产院校外,还形成数十家大学、研究所等举办水产高等教育的格局,是水产高等教育迅速发展、成熟的时期。

三、水产高等教育的转型

20世纪末,随着海洋产业的兴起,水产高等教育开始向海洋高等教育转型。其标志是水产高等院校从20世纪90年代开始陆续更名为海洋高等院校。

(一)水产高等院校的更名

自《联合国海洋法公约》生效后,海洋高等教育引起越来越多国家的重视。这成为促使水产院校更名为海洋院校的重要诱因。

1997年,湛江水产学院与湛江农业专科学校合并成立湛江海洋大学,再于2005年更名为广东海洋大学。1998年,浙江水产学院与舟山师范专科学校合并组建浙江海洋学院,此后陆续并入舟山卫生学校、浙江水产学校、浙江省海洋水产研究所、舟山石化学校、舟山商业学校等。

1959年1~5月,上海水产学院曾提出拟建上海海洋学院的设想,但未能实施。20世纪90年代中,上海水产大学校内再次掀起更名为上海海洋大学的呼声,仍未能取得共识。

2003年10月,东京商船大学与东京水产大学(前身为1888年成立的东京水产讲习所)合并成立东京海洋大学,设有海洋工学部、海洋科学部与大学院。东京海洋大学的成立,使具有悠久历史的东京水产大学成为历史。这给国内水产高校带来一场冲击。

受此影响,上海水产大学校内赞成更名为上海海洋大学的呼声渐成主流。2007年5月12日,上海水产大学召开发展战略研讨会,有近100位海洋、水产领域的领导、院士和专家参加,建议学校更名为上海海洋大学。2008年3月,经上海市政府申请,教育部批准,上海水产大学更名为上海海洋大学。2010年1月,最后一所本科水产学府——大连水产学院,也经教育部批准更名为大连海洋大学。至此,以水产命名的高等水产院校全部更名为海洋大学(学院)。表1列出了水产高校更名为海洋高校的情况。

表1 水产高校更名为海洋高校一览表

现名	原名	更名时间	前身	前身创办时间
广东海洋大学	湛江水产学院	1997年	广东省立汕头高级水产职业学校	1935年
浙江海洋学院	浙江水产学院	1998年	舟山水产学院	1958年
上海海洋大学	上海水产大学	2008年	江苏省立水产学校	1912年
大连海洋大学	大连水产学院	2010年	东北水产技术学校	1952年

(二)海洋高等教育的兴起

如果将水产、商船教育视为海洋教育的重要组成部分,我国的海洋高等教育始于 20 世纪初叶。如果以"海洋"正式称名起见,我国的海洋高等教育则起始于 1946 年。这一年,厦门大学成立海洋系,由留英博士唐世凤任主任;复旦大学成立海洋组,由留英博士薛芬任组长。[9]厦门大学至今仍是国内著名的海洋高等教育与科研机构之一。

1959 年,我国第一所专门海洋高等学府——山东海洋学院成立。1960 年,该校被确定为全国 13 所重点综合性大学之一。1988 年,该校更名为青岛海洋大学。2002 年 10 月再度更名为中国海洋大学。在原 5 所水产学府中,浙江水产学院、湛江水产学院、上海水产大学、大连水产学院 4 所陆续更名为海洋院校,厦门水产学院则并入集美大学。

除此之外,北京大学、清华大学、北京师范大学、中国地质大学(北京)、天津大学、大连理工大学、上海交通大学、同济大学、南京大学、河海大学、浙江大学、厦门大学、中国海洋大学、武汉大学、中国地质大学(武汉)、武汉理工大学、中山大学、江苏大学、宁波大学、集美大学、海南大学等高校,也举办海洋高等教育。

在台湾,海洋高等教育方兴未艾。1989 年,台湾海洋学院升格为台湾海洋大学,得到重点建设;2004 年,高雄海洋技术学院也升格为高雄海洋科技大学。如此,台湾一北一南,各自拥有一所著名的专门海洋大学。此外,在台湾大学、成功大学、中山大学、交通大学、东海大学等高校,也设立海洋科学方面的学科与专业。

从 1997 年起至今,是我国水产高等教育的转型期。期间,水产专门院校在内外因素驱使下陆续更名为海洋高校,使水产高等教育进入一个机遇与挑战并存的更高发展阶段。

四、水产高等教育转型的背景

水产高校陆续更名为海洋高校,是高等教育规律发展使然,也是实施海洋战略的需要。20 世纪末,海洋产业蓬勃兴起,海洋经济日趋繁荣,作为与海洋关系比较密切的水产高校,向海洋高校转型成为历史必然。概而言之,有以下原因:

(一)海洋产业发展需要

20 世纪末,资源、能源、环境等重大问题,以及全球化进程的飞速发展,使海洋在人类文明发展中的地位日益提高。"向海洋进军"成为 20 世纪 80 年代以来最响亮的口号,一场以开发海洋资源为标志的"蓝色革命"在世界范围内兴起。[10]在世界潮流面前,我国海洋产业也迅速发展,如"1980~1990 年,中国海洋经济以年均 17%的速度增长,进入 20 世纪 90 年代以后,更以年均 22%的增长速度发展"。[11]从 2006 年到 2009 年,海洋产业增加值平均达 10%左右,海洋生产总值占国内生产总值的比重由 4%上升为 10%左右。[12]2010 年全国实现海洋生产总值 38439 亿元,比 2009 年增长 12.8%。海洋生产总值占国内生产总值的 9.7％。其中,海洋一、二、三产业增加值分别为 2067 亿元、18114 亿元、18258 亿元。海洋经济三次产业结构为 5∶47∶48。[13] 如此发展势头,亟须大量海洋人才和海洋知识创新成果的支持。这客观上要求与之相适应的海洋高等教育体系。

(二)水产高等教育进一步发展的需要

在我国,"吃鱼难"曾是一个严峻的社会问题。1978 年 10 月 18 日,《人民日报》发表社论《千方百计解决吃鱼问题》;1979 年 2 月 27 日,《财贸战线》发表社论《大力发展水产养殖事业》。而今由于水产高等教育和广大水产工作者的努力,中国水产业已斗转星移。中国水产品总产量从 1989 年起一直位居世界第一。"中国是世界第一渔业大国,水产品总产量约占世界的 35％,其中养殖产量占世界的 64％。"[14]

然而到 20 世纪末,我国水产品量的增长已基本达到饱和,从 2004 年至 2008 年,我国的渔业经济总产值增加值开始放缓,由 2004 年的 15.98％降为 2006 年的 11.80％、2007 年的 11.99％、2008 年的 9％(2008 年全球爆发金融危机,因此下降更多)[15]。这一方面促使水产业的一、二、三产业结构不断优化,促使水产业由粗放型向集约化转型;另一方面经济全球化又促使水产业进入海洋产业大格局,融入水产品国际贸易体系,水产业发展与国际政治、经济、金融等大环境更加密切。因此,传统水产高等教育已不适应培养厚基础、宽视野,创新型、复合型,现代化、国际化人才的需要,亟须向海洋高等教育转型。

(三)适应现代海洋社会建设需要

随着海洋时代的到来,人们因为海洋而产生的各种互动关系、利益纷争和文化冲突,更趋频繁、复杂和富有挑战性。一个富有海洋特征的社会形态——现代海洋社会轮廓凸显。在现代海洋社会中,人们的互动关系与陆地上相比将大不相同。与海洋霸权时代的海洋社会不同,现代海洋社会的主要发展趋势是求同存异,进一步促进国与国之间加强理解、沟通与合作。如对于索马里海盗,许多利益相关国家纷纷采取合作态度。当然,在现代海洋社会同样存在纷争和强权,而解决这些问题需要有别于陆地生活的办法和智慧。中国作为一个海洋大国,在世界海洋社会中面临许多新问题、新挑战。对此,亟须发展与之相应的海洋高等教育。

五、海洋高等教育的发展策略

《国家中长期教育改革和发展规划纲要(2010—2020 年)》为高等教育规划了美好前景,也为海洋高等教育提供了机遇。目前,我国"已有中国海洋大学、上海海洋大学、广东海洋大学、浙江海洋学院和大连海洋大学等 5 所以海洋命名的高校,其他有涉海类专业的高校 60 所……此外,还有中国科学院海洋研究所、国家海洋局的 3 个研究所和海洋环境预报中心以及海洋技术研究所等海洋高等教育机构。"[16]海洋高等教育的整体格局已基本成型,其未来发展宜采取以下策略:

(一)走高起点与国际化办学之路

在海洋世纪举办海洋高等教育,需要更加开放的胸怀和长远的视野,走高起点、国际化发展之路。所谓高起点,就是在人才培养方面,要以国际化、复合型人才为培养目标,文理结合,融贯中西,熟悉国内外海洋产业发展态势和游戏规则,具有一定处理复杂问题的能力;在海洋基础科学研究方面,要进入世界前沿行列,能够产生重要原创型成果;在海洋技术研究方面,要进入世界一流水平,能为实施国家海洋战略提供技术支持;在海洋人文方面,能创造出一种富有感染力和吸引力的海洋文化形态,繁荣社会的精神文化生活。所谓国际化,就是大幅提高留学生占学生总人数的比例和外籍教师占教师人数的比例,经常举办国际学术文化交流活动,能不断涌现被国际认可的权威海洋科学家与成果。

(二)基础与应用学科并重

与水产学科不同,海洋学科是一个综合性学科,包括基础研究、应用研究、技术开发,既涵盖自然科学,也涉及人文社会科学。因此,发展海洋高等教育,需要一种综合化的眼光和跨文化的视野。上海海洋大学、浙江海洋学院、广东海洋大学、大连海洋大学,均从水产大学改制而来。因此,需要注意的是"更名"不仅仅是一个名称的改变,更意味着质的变化。水产业属于农业,故水产高校大多举办农学专业,并主要从事应用科学研究,服务的产业面比较狭窄;而海洋产业却与一、二、三产业均有密切关联,涉及学科门类更加多元,比如理学、工学、农学、法学、经济、管理等,因此海洋高校大多为综合性大学,既涵盖基础学科,也涉及应用学科。因此,完成更名是一个方面,在教育理念、学科建设、专业设置、人才培养模式等方面完成转变,才是重中之重的内容。当下,由于水产高校更名海洋大学时间均不长,即有思维惯性仍深刻影响着这些学校的发展。对此,海洋高校首先需要进一步解放思想,深化内涵建设。

(三)优化海洋高等教育结构

构建合理的海洋高等教育结构涉及区域布局、院校层次与学生结构。[17]所谓区域布局,即应在环渤海经济区、长江三角洲经济区、珠江三角洲经济区,各建设一所高水平的海洋大学。2010 年,这三个区依次分别实现海洋生产总值13271 亿元、12059 亿元、8291 亿元,分别占全国海洋生产总值的比重为 34.5%、31.4%、21.6%。[18]现代高等教育研究表明,区域发展离不开大学的作用,产业发展也离不开大学的贡献。对此,有必要科学布局,重点建设。

对院校层次,需构建合理的综合性大学、海洋大学、海洋高职院校的建设比例。院校结构以金字塔形比较合理,而目前是倒金字塔形。综合性、多科性大学举办海洋高等教育的数量处于绝对优势。这亟须改观。

在学生结构方面,应配置合理的博士、硕士、本科、高职学生比例。合理的学生结构,有利于海洋高等教育与产业、社会等发生良性互动。反之,则不仅不能有效促进产业与社会发展,反而会引发毕业生转行、用非所学等一系列问题。

(四)构建政府、高校与社会之间的良性互动机制

政府要通过政策、经费等大力支持海洋高等教育发展,通过宏观指导,引导海洋高等教育办出水平、办出特色,避免千篇一律按一个模式发展;海洋高校则要以国家海洋战略为指导,以服务经济社会为己任,努力培养海洋人才,开展海洋科学研究、知识创新与社会服务。就社会而言,要积极支持海洋高等教育发展,为海洋高等教育提供一个良好的外部环境。三者之间的互动应是交织的而非单线的,是立体的而非平面的,是积极的而非消极的。只有有效建立三方良性互动机制,才能有效促进海洋高等教育的健康发展。

参考文献:

[1] 沈同芳. 中国渔业历史[M]. 上海:上海江浙渔业公司,1906:35.

[2] 李士豪,屈若搴. 中国渔业史[M]. 北京:商务印书馆,1937:125.

[3] 王刚. 我国战后水产教育重建问题之商榷[J]. 水产月刊,1946(5):3.

[4] 唐道海. 视察吴淞省立水产学校报告[J]. 江苏教育,1936,5(7):151.

[5] 张震东,杨金森. 中国海洋渔业简史[M]. 北京:海洋出版社,1983:272.

[6] 侯朝海,张元弟等. 对于全国水产教育之建议书[J]. 河南教育,1930,2(19-20):169-172.

[7] 侯朝海. 中央及各省应有之水产教育设施[J]. 中国建设,1931,3(3):47-53.

[8] 张震东,杨金森. 中国海洋渔业简史[M]. 北京:海洋出版社,1983:280-281.

[9] 管秉贤. 薛芬先生和其创建的复旦大学海洋学组[N]. 中国海洋报,2006-08-01(4).

[10] 勾维民. 海洋经济崛起与我国海洋高等教育发展[J]. 高等农业教育,2005(5):14.

[11] 郑卫东. 发展海洋经济,建立海洋高等教育体系[J]. 高等农业教育,2001(3):14.

[12] 国家海洋局. 2006—2009 年中国海洋经济统计公报[EB/OL]. http://www.soa.gov.cn/soa/hygb/jjgb/A010906index_1.htm. [2010-09-06].

[13] 国家海洋局. 2010 年中国海洋经济统计公报[EB/OL]. http：//www. soa. gov. cn/soa/hygbml/jjgb/nine/webinfo/2011/03/1299461294189991. htm [2011-03-12].

[14] 韩英. 水产高等教育与现代渔业的发展[J]. 渔业经济研究,2008(3):31.

[15] 中国渔业年鉴(2004—2009)[M]. 北京:中国农业出版社,2004～2009.

[16] 吴高峰. 海洋高等教育发展:历史成就与发展方向[J]. 海洋开发与管理, 2010,27(7):56.

[17] 曹叔亮. 试论我国海洋高等教育宏观结构的战略调整[J]. 海洋信息,2009 (3):28-31.

[18] 国家海洋局. 2010 年中国海洋经济统计公报[EB/OL]. http：//www. soa. gov. cn/soa/hygbml/jjgb/nine/webinfo/2011/03/1299461294174181. htm [2011-05-10].

Evolution of fisheries Higher Education and Its Strategic Transformation in China

Ning Bo

Abstract：In the early 20th century, in order to safeguard the country's maritime rights and interests and to develop national fisheries industry, the government of Qing and the Republic of China, began to develop China's fisheries education. After the founding of new China, Shanghai Fisheries College and other fisheries colleges had been founded since 1952 in succession. In the 1950s and 1960s years of the 20th century, learning experiences from Soviet Union, the system of fisheries higher education had been established in China. After decades of development, the fisheries higher education had made great achievements in China. In the late 20th century, to meet the needs of the marine industry development, and the self-development needs of fisheries higher education, and the needs of building a modern marine society, the fisheries colleges and universities had changed their names to marine universities. The transformation had promoted the development of marine higher education in China. For the effective development of marine higher education, it was suggested to take higher starting point and the road of international education, and to build a good three-dimensional linkage mechanism between the government, marine universities and the society.

Keywords：fisheries higher education; marine higher education; fisheries industry; marine industry; transition

（宁　波:上海海洋大学海洋文化研究中心副研究员、副主任 上海 201306）

大学跨学科教育的现状与对策思考

宋文红 ■

摘要：学科从根本上说就是一种分门别类的知识体系，是教学与研究的基本组织，在高等教育系统的"工作"中具有核心地位。开展跨学科教育是知识发展既高度分化又高度综合的特征所要求的，也是世界高等教育发展的必然趋势。我国高校自20世纪80年代开始跨学科的教育探索，一些重点大学率先进行了有益的探索并取得了成效，但是面对解决现代社会重大问题对跨学科人才的迫切需求，急需深化改革。本文就中国海洋大学的跨学科教育提出了五个方面的解决对策。

关键词：大学；跨学科教育；现状；对策

开展跨学科教育是知识发展既高度分化又高度综合的特征所要求的，也是世界高等教育发展的必然趋势。我国高校自20世纪80年代即开始跨学科教育探索，重点大学率先进行了有益的探索并取得了成效，但是面对解决现代社会重大问题对跨学科人才的迫切需求，急需深化改革。《国家中长期教育改革和发展规划纲要（2010—2020年）》针对高等教育提出："提升科学研究水平，发挥高校在国家创新体系中的重要作用。……推动高校创新组织模式，培育跨学科、跨领域的科研与教学相结合的团队。促进科研与教学互动、与创新人才培养相结合。"本文针对中国海洋大学的跨学科教育现状，提出了五个方面的对策建议。

一、学科、跨学科与跨学科教育

学科一般被认为是学术的分类、教学的科目。[1]学科的英文 discipline，源于拉丁文 disciplina，原意是知识（知识体系）和权力（孩童纪律、军纪）[2]。学科也是"知识—权力"体制的构成，它首先聚集起了一个以研究者为中心的研究社群，是一种高度制度化的学科规训形式，当然并不是囿于一所大学的社会形式。"学科明显是一种联结化学家与化学家、心理学家与心理学家、历史学家与历史学家的专门化组织，它按学科，即通过知识领域实现专门化。"[3]学科建立就意味着划定了知识生产地盘，学科成为知识生产的组织结构。从根本上说，学科就是一种分门别类的知识体系，教学与学术研究的基本组织，在高等教育系统的"工作"中具有核心地位。具有近代意义的中世纪大学诞生的一个主要标志就是学校拥有医学、法学、神学等多个高级学科及其"高等部门"——学院。

学科的发展是知识发展和分化的结果。各门学科所构成的人类知识体系，从起源上看都是哲学的一部分，是依其复杂程度逐渐从哲学中分离出来的。如天文学和力学研究比较早地从哲学中分离出来，复杂的生物学、心理学等比较晚才分离出来。在20世纪的上半叶，学科的不断分化和研究的不断深入，极大地推动了社会的发展。到了20世纪下半叶，学科发展的交叉、渗透与综合，自然科学与人文社会科学联合攻关、协同作战，又为解决复杂的社会问题作出了贡献。进入21世纪，学科发展进一步呈现交叉与综合的趋势，社会问题的解决亦更依赖于不同学科的携手联合。如人类社会当今所面临的环境保护、能源开发、空间利用、海洋探索等重要问题，虽然是从自然科学角度提出，但不可避免地涉及很多社会问题，而且是全球性的。同样的，从社会科学角度提出的人口控制、城市管理等问题的解决，也需要运用自然科学的方法进行研究。由此，一系列的交叉学科，如物理化学、生物化学、社会心理学、文化人类学等学科专业如雨后春笋般纷纷产生了。还有现代大学里开设的城市规划学科、环境科学学科等也是以学科群为特征的跨学科教育。"即使是在今天看来普遍被视为一门独立专业和学科的遗传学，也是吸收了动物学、植物学、农学、细胞学、生物化学、辐射物理学和一些别的'专业'和'学部'参加的'跨学科'的领域；像信息论、控制论、一般系统论、生物物理学、比较文学等这样一些领域，更非那些只懂得某些单一专业的'专家'所能为之。"[4]跨学科与跨学科教育等概念就是在此背景中出现并引起高度关注。

跨学科顾名思义是涉及两门以上的学科，跨学科教育则是运用或融合两种以上学科知识与方法进行教学或研究的活动。近年来一大批使用跨学科方法或从事跨学科研究与合作的科学家陆续获得诺贝尔奖，证明了跨学科研究的重要性及其无限生机，也表明了跨学科人才培养的迫切性。特别是在人类文明的两翼——科学与人文的关系上，始终有不和谐的声音。如英国学者斯诺（C. P. Snow）就认为："两种文化"的分裂（科学与人性、技术与历史、自然科学与社会科学以及诸如此类的对立）对社会是一种损失；一个人文学者不懂得热力学第二定律好比一个科学家没有读过莎士比亚；文化的分裂会使受过高等教育的人再也无法在同一水平上共同就任何重大社会问题开展认真讨论。[5]一般系统论的创始人——贝塔朗菲认为，现代的专家教育显然已接近了报酬递减率（diminishing returns，即资本和劳动量增加到一定程度时，单位生产的增加量不随资本和劳动力而增加，反而递减）的顶点，专业化教育的增长已不能使科学技术同步增长，应该架设桥梁，使得两种文化在大科学时代充分沟通。[6]1990年，时任美国卡内基教学促进基金会主席的博耶指出："学科之间的界限正在变得模糊，学者的认知图式也在发生变化,当今学术界的某些激动人心的研究工作发生在像语言心理学、生物工程学这样的交叉学科领域。"[7]

总之,跨学科教育的产生既是大学学科专业发展的内在逻辑所致,又是科技、经济和社会发展对人才的多方面要求所致。跨学科所具有的"学科理论兼容性、学科交叉群体性及学科社会应用性等学科属性"[8],使得跨学科教育成为当今新型的教育范式,也呈现出世界高等教育和教学改革的一个重要趋势。

二、中国大学的跨学科教育探索

自 1926 年美国哥伦比亚大学心理学家伍德沃思(R. S. Woodworth)提出跨学科概念后,跨学科教育引起美国教育界的高度关注。如美国教育史上规模最大、意义最为深远的综合课程实验与教育评价实验——"八年研究"就是从 1931 年起开展的遍及全国的经典性综合课程实验。共有 300 多所大学、30 多所中学参与了实验,得到数以万计的参与人员密切配合。这套新的课程体系的宗旨是:强调学生的认知和情感相互协调的完人发展;寻找打破学科之间界限的办法,建构以综合课程为主的课程体系;建立一种师生合作的教学制度,鼓励学生的自我指导,提供个别化教学,等等。[9]近些年,欧美发达国家中的一些高等学校开始实施跨学科人才培养模式(Interdisciplinary Program),如通过跨学科课程模式提高学生解决综合问题的能力,通过跨学科学位模式培养跨学科人才,以促进人文教育和科学教育相融合。更重要的是通过培养那些既知道在科学意义上"如何做",还知道在人文意义上"为什么做"的科学帅才和懂得科学的社会价值的人,以造福人类社会。[10]

中国大陆的高校在新中国成立之后的 20 世纪 50 年代开始全面学习前苏联的教育模式,实行的是高度统一的专业化人才培养模式:统一的培养目标、专业设置、教学计划、教学组织形式、教学环节和教材。20 世纪六七十年代,教育特别是高等教育因政治因素而成为重灾区,与世界高等教育的差距拉大。直到改革开放以后,高等教育改革与探索不断深化,跨学科教育的探索就始于 20 世纪 80 年代,1985 年曾召开首届交叉科学学术会议进行研讨。高校此后开始强调厚基础、宽口径的培养方式,通过打通专业基础课、按照大类招生、课程设置的多学科性和灵活选择性,培养具有良好素质与综合能力的人才。进入 21 世纪后,社会对高层次创新人才的需求日甚,开展跨学科教育成为高校探索创新人才培养的重要模式。

中国海洋大学也是在 1980 年代开始推进教学改革,施行了学分制,鼓励学生跨学科跨系选修课程;1990 年的教学方案就明文规定文理间学生应相互修习的学分要求,针对学校是理科学生为主的特点开设汉语写作、语言表达课程,还针对学校的特色面向全校学生开设《海洋学》《海洋文化概论》等，同时实行了主辅修制、双学士学位、创新学分制度等进行跨学科人才培养的实践探索。进入21世纪，特别是2003年本科教学运行新体系实施以来，不分年级、不限专业的开放式选课系统，为学生跨学科自由学习和个性发展提供了广阔的空间，开拓了辅修/双专业培养的新模式。

武汉大学2001年明确提出了实施"跨学科人才培养计划"，培养具有创新、创业和创造能力的"三创型"复合人才。首先开展了跨学科人才培养的理论研究，推出了系列研究成果，同时创办世界经济中法双学士学位试验班、人文科学试验班、数理经济与数理金融试验班、世界历史试验班、WTO第二学士学位试验班、中西比较哲学试验班、中法合作法语—法学双学士学位班、国学试验班、中法临床医学试验班、材料科学与技术试验班等十个跨学科培养试验班。以加强学科间横向联系和多学科联合培养跨学科人才为导向，进行了全校范围的学科、专业调整。增设信息安全、金融工程、电子商务等十余个跨学科的专业。同时还组建了生物伦理学等多个跨学科研究中心，为跨学科人才培养的研究提供了灵活多样的平台。通过加大通识教育课程建设力度，使学生都能具有跨学科和多学科的知识背景。[11]

还有一些高校从跨学科研究着手，进而推进交叉、复合人才培养。如清华大学在2004年顺应跨学科趋势，对科研体制进行了改革，强调突破学科界限、发展交叉学科和新兴学科，以及推动学科交叉集成的科学研究，致力于主动突破所在院、系的界限，积极促进跨学科领域的学术交流和科研合作，并有重点地支持和建立若干跨学科研究中心。北京大学在重视基础研究的同时，大力开展应用研究，特别是多学科、跨学科的研究，设有前沿交叉学科研究院，其基本任务是组织跨学科的学术交流、开展跨学科的科学研究和培养交叉学科的优秀人才。浙江大学和南京大学也都组建了多个多学科联合的跨学科研究中心，以促进高校新兴边缘学科和整个科研工作的发展。电子科技大学积极开展跨学科和交叉学科的研究平台建设，组建了对地观测技术研究中心、卫星导航技术研究中心和航空电子技术研究中心三个跨学科研究中心，整合校内资源，加强学科交叉和人才会聚。[12]

虽然，重点大学的跨学科教育和研究上取得了一定成效，但存在的突出问题如下：

一是对传统的专业性人才培养模式的固守，使得跨学科教育多局限在试点层面。高校是通过专业教育培养高级专门人才的地方。为此，许多人就将其固化在专业性人才培养上，人为地建立了森严的学科专业间的壁垒，甚至于忘记了教育的培养全面和谐发展的人的终极目的。目前，高校里单一学科的人才培养模式仍占据着绝对的地位，而跨学科教育只是某些学校的一些教育试点，并没有普遍得到认可和推广,固化的学科界限难以突破。在教师和学生的观念中,依然固守着在未来职业选择中专业对口的观念。这一观念使得一些学生在专业和课程选择中都抱着实用的目的,缺少全面和长远的规划。

二是由于专业组织的实体化、学院化,使得学科专业缺少交叉性和综合化。伴随着高等教育的大众化发展,我国高校动辄学生数万,学院一二十个,涉及理、工、文、经、管、法等多学科范畴。多学科的设置原本是有助于跨学科教育的开展的,但是由于专业组织的实体化、学院化,学院内的学系设置和学科分布分散,学科专业缺少交叉性和综合化。以研究型大学为例,所设置的学院数量平均达19.7 个,而国外大学在一个学院内更强调学科设置的综合化,强调学科的交叉与融合,已不再按二级学科设立学院,69.7%的学院是按照学科门类或学科群设立的,30.3%的学院是按照一级学科设立的;而我国只有 27.7%的学院是按照学科门类或学科群设立的,66.1%是按照一级学科设立的,还有 6.2%是按照二级学科设立的。[13]

三是跨学科教育的重点在课程设置的综合化,但尚未推出重大的课程改革方案。在学校层面除了所要求的通识类课程,难以见到跨学科的专业层面的课程。已有的跨学科教育探索多是针对优秀的学生。因为,得到专业学位必须修读一定学分的课程,无论主辅修、双学士学位的修习,还是跨专业的课程选修,都需要较多的精力,也只有那些学有余力者才可能受益。又由于学生入校前的文理分科,就更难以实施理工与人文社科的跨学科教育。课程建设尚缺乏让所有学生受益的内容,缺乏一些基于实验和推广价值的国家标准与举措。美国除了"八年研究"计划,还有在里根总统时期推出的由美国促进科学协会制订的《普及科学——美国 2061 计划》,主旨是普遍提高美国基础教育阶段的数学、科学、技术等核心课程的教育质量。① 美国高校普遍设置了跨人文与自然科学、人文与技术科学、人文与社会科学等新学科与综合课程。牛津大学现有 1/3 以上的课程是由两种以上科目结合而成,如哲学与数学、经济学与工程科学。[14]

三、大学开展跨学科教育的对策建议

跨学科教育的开展有多种模式,各个大学所要解决的问题也不尽相同。笔者针对中国海洋大学的教育现状,借鉴与海大一样创建于 1924 年的杜克大学(Duke University)的经验提出五个方面的解决对策建议。

---

① 该计划的期限是从 1985 年至 2061 年。选择这个期限的缘由是:哈雷彗星曾于 1985 年接近地球,2061 年哈雷彗星将再次接近地球;1985 年刚踏入学习生涯的美国孩子,将于 2061 年再次见到哈雷彗星接近地球;在这为期 76 年的时段里,拟给这一代美国孩子以居世界前列的数学、科学、技术教育,并指望他们尔后带着世界领先的科技业绩于 2061 年再次迎见哈雷彗星。

1. 进一步审视学校定位和人才培养目标，制定与实施跨学科教育配套的政策和计划

中国海洋大学的发展目标定位是"世界知名、特色显著的综合性、研究型高水平大学"；人才培养目标定位是"培养德智体全面发展，具有民族精神和社会责任感、具有国际视野和合作竞争意识、具有科学精神和人文素养、具有创新思想和实践能力的高素质创新人才"；以培养"胜任国家海洋科学技术和管理领域工作、满足国家海洋事业发展需求的各类人才"为学校的神圣职责和特殊使命。为此，可借鉴世界知名大学的发展经验，制订具有自身特色的跨学科教育计划，特别要明确在特殊使命完成中的作为。

如美国杜克大学之所以能在较短时间内实现跨越式发展，重要原因就在于其科学规划和创新思路。在杜克大学的教育理念里有六个永恒的主题：国际化、多样化、跨学科、知识服务社会、以人文社会科学为中心和入学机会平等。20 世纪 90 年代，杜克大学为了加强对跨学科研究与教学的支持，相继提出了"跨越壁垒：90 年代跨学科规划"、"杜克计划：杜克在 21 世纪的定位"和"规划我们的未来，一所新世纪的年轻大学"等发展计划。继 2001 年的"铸就卓越"计划之后，目前杜克大学正在实施的是在 2006 年制订的"与众不同"计划。[①] 这一个个接踵而至的发展规划和在跨学科研究与教育上的突破，为杜克大学的跨越式发展提供了强劲的助推力。

2. 以与学校同成长共发展的理念，强化教师发展工作，重构教授工作内涵和评价体系

跨学科教育实施的重要依托是广大教师。跨学科教育的特点是开放和包容性、团队协作性、综合化与个性化融合等。教师自身是否具有这种意识和能力对人才培养工作极为重要。博耶对大学教师作为学者所做的工作进行了重构，指出：在高等教育的使命越来越多样化的今天，教授的工作可以有四个不同而又相互重叠的功能，即发现的、综合的、应用的与教学的学术水平。其中，综合的学术水平，"就是要建立各个学科间的联系，把专门知识放到更大的背景中去考察"。没有广博知识的专门化有成为书呆子的危险。重构教授的工作对于推进跨学科教育的开展有着重要的意义。面对大学所担负的人才培养、科学研究和社会服务三项基本社会职能，要以与学校同成长、共发展的理念，强化教师发展工作，帮助教师重新审视自己的工作内涵、制定科学的学术评价体系，避免跨学科领域和

---

① 本文有关杜克大学的资料，均来自：饶燕婷. 美国研究型大学的教育改革与创新——以杜克大学为例. 比较教育研究，2008（9）. http://www. provost. duke. edu/index. html；http://www. provost. duke. edu/dfs/univupdateII. pdf。

传统学科的竞争在聘用教师和晋升教师职位时的困难,以及学院的边界对合作与综合设置的障碍。

3. 在学校培养方案修订中,深化课程体系改革,促进通专结合和跨学科教育

课程是实现学校教育目的的手段,课程与课程建构在跨学科人才培养中居于核心地位。应给予高度重视,精心设计学校的培养方案。一直以来,大学关于通识教育与专业教育之争,往往是集中于对课程设置广度与深度之间的争论,这要通过转变观念和深化课程改革两个方面入手,在本科专业课程总量的限制中,关照新学科、新知识和各种能力要求的变化,避免课程体系的支离破碎,增强课程间的相互联系及其综合化。我们还特别应积累在"海洋生命科学与技术跨学科人才培养创新实验区"人才培养模式创新实验区等建设中的经验,探索具有海洋特色的跨学科教育课程设置方式和方法。

杜克大学提出的"课程2000"改革计划是个非常好的借鉴。该计划从综合性的教育目的观出发,制定了一个课程框架,使知识领域、探究方式、重点探究和能力培养这四个教学目标结合起来,要求所有本科生在文学艺术、社会文明、社会科学、自然科学与教学这四个知识领域各学习三门课程,同时强调每门课程的教学应该融合以上几个教学目标。这种全新的课程设置建立了通识教育课程与专业课程相互关联的课程结构,将通识教育课程融入专业课程中,实现了通识教育与专业教育的有机结合,同时也实现了知识的广度与深度的平衡。

4. 设置专门的跨学科研究或管理机构,通过经费支持等推动跨学科教育的探索

由于教育是因变量,而非自变量,总是需要在外界压力下不断对自身进行调整,以适应社会需要。因此缺少政策支持和外力推动,就会使教育改革和发展举步维艰。特别是在改革的初期阶段,经费短缺就会成为重要的制约因素。设置专门的跨学科研究或管理机构,建立与跨学科人才培养相配套的教学制度、导师制度、研究性教学制度,设置跨学科专业,对此类探索给予经费上的大力支持,推动学校的跨学科教育从"自为"走向"自觉",更有效地开展有计划、有目的的教育活动。

美国高校通过建立跨学科的课题实验室、研究中心、跨系委员会等多种形式来协调跨学科的教学和科研工作。再以杜克大学为例,为提高应对现代学术挑战的能力,学校在管理上给予跨学科研究的大力支持,1998年就成立了跨学科副教务长办公室,旨在改善跨学科机构的管理,激励跨学科研究和培育跨学科研究中心。主管副教务长负责监督跨学科研究中心和机构的成立与评估,并通过网络向教师和学生提供各种跨学科资源和信息。跨学科管理小组成员定期开会,分享管理经验,相互交流学习。此外,跨学科副教务长办公室还参与学校的改革,负责提供建设性的意见和建议,变革阻碍跨学科与跨学院合作的政策、体

制和机制。通过设置这种专门的跨学科研究管理机构,杜克大学从组织和人员配备上保证了跨学科研究的顺利实施。在 2001 年"铸就卓越"计划实施期间,杜克大学投资约 9000 万美元,成立了 13 个"跨学科科研创新项目",这些项目包括:生物生成材料和材料系统中心、儿童与家庭政策研究中心、环境问题研究中心、全球演变研究中心、理工科计算机支持中心等。

5. 进一步完善本科教学运行新体系,探索海洋跨学科高层次创新人才的培养

学校自 2004 年开始实施的本科教学运行新体系,具有自适应性和可持续性发展的特点,有助于学生"自主性、动态、柔性化"地进行跨学科专业学习并实现个性需求的转专业。新体系理念先进,淡化了专业界限和学生的专业身份,提供学生选择专业和发展特长的机会和空间。而且通过新的运行机制和网络支撑平台,将教师和学生、基层教学单位和学校有机地联系起来,之间的网状信息交流和相应的教学资源的流动与配置,可以有效地优化教育资源配置,逐步形成一个能够自我调节和自适应发展、充满生机和活力的运行体系。2011 年开始探索按照课程修读学分收费的管理机制。

但在新体系运行中受到多校区办学、优质课程资源紧缺、学生学习方式和管理模式改变等多方面因素的影响,需要进一步在专业和专业群建设、教学与科研的和谐互动、突出海洋特色等方面进行探索和完善。特别是在海洋特色教育方面应发挥领头羊的作用。由于海洋本身的整体性、海洋中各种自然过程相互作用的复杂性和主要研究方法、手段的共同性而使海洋科学成为一门综合性很强的科学,在海洋跨学科教育方面,除了培养"海洋科学类专门人才",还应探索"掌握海洋科学与技术的交叉复合型人才",以及热爱海洋、传播海洋文化的各类优秀人才。①

参考文献:

[1] 辞海[M].上海:上海辞书出版社,1979.

[2] 华勒斯坦,等.刘健之编译.学科·知识·权力[M].北京:北京三联书店\牛津大学出版社,1999:13.

[3] 伯顿·克拉克著.高等教育系统——学术组织的跨国研究[M].王承绪等译.杭州:杭州大学出版社,1994.

[4] 鲁兴启,王琴.谈创造性的跨学科人才培养——贝塔朗菲通才教育思想述评[J].高等工程教育研究,2004(5):31.

[5] C. P. Snow. The Two Cultures: and a Second Look[M]. Cambridge Uni-

---

① 参见于志刚 2006 年 8 月在首届山东省高等教育高层论坛上的讲话。

versity Press,1964.

[6] 冯·贝塔朗菲.一般系统论基础、发展和应用[M].林康义等译.北京:清华大学出版社,1987.

[7] E. L. 博耶.关于美国教育改革的演讲[M].涂艳国译.北京:教育科学出版社,2002:76.

[8] 邱士刚.关于大学跨学科教育的思考[J].河北师范大学学报(教育科学版),2004(1):79-82.

[9] 李定仁、胡斌武.20世纪西方课程实验的历史经验及其启示[J].教育研究,2003(3).

[10] 叶取源、刘少雪.架设人文教育与科学教育的桥梁——美国大学跨学科项目案例介绍和分析[J].中国大学教学,2002(9):46-48.

[11] 武汉大学《跨学科人才培养的理论与实践研究》课题组[Z]. http://jckx.ustc. edu. cn/zh_CN/article/1f/470e16f2/[2010-08-09].

[12] 李福华.研究型大学院系设置的比较分析与理论思考[J].清华大学教育研究,2005(6):20-26.

[13] 李兴业.英美法日高校跨学科教育与人才培养探究[J].现代大学教育 2004(5):71-75.

University Interdisciplinary Education in China:
Status, Problems and Solutions

Song Wenhong

Abstract: Fundamentally speaking, a discipline is a body of knowledge categories, as well as the basic organization of teaching and research. So it has central position in the higher education system. Interdisciplinary education shows the characteristics of the development of knowledge both in differentiation and integration, and also the inevitable trend of development of worldwide higher education. Since the 1980s, Chinese universities began to explore interdisciplinary education, some universities had made useful explorations and achievements. Facing with the solving of important issues of modern society and the urgent need to interdisciplinary talents, we still need to deepen the reform urgently. In this essay, five aspects of the solution are put forward on interdisciplinary education at the Ocean University of China.

Keywords: university; interdisciplinary education; status; problems; solutions

(宋文红:中国海洋大学高教研究与评估中心教授、主任 山东 青岛 266100)

先秦海洋意象及其当代人文教育价值初探

季岸先

摘要：中国文化传统一向重视意与象的关系，以意象理论关照海洋世界，并将时段定格在先秦时期，发掘先秦海洋意象朝宗、积聚、顺势、谦下、量度等文化内涵。对涉海高校而言，可以从道德教育与审美教育等维度，开发出先秦海洋意象的当代人文教育价值。

关键词：先秦；海洋意象；人文教育

海洋历史文化是一个方兴未艾的研究领域，与之相应，海洋意象也是一个饶有兴味的话题。我们将意象理论聚焦海洋世界，以此为镜像，并将视线定格在先秦时期，不难发现，中国先秦时期具有许多关于海洋意象的论述，其中许多论说不仅反映了古人对海洋的认知，而且对社会人生富有启迪。先秦时期，人们对于海洋文化与历史的理解不仅专注"实言"之海，而且关注"概言"之海，载有大量以海洋为意象的文学作品，发掘这些海洋意象作品的文化意蕴，并从真善美等维度思考其当代人文教育价值，对于当前涉海高校海洋人文教育富有启示意义。

一、海洋意象

意象是一个使用广泛的概念，最早出现于先秦。作为中国古代文论的一个基本审美范畴，历代学者和文人对之做过不同的阐发。受限于中国古人不屑精确界定概念，意象这一概念始终缺乏一个确定的涵义。概念总是历史性与预定性的统一，意象的意义同样有一个历史积淀和约定俗成的过程。"意"与"象"交联使用最早见诸《周易》。《周易》卦象，有见象和立象之别，前者是自然存在，后者是人为创造。有"天地自然之象"，有"人心营构之象"。见象是天地自然之象，立象是人心营构之象。依照古人的说法，"象"是对一切视而可见之物的总称。于天地而为"天象"，于人体而论"心象"，如此等等。《周易》："易者，象也；象也者，像者也。""在天成象，在地成形，变化见矣。"[1]象，譬如日月星辰；形，譬如山川草木。王夫之曾言："物生而形形焉，形者质也；形生而象象焉，象者文也。形则必成象矣，象者象乎其形矣。在天成象而或未有形，在地成形而无有形象，视之则有形矣，察之则象也。所以质之视章，而文由察著。未之察者，弗见焉耳。"[2]"在天成象"、"观象于天"等所讲的"象",是见象之象,是自然存在的物象。人有求知欲望和审美意识,不会观物象而止,而要据之法象、立象。故此,《周易》有"观物取象"、"立象以尽意"之说。

《易·系辞上》:"书不尽言,言不尽意。""言不尽意"是指语言在表达思想感情方面的局限性。"意"是抽象的,幽深难见,深奥莫测,无法用语言表达,未有借助"象",通过比拟描绘,将"意"充分表达出来。立象尽意有以小喻大,以少总多,由此及彼的特点。"象"是具体的,切近的,显露的,变化多端的,而"意"则是深远的、幽隐的。《易·系辞上》提出"立象以尽意"的命题,将"象"和"意"联系起来,指出"象"对于表达"意"有"言所不及"的功能。

"象"为"意象"之本。"象"语出《老子》:"无状之状,无物之象,是谓恍惚。"[3]"惚兮恍兮,其中有象,恍兮惚兮,其中有物。"[ ]象,本指客观事物或人物的外部形态。在老子那里,"一切称为'象'的东西,无非都是'诸人之所以意想者'"。[5]老子关于"象"的论述,为后来的意象理论奠定了基础,在精神世界开了一片自由天地,思想观念、情感心绪,可以不受任何现实具体事物的束缚,可以凭臆生象。

可见,中国文化传统一向重视意与象的关系,亦即情与景、心与物、神与形的关系,讲求移情于景,存心于物,凝神于形,寓意于象。海洋首先是一个自然存在、一个客观事物,是一个物象。譬如,我们讲物理的海洋、化学的海洋和生物的海洋等。外在世界向我们呈现了一个自然的海洋、客观的海洋、物理的海洋,同时也向我们开启了一个真的海洋、善的海洋和美的海洋。海洋同时也是一种文化情结、一种人文情怀,是一种意象。

二、先秦海洋意象

先秦文学是中国古代海洋意象的源头。广义"先秦",指秦统一中国以前直至远古,包括原始社会(从远古到传说中的尧舜禹时代)、奴隶社会(夏、商、周、春秋时代)和确立封建社会的战国时代。狭义"先秦",指秦统一天下前的春秋战国时期。虽然我国具有近4000年文字可考的历史,春秋之前的文学作品却遗留甚少。因此,我们讲"先秦海洋意象",主要指春秋战国时期的海洋意象。先秦时期思想家、文学家有许多关于"实言"之海的论述,我们这里更注重他们对"概言"之海的论说。先秦海洋意象的文化意蕴是丰富多彩、异彩纷呈的,从不同的视角可以发掘出不同的内涵,是一个无限开放的意义世界。

第一,海洋的朝宗意象。比如,《诗经》载:"沔彼流水,朝宗于海。"[6]漫漫水溢两岸流,倾注大海去不休。这里是比兴,以流水朝宗于海,暗喻人的处境尚不如流水。《尚书》也载有:"江汉朝宗于海。"[7]是讲长江和汉水二水合流,气势磅礴,禹因势利导,于是二水顺流东下,望海而趋,无复停滞,有如诸侯朝见天子。

江汉离海尚远,而以海为宗,遽然朝奔,在于大禹治水,知其势所必至。

第二,海洋的积聚意象。比如,《庄子》"故海不辞东流,大之至也;圣人并包天地,泽及天下,而不知其谁氏。"[8]《荀子》:"积土成山,风雨兴焉;积水成渊,蛟龙生焉;积善成德,而神明自得,圣心备焉。故不积跬步,无以至千里;不积小流,无以成江海。"[9]又:"故积土而为山,积水而为海,旦暮积谓之岁。至高谓之天,至下谓之地,宇中六指谓之极;涂之人、百姓,积善而全尽谓之圣人。彼求之而后得,为之而后成,积之而后高,尽之而后圣。故圣人也者,人之所积也。人积耨耕而为农夫,积斫削而为工匠,积反货而为商贾,积礼义而为君子。"[10]

第三,海洋的顺势意象。比如,《吕氏春秋》:"凡物之然也,必有故。而不知其故,虽当与不知同,其卒必困。先王名士达师之所以过俗者,以其知也。水出於山而走於海,水非恶山而欲海也,高下使之然也。稼生於野而藏於仓,稼非有欲也,人皆以之也。"[11]这里讲水从山流出,奔趋于海,并非恶山欲海,而是高下趋势使然。

第四,海洋的谦下意象。《老子》:"譬道之在天下,犹川谷之与江海。"[12]"水止于江海则不溢,人止于道则不殆。"[13]道在天下,万物莫不被其泽;江海善下川谷,川谷无不朝宗。天下万物之与道,正犹川谷之与江海。又:"江海所以能为百谷王,以其善下之,故能为百谷王。"[14]"江海居大而处下,则百川流之。"[15]《说文》:"王,天下所归往也。"百谷王,是百川之所归往,故为百谷之长。惟其虚空,故能容物;惟其处下,故能纳物。海洋虚空且处下,老子以此比喻人的处下居后,同时亦以江海象征人的包容大度。

第五,海洋的量度意象。《庄子》载:"夫千里之远,不足以举其大;千仞之高,不足以极其深。禹之时十年九潦,而水弗为加益;汤之时八年七旱,而崖不为加损。夫不为顷久推移,不以多少进退者,此亦东海之大乐也。"[16]又:"且夫博之不必知,辩之不必慧,圣人以断之矣。若夫益之而不加益,损之而不加损者,圣人之所保也。渊渊乎其若海,巍巍乎其若山,终则复始也,运量万物而不匮。"[17]这里,庄子用海之渊深和山之高大以喻道。可见,先秦时期,人们往往以海洋隐喻容量之大、面积之广、深度之邃和数量之多,在国人心中形成了宽广、博大、深阔和众多等相对稳定的量度意象。除此之外,我们还可从神灵、通和、虚己、润泽、游世、隐逸、变动、一多、动静、清浊、舟楫以及审美等视角解读先秦海洋意象的基本内涵。

三、当代人文教育意义

《周易》中有这样一句话:"天行健,君子以自强不息;地势坤,君子以厚德载物。"意思是说,天上的日月星辰,昼夜运行不止,人们看到这一点之后,就想,人也应该这样,自强不息,奋斗不止;你再看,无论什么东西,往地上一放,大地都无不接纳,无不承载,人们看到这一点之后,就想到,人也应该如此,宽厚其德,包容大度。这说明我们古人,讲求法地、法天、法道、法自然,懂得从自然天地中,领会一种为人处世之道。《围炉夜话》里有"观朱霞悟其明丽,观白云悟其卷舒,观山岳悟其灵奇,观河海悟其浩瀚,则俯仰间皆文章也。"可见,对于涉海高校而言,先秦海洋意象的当代人文教育价值,在一定意义上就在于"观河海"而"悟其浩瀚",在于融汇中国文化"道法自然"的智慧,聚焦海洋,通过"道法江海"、"道法海洋",会通由海洋而至的物理、事理、人理、情理,在追寻海洋之真、海洋之善和海洋之美的同时,在内心世界随之开启一个真的世界、一个善的世界和一个美的世界,拓展胸襟气度,扩展心灵空间、提升人生境界,由"知真"、"得美"而达"至善"。

第一,先秦海洋意象与道德教育。中国传统文化中讲一种"比德"的思维方式。"比"是象征和比拟,"德"即道德人格。"比德",就是指以自然事物的某些特点,使人联想到人的道德品格、道德情操等。比如,《荀子》记载:"夫玉者,君子比德焉。"这是比德于玉;孔子的"岁寒,然后知松柏之后凋也",这是比德于松。海洋类高校的办学特色,离不开"水",离不开"海"。无论是"水",还是"海",都是中国传统文化中具有深刻道德内涵的母题。比如,"知者乐水,仁者乐山",这一句,我们就耳熟能详。《荀子》还从"德"、"义"、"道"、"勇"、"法"、"正"、"察"、"善化"、"志"等方面,比德于水①。再如,海洋的谦下意象、虚己意象可以解读出虚心而充实、处下而居上等这样一些读书、做学问、搞研究的基本道理。至上之善就像海洋一样,对人类无私奉献,具有博大胸怀,源远流长,滋润万物,给世界带来勃勃生机,而从不追求私自功利。这些都启示人们立身于善的根基,专心于善的本源,给予人们至上的善,弘扬善的诚信,履行善的治理,具备事善的能力,选择举善的时机。海洋滋养了无数生物,自身却无言且不争,这启示我们,一个人只有为他人的幸福、为社会的发展、国家的兴旺做出贡献,使自己的工作能够造福人民、造福子孙后代,才是最有意义、最值得追求的人生,才是光荣的人生,闪光的人生。又如,海洋的顺势意象可以解读出顺思、顺德等处世做事的基本道理。再如,潦水迂回曲折,任顺河床而得以汇集江海,海洋的委输意象可以开出委屈以求全的人文启示。总之,我们要领悟海洋世界的物理而会悟人文世界的事理,逐步成就得道得德、依道依理的人生。

---

① 《荀子·宥坐》记载:孔子观于东流之水。子贡问于孔子曰:"君子之所以见大水必观焉者,是何?"孔子曰:"夫水,遍与诸生而无为也,似德。其流也埤下,裾拘必循其理,似义。其洸洸乎不淈尽,似道。若有决行之,其应佚若声响,其赴百仞之谷不惧,似勇。主量必平,似法。盈而不求概,似正。淖约微达,似察。以出以入,以就鲜洁,似善化。其万折也必东,似志。是故君子见大水必观焉。"

第二,先秦海洋意象与审美教育。海洋世界不仅是一个真的世界、一个善的世界,更是一个美的世界。先秦海洋文学作品,托意海洋,触景生情,以寓情意,词林笔海,如浪如潮、如倾如诉,却难尽海洋的明丽、柔情、博大和粗犷。"海洋之美"的发现,需要一颗颗富有美感的心,"海洋之美"的发现同时也在成就一颗颗富有美感的心。发掘海洋意象的臻美取向,有助于激发人们最直接最本真的生命活动,直达生命的本源,将人们习以为常的与事物对立的功利态度转变为一种与事物亲近、共融地看待事物的方式,引导人们关爱海洋、保护海洋世界,同时关爱自己的精神世界。这样看来,先秦海洋意象,可以塑造个体的审美意识,培育良好的审美情趣,树立正确的审美理想,不断提升、健全和完善人格,从而启迪人性、培养品位、陶冶情趣,提高个体人艺术化生存、审美化生存的能力,从而提高人们的生活品质。

参考文献:

[1] 周易译经(下). 黄寿祺,张善文译注. 上海:上海古籍出版社,2007:374.

[2] 汪涌豪. 尚书引义·毕命. 范畴论[M]. 上海:复旦大学出版社,1999:474.

[3] 引自高亨. 老子正诂. 北京:清华大学出版社,2011:25.

[4] 引自高亨. 老子正诂. 北京:清华大学出版社,2011:28.

[5] 张蓉. 中国诗学史话——诗学义理识鉴[M]. 西安:西安交通大学出版社,2004:108.

[6] 先秦诗鉴赏辞典[M]. 上海:辞书出版社,1998:370.

[7] 张居正讲评《尚书》(上). 陈生玺等译解. 上海:辞书出版社,2007:73.

[8] 庄子今注今译(下)[M]. 陈鼓应译. 北京:商务印书馆,2007:747.

[9] 荀子校释(上)[M]. 王天海释. 上海:上海古籍出版社,2005:18.

[10] 荀子校释(上)[M]. 王天海释. 上海:上海古籍出版社,2005:330.

[11] 吕氏春秋·淮南子. 杨坚点校. 长沙:岳麓书社,2006:54.

[12] 老子今注今译[M]. 陈鼓应注译. 北京:商务印书馆,2007:198.

[13] 老子译注[M]. 冯达甫译注. 上海:上海古籍出版社,2007:64.

[14] 老子今注今译[M]. 陈鼓应注译. 北京:商务印书馆,2007:308.

[15] 老子译注[M]. 冯达甫译注. 上海:上海古籍出版社,2007:130.

[16] 庄子今注今译(上)[M]. 陈鼓应注译. 北京:商务印书馆,2007:504.

[17] 庄子今注今译(下)[M]. 陈鼓应注译. 北京:商务印书馆,2007:656-657.

A Study on Marine Images in Pre-Qin Period and Values for Contemporary Humanities Education

Ji Anxian

Abstract: In the Chinese culture, there is the tradition of attaching importance to the correlativity between connotation and image. This paper keeps an eye on the sea from the perspective of image theory, and the time is set to be the pre-Qin period. This paper attempts to find out the culture connotations of the marine images, such as tendency, accumulation, advantage, modesty and measurement. As for marine-related institutions, efforts are needed to explore the values of the pre-Qin images on contemporary humanistic education from the dimensions of moral education and aesthetic education.

Keywords: pre-Qin; marine image; humanistic education

（季岸先：中国海洋大学高等教育研究与评估中心助理研究员、副主任 山东青岛 266100）

基于公益广告视角的海洋保护意识培养与提升*

傅根清 ■

摘要:本文着重论述了在海洋保护意识过程中公益广告的作用,旨在告诉读者,海洋保护不是少数组织、部门或少数人的事,也不是临海国家与地区的事。海洋是地球生态系统中最重要的组成部分,而陆地污染又是海洋污染的主体,因此,海洋保护是全人类共同的责任与义务,每一个地球村成员,都可以而且也能够通过自己的行为为海洋保护做出应有的贡献。保护海洋,人人有责。

关键词:公益广告;海洋环境;海洋意识;环境保护

一、公益广告的定义及其功能

美国所理解的"公益广告"(Public Service Advertising)的定义是:旨在增进一般公众对突出社会问题的了解,影响他们对这些问题的看法和态度,改变他们的行为和做法,从而促进社会问题的解决或缓解的广告宣传。其中又可分为两类:一类是公共广告,是由社会公共机构和社会团体所发布的。另一类是意见广告,是企业集团针对各种社会现象,阐述企业的态度。这是企业形象广告的延伸,表明了企业在社会中的个性。

在日本,公益广告被称之为"公共广告",《电通广告辞典》将其定义为:"企业或团体表示它对社会的功能和责任,表明自己过问和参与如何解决社会问题和环境问题,向消费者阐明这一意图的广告。"

公益广告具有社会的效益性、主题的现实性和表现的号召性三大特点。

关于公益广告的作用,主要在于增进一般公众对突出的社会问题的了解,影响他们对这些问题的看法和态度,改变他们的行为和做法,从而促进社会问题的解决或缓解。中国电视台曾经播出过一则由濮存昕主演的公益广告,很能说明问题:

---

* 文中第二部分的许多资料,来自众多网络文章,不一一具列。在此谨向这些文章的作者,表示由衷的谢忱。同时,文章中出现的诸多世界各国的公益广告作品,凝聚着创作者的智慧与心血,也借此表达由衷的敬意。

有人这样问过我,播出的一条公益广告,能不能改变我们生活中的那些陋习呢?我说不!公益广告对于社会中的那些不文明的现象,也许不可能药到病除,但是我相信,一条公益广告就好像是一盏灯。灯光亮一些,我们身边的黑暗就会少一些。并且我更相信,每个人的心灵都像是一扇窗。窗户打开,光亮就会进来。我相信,文明就在我们身边,离我们很近很近,近得触手可及。有时候,文明离我们只不过是 10 公分的距离;有时候,也许只是几十厘米的宽度;也有时候,可能只是一张纸的厚度。我相信,其实,文明就在我们心中,我们会在生活中不经意地流露着。有时,多一个手势,对别人来说,就是多一分体谅;还有时,多一点耐心的等待,对别人来说就是一种关爱;有时,多一点点分享,对别人来说就是多一分温暖。我相信,我们每个人迈出一小步,就会使社会迈出一大步。所以我发现,文明是一种力量,就好像奥运火炬传递一样,在每个人手中传递,也能够汇聚所有人的热情。我相信你,相信屏幕前的你,更多地来发现,来释放自己文明的热情。

二、我国公民海洋意识的现状

2006 年,共青团中央曾对上海大学生做过一次抽样调查,90％以上的大学生认为中国的版图只有 960 多万平方千米的陆域国土,而不知道 300 多万平方千米的管辖海域。北京市"世纪坛"宏伟建筑,依然把祖国疆界限制为"960";上海市"东方绿舟"教育基地知识大道上,有历代中外名人雕像,其中有伟大的航海家哥伦布,却没有郑和。

国民海洋意识不强,一方面与初级教育中的地理教学有关,许多地理教材都把中国版图描绘为陆地疆域,而忽视海洋管辖面积,另一方面也与历史教学有关。以九年义务教育七年级第一学期的《中国历史》(华东师范大学出版社,2006 年 8 月版)为例,书中点到了距今 7000 年前河姆渡遗址及当时的人居住于干栏式房屋,却未提到出土文物有木桨,意味着先人已驾舟出海;提到了汉武帝派张骞出使开通了举世闻名的"丝绸之路",却未述及秦朝徐福东渡也开创了海上"丝绸之路";提到与唐朝有使节来往的国家就有 70 余个,选用了唐卷发人俑图认为是来自非洲的黑种人像,只介绍了日本遣唐使来唐留学和鉴真赴日传经讲学,却未提升到海外交通已大大地发展了海上丝绸之路;对宋代的造船业、海上航运能力、指南针应用于航海、元代的河海漕运,都有一定的描述,但对宋代向东北与高丽、日本,向南、向西与亚、非、阿拉伯世界的海上往来却全未述及;对明朝郑和下西洋有相当篇幅的介绍,却依然没有推出其开创、扩大、延伸了与世界各国友好交往的海上丝绸之路,为传播交流和推动人类文明发展的重要贡献的历史概念……

同时,这也与我国媒体长时间来在海洋意识宣传方面的严重不足有关。

此外,近些年来在我国才逐渐普遍起来的公益广告,几乎没有涉及海洋环境保护这一领域,也是一个不可忽视的重要原因。

这种状况,与西方国家相比,形成了极大的反差。如瑞典是一个只有900万人口的北欧小国,海洋资源相对而言非常丰富,但瑞典全民都有非常开放和强烈的海洋意识。

而要说到海洋环境保护意识,国人的状况更是令人担忧。内陆的人们因为远离海洋,根本就没有意识到海洋与他们有什么关系;即使是祖祖辈辈享受海洋资源恩惠的沿海民众,也往往只知索取,而不知保护环境。工业污水、生活污水、生活垃圾等,经常是往海里一排了之、一倒了之。

三、海洋环境保护公益广告的关注点

公益广告利用大众传媒向社会大众宣传某种观念或主张,由于它们往往有独到的创意与完善的艺术表现,可以说是一种最有效的宣传方式。以海洋环境保护为主题的公益广告,主要可以归纳为如下几类:

1.强调地球环境的系统性,将海洋环境保护纳入环境保护视野

印度中央污染控制委员会(Central Pollution Control Board,简称CPCB)推出的一组公益广告,主题为"这次旅行的结束也许就是它生命的结束",将海洋环境污染、海洋生态破坏与过度的能源使用、废气排放、砍伐森林、污水排放等相提并论。

比利时Biocorner环保组织的一组主题为"保护斑斓的色彩"的公益广告,将河流污染、湖泊污染与海洋污染并列,可以说是很好地揭示了当今世界水污染的全面性。日本公共广告机构曾经发布过一个公益广告(水人篇),广告文案是这样说的:"人体的70%是由水构成的。你污染了水,最终也会污染你自己。请将清洁的水留给下一代。"这可谓一语中的。

法国水资源保护组织Solidarites发布的两个公益广告,引人深思。广告主体文案为"非饮用水每年杀死800万人。"广告画面设计更是让人触目惊心:一则是广岛原子弹爆炸乘以40,等于一杯受污染的非饮用水;另一则是沉没的泰坦尼克号加上"9·11"事件乘以2000,等于一杯受污染的非饮用水。

毋庸置疑,地球环境就是一个完整的系统,作为占据地球面积70%的海洋,理所当然是地球的主体。而海洋污染、海洋生态破坏的主要根源在于陆地。因此,保护地球环境,如果抛开海洋环境保护,可以说是舍本逐末。

世界自然基金会(World Wildlife Fund,简称WWF)的一组主题为"循环利用你的国家"的公益广告,更是将环境保护提升到了事关国家前途与命运的高度。这组广告的画面是由各种废弃物构成的美国、巴西和中国的国旗,提醒人们将废弃物循环利用,可以有效地确保你的国家可持续发展。

2.关注海洋生态,呼吁海洋生物保护

千百年来陈旧的海洋观,直接影响了我们对海洋的科学认识。过去我们总是以为海洋"有容乃大",可以容纳人类活动与人类生活所产生的所有废弃物。然而,当今社会我们已经逐渐品尝到了海洋生态破坏而滋生的恶果。在对海洋无端索取了这么多年后,现在是我们应该对海洋做出某些回报或者说是补偿的时候了。许多国家与组织在行动:

WWF 有一个广告,一艘象征人类活动主体空间——陆地的巨轮,在这艘巨轮上,人类活动的一切后果都在严重地影响着海洋生态环境,海洋就像是一个巨大无比的污染池,已经不堪重负。广告语"我们一直在一起",真是发人深省!记得有一个广告是这样说的:"干净的河流才是欢快的河流",我们化用一下,就是"干净的海洋才是欢快的海洋"。

鲸鱼和海豚保护协会(Whale and Dolphin Conservation Society,简称WDCS)有一组广告,看后不禁令人痛心疾首。什么时候鲸鱼和海豚等海洋动物才能进化出呼吸过滤器、噪音过滤器? 它们的鳍什么时候能够演化成一把剪子从而可以剪断人类遗弃在海洋中的大量渔网? 它的另一则广告说:"每年,都有成千的海豚因漂流的渔网而死亡。请停止屠杀。"

国际爱护动物基金会(International Fund for Animal Welfare,简称 IFAW)也有一组公益广告,是呼吁制止滥捕鲸鱼的。在广告文案中指出:"在 2008 年,日本政府在南极海洋地区,捕杀了 551 条鲸鱼。"呼吁人类应共同行动,制止他们捕杀更多的鲸鱼。

Prowildlife 网站推出的一组公益广告,重在改变人类的传统观念。在人们的观念中,只有人类才是地球的主人。其实,从大自然的角度而言,人类与其他动物没有什么区别,都是地球母亲的"寄生虫"。因此,人类根本就没有"主宰"地球命运的权力。在广告中,全副武装的鲨鱼、乌龟、企鹅、苍鹰为帮助大自然母亲而向人类还击,堪称匠心独运。

WWF(中国)的一组公益广告,也有很好的切入点。这组广告重点介绍了任何一种动物的漫长进化历史:从原始细胞进化成现代人们看到的乌龟、老虎与大象,经历了太多的阶段,经过了太长的时间。然而,在现代社会那些贪婪的人眼里,他们看到的只是一锅乌龟汤、一件裘皮大衣与一件象牙雕刻工艺品。难道这是这些动物进化的归宿吗?

3.遏制全球气候变暖,制止海平面上升,保护人类的生存空间

2007 年 2 月 2 日,联合国政府间气候变化专门委员会(IPCC)发表的第四份气候变化评估报告指出,对全球大气平均温度、海洋平均温度、冰川和积雪融化的观测以及对全球海平面的测量等已证实,全球气候正在变暖。

专家们预测说,从现在开始到 2100 年,全球平均气温的"最可能升高幅度"是 1.8℃～4℃,海平面升高幅度是 18 厘米～59 厘米,而造成这一趋势的原因"很可能"即至少有 90％的可能是人为活动。

关于全球气候变暖的危害,有关专家指出,它引起的气候变化可能会使极端气候的出现频率和强度不断增加。在一些地区,龙卷风、强雷暴以及狂风和冰雹也会增多,世界许多地区将遭受更频繁、更持久或更严重的干旱。同时,由于暖冬的气温比常年偏高,这就使各种病菌、病毒活跃,病虫害滋生蔓延,很多有害动物,比如蚊子、跳蚤、老鼠等减少了被冻死的几率,此类传染病载体的数量大增,对人类健康构成了严重威胁。据估计,全球变暖会使疟疾和登革热的传播范围增加,威胁 40％～50％的世界人口。

由此可见,遏制全球气候变暖,制止海平面上升,保护人类的生存空间,已经刻不容缓。

WWF 的一组公益广告告诉我们,如果不尽快遏制气候变暖和海平面的不断上升,在不远的将来,许多人类重要的生存空间就会变成泽国。它的另一组公益广告则是巧妙地利用盖在邮票上的波浪线,寓意海平面的上升将会淹没赫尔辛基、悉尼与中国的某些沿海城市。广告文案说得很明白:"到 2050 年,也许世界上的许多城市都会沉入海底。"

环保组织 Global 2000 发布的一组公益广告构思更是新颖。它将法国、荷兰、克罗地亚国旗的一半设计成蓝色的海洋,广告文案是:制止全球气候变暖,保护法国、荷兰、克罗地亚。

韩国绿色和平组织的两个公益广告分别将海岛设计成人脸与手的形状,即将被海水淹没。广告文案是"我们正在沉没",广告语是"请把我们从全球气候变暖中拯救出来。"

绿色和平组织的一组广告,则分别将 NEW YORK(纽约)、LONDON(伦敦)、TEL AVIV(特拉维夫)和 BANGKOK(曼谷)等城市名的下半部分沉浸在冰冷、黑色的海水中,寓意海平面的不断上升将给这些城市带来巨大的灾难。广告语是一种强烈的呐喊:"制止全球气候变暖,千万别太晚了!"

四、保护海洋环境,人人有责

保护海洋,我们能够做些什么呢? 身处大陆腹地,是否就与海洋保护没有任何关系呢? 海洋环境保护公益广告告诉我们,海洋保护,人人有责。只要你是地球大家庭的一员,你都能够在日常生活中为海洋保护做出应有的贡献。

WWF 的公益广告告诉我们,只要我们少用会污染环境的涂料,就是保护海洋环境。因为,"一罐溶解剂可以污染数百万公升的水","一罐涂料可以污染数百万公升的水"。而万川归海,污染了的江河之水,终究要注入大海。

WWF 的另一组广告则告诉我们,只要我们少开一会儿灯,多节约一度电,就是在为遏制气候变暖、制止海平面上升、保护海洋环境进行着努力。"什么时候你离开时还开着灯,你就不是唯一的支付者"。有人说过这样一句话,我印象深刻:"你有权花钱,但你没有权力浪费人类共同的财产。"

WWF 的另一则公益广告,告诉我们只要少用一张纸,就是保护热带雨林,就是保护生态环境,就是保护我们共同的地球。"节约用纸,就是拯救地球"。其巧妙的设计,具有强烈的警醒作用。

美国化学学会发布的公益广告,告诉我们少开一会儿空调,多节约一点电,少排放一点热气,就是在间接地制止海平面的上升。

BUND 地球之友(Friends of the Earth)发布的公益广告,告诉我们,外来水果在运输途中会造成很大的环境污染,因此,呼吁我们应"全球思考,本地饮食"。

巴西自然保护基金会(Fundação Brasileira para a Conservação da Natureza,简称 FBCN)发布的一组广告,向人们提出了这样的问题:我们要将怎样的生存环境留给下一代? 画面是废气弥漫的内陆与污水横流的江海,广告文案是:"儿子,总有一天,这一切都会属于你。"真有点黑色幽默的味道。可是,你笑得起来吗? 我国农村经常可以看到这样一句宣传语:"但存方寸地,留与子孙耕。"难道我们不应该将清新的空气与清洁的江海留给子孙吗? 爱你的子孙,就请爱护我们的地球吧!

The Cultivation and Upgrade of Consciousness in Marine Protection: A Perspective of Public Service Advertising

Fu Genqing

Abstract: This paper stresses on the effect of the advertisement of public welfare in the aspect of marine protection conscious. The purpose is to tell the reader that marine protection does not only relate to afew organizations, persons and the countries and areas near the ocean. Ocean is the most important part in the earth biogeocenose and land pollution is the principal part of marine pollution. So marine protection is the common duty and obligation of human being. Everyone on the earth should make great contributions to marine protection.

Keywords: advertisement of public welfare; marine environment; marine conscious; environment protection

(傅根清:中国海洋大学文学与新闻传播学院教授、副院长 山东 青岛 266100)

发挥环境学科优势　培养高素质创新型人才

秦尚海　许国辉 ■

摘要：随着经济的发展，具有全球性影响的环境问题日益突出，而环境问题的形成具有复杂性，对其进行研究、利用和保护需要诸多学科的协力支持，相应的环境学科内容也极具综合性特点。在科学技术高度发达的今天，综合性的学科要求高素质创新型人才的培养已成为必然趋势。

关键词：环境学科；综合性；创新型人才

胡锦涛于 2006 年 1 月 9 日在全国科技大会上宣布，中国科技发展的目标是 2020 年建成创新型国家，使科技发展成为经济社会发展的有力支撑。到 2020 年，我国经济增长的科技进步贡献率要提高到 60％以上。科技进步最重要的支撑是人才，创新型国家建设需要高素质创新型人才的支持。在社会发展各个领域高度融合、科学技术高度发展的今天，传统单一性的学科已经很难培养造就知识能力全面的高素质人才，学科的综合性成为高素质创新型人才成长的重要条件。

环境学科由于其自身综合性的特点，已经成为新兴学科中最具人才培养优势的学科之一。自 1972 年，联合国在斯德哥尔摩召开第一次人类环境会议，拉开环境教育事业的序幕起，世界诸国已经开始将解决环境问题列为自身发展的战略举措，进而促进了对环境保护人才的大量需求，作为交叉性、综合性的环境学科担当起高素质人才培养的重任。

一、综合性是应对环境问题的必然要求

由于时空尺度的变化，环境问题从产生就具有多样性、复杂性、全球性的特点，涉及人文、社会、政治、经济、法律、科学技术等诸多领域。环境保护工作涉及多学科、多领域的专业知识和技术，从而决定了环境学科内容必须具备综合性的特点，才能培养出适合于环境工作的人才。[1]

1.综合性是环境问题本身的特质

环境问题是随着人类的进化发展而不断演变发展起来的。一方面，自然环

境及其要素自身也在发生着某种改变,从而在一定程度上导致环境状况的恶化;另一方面,工业化和都市化进程,在增强人类对环境的改变和控制能力的同时,大大增多了对自然资源和能源的消耗和浪费;科学技术的进步为人类文明的发展作出巨大贡献的同时,也给人类带来了灭顶之灾的隐患。科学技术的双刃剑作用日显突出。社会的发展、人类的进步已经使人们逐渐认识到环境问题的复杂性和综合性。20世纪的"八大公害事件"曾使人类遭受了重大环境灾难。仅以1952年12月发生的伦敦烟雾事件为例,可见环境问题的综合性特征。造成在烟雾期间(12月5~8日)的4天中死亡人数较常年同期约多4000人的后果,直接原因在于烟雾的吸入导致人们支气管炎、肺结核、肺炎、肺癌、流感及其他呼吸道疾病和冠心病、心脏衰弱者的死亡。但是深入分析问题的产生,就会发现此环境问题所具有的综合性特征:追求物质文明的思想,导致工业的放纵性发展,成千上万个烟筒排出的煤烟和灰粒进入大气;不合理的工业厂址选择,在大气发气旋高压中心的作用下使得污染大气无法扩散;煤烟和灰粒等在空气中发生化学反应形成有害污染物质,污染物质进入人体致使疾病的迅速发展。科技发展水平使人们没有及时认识工业烟雾的环境危害、经济利益的孤立追求和缺少法律的制约导致污染工业的大量建设,最终导致伦敦烟雾环境事件。

由此环境事件看出,环境问题涉及人类文明追求的思想根源、对人自身的社会关注、政治经济发展的时代要求、科学技术的发展程度、环境立法的水平等诸多内容,环境问题是人类社会发展的综合性问题,这是综合性环境问题本身的属性。

2. 综合性是环境学科发展的必然趋势

环境包含的各种要素之间彼此联系、相互作用,其发生、发展、形成和演化是一个动态平衡体系,各种物质之间进行着永恒的能量流动和物质交换,成为环境系统。环境系统的不可割裂性,对环境学科提出具备综合性的要求。环境学科的综合性首先体现在其涉及的学科专业诸多:包含有大气、地质、化学、生物、力学、工程、医学、伦理学、经济学、法学等。

由于环境问题的全球化(比如温室效应)、局部环境问题的复杂化(比如河流流域污染),环境问题已经影响着各国的经济、政治、社会、法律等各项事业。环境问题看待的思想基准、碳排放权和排污权的各个国家以及各级政府间的争执、环境保护与经济发展的立法策略、环境问题本身的科学技术应对措施、环境污染导致的生物和人类的健康影响等等,诸多环境问题需要在以环境的系统性基本原则指导下进行解决。环境学科所涉及的各个学科,不能简单以原来传统的学科观点来独自发展,必须进行环境视野下的系统性融合,学科建设必须具备有机的综合性的特征。

3. 综合性是高素质环境人才培养的优势

进入 20 世纪,科学技术在广阔的领域得到迅速、深入的发展,传统学科,如物理、化学、生物等在各自的学科范畴划分愈来愈细,分支学科愈来愈多,专业化程度愈来愈高,取得的成果极大地丰富了传统学科各个部分的内容。也正是由于传统学科研究程度的高度发展,研究分科的细化,使得保守于传统学科的研究越来越困难,难以找到合适的研究问题,高度细化的研究成果的作用越来越远离社会实践。因此,在学科的边缘以及跨越学科来开展科学技术工作,成为科学技术发展新的突破点。各种交叉学科、横断学科和边缘学科不断涌现,综合化速度愈来愈高。[2]创新性的成果越来越多地产生在学科的综合之中,综合性的学科也成为创新性人才培养的优势。

当今世界,人才和民族素质的竞争已经成为世界各国社会发展的关键。我国提出建设 21 世纪创新型国家的目标,对需求的人才提出应具备知识、能力、素质的全面要求,尤其是高层次人才,必然需要具有健康的人格、宽广的视野、创新的思维、全面的知识、实践的能力。国家发展所需要的这样的人才,需要具有综合性学科的教育才能培养出来。环境学科作为新兴学科,由于环境问题本身所具有的综合性特点,为解决环境问题而建设的环境学科具有培养高素质创新性人才所要求的整体综合性的良好优势。

二、目前环境学科及其人才培养方面存在的问题

20 世纪 80 年代,我国约有 30 所高校设置了环境学科,在目前短短 30 年的时间里,发展到已有 300 多所高校设置环境类专业。环境学科集中、快速发展,极大地支持了我国环境保护事业的进步,提高了我国经济发展的质量。但是,环境学科建设及专业人才培养方面还存在诸多问题,具体表现为四个方面:

1. 环境学科遗存强烈的母体学科色彩

环境学科涉及人文哲学(环境伦理学)、理学(物理、化学、生物、地质、力学等)、工学(环境工程学等)、农学(环境土壤学等)、医学(环境医学)、经济学(环境经济学)、法学(环境法学)、管理学(环境规划与管理)、教育学(环境教育)等诸多学科,这些学科之间以建立在环境基础上的交叉融合,而具有强烈的综合性。[3]

现在我国众多高校建设环境学科,除数量不多的较早设置环境学科的高校外,很多高校的环境学科是从其原有的母体学科转变而来的。以前归属于不同国家部门的高校,比如地质矿产类、化学化工类、农业类、水利类、建筑类、冶金类等的高校,其设置的环境学科,时间较短,目前还保留着浓厚的原来母体学科的色彩,在专业人才培养方面也强烈地依靠原有的母体学科内容和教师支撑。虽然在人才培养教学计划中增设几门环境类课程,新增的环境类课程内容亦存在

"拼盘"现象,环境学科的系统综合性的特色不鲜明。[4]

2.学科建设发展缺少内涵

环境学科的综合性,不是简单的各门学科的拼合,而是基于环境问题自身的社会、自然规律特征,在一个共同的环境思想指导下的各个学科的有机联系与统一,是系统性的综合。

环境学科建设,依赖于环境哲学思想的引导,必须建立起遵循科学发展观、可持续发展、人与自然和谐相处、生态文明规律的环境哲学思想。目前很多高校的环境学科建设发展和环境类专业人才培养,主要集中在关注研究和解决环境问题的科学、技术、工程等层面上,缺少环境哲学思想的引导。在此情况下,学科建设和人才培养出现各个学科的简单的"杂汇"。具体到人才培养的课程体系中,各类学科、各门课程设置很多,很宽泛,缺少有机系统的联系,培养出来的人才素质也难以达到很高的要求。这样不仅没有体现出环境学科综合性的优势,还出现环境学科与其他学科(主要是高校原来的母体学科)之间的重复、冲突,难以实现环境学科的健康发展。

3.人才培养目标模糊

诸多高校的环境学科的建设以及环境类专业的设置,在人才培养上不能都是一个目标,否则培养的大量人才集中在一样的层次和方向上,会造成人才的浪费。目前还有一些高校在环境学科建设和环境类专业人才培养方面目标还较模糊,主要体现在人才培养层次的定位、人才专业方向的定位、人才社会职业的定位。各个高校应根据自己学校的定位以及设置环境学科的条件,结合学校在社会方面的优势,对自己培养的环境专业人才给予准确的定位。准确的定位,才能培养出具备"特质"的社会需要的人才。这里所谓的特质主要指培养的人才适应于社会的某一领域的某一层次,并获得良好的社会认可。

目前,仅某一所高校的环境类专业所培养出的学生,其从业的行业、领域、层次多种多样,从业范围极其宽广。这也表明一些高校环境类专业人才的培养没有自己的"特质",没有形成办学的社会地位优势。

4.学科人才培养千人一面

由于环境时空尺度的变化以及环境问题的多样性、复杂性,环境领域可以涵盖学科的广泛性,任何一所高校也不可能将环境领域涉及的所有学科都开设并都能做好。国家教育部门在环境类专业人才培养方面制定了指导性的文件,规定环境学科主体课程,这样,虽然能强化环境类专业的特点,规范环境学科的人才培养要求,但细致的规定与环境学科本身的广泛性、交叉性、综合性相矛盾,有些高校的环境类专业过于强调规范统一,造成培养学生千人一面,失去原有学科专业的特色和优势。

实际上,很多从其他原有母体学科和专业转过来的环境学科和专业,往往母体学科、专业成为环境学科、专业的鲜明特色。认真解决好学科所应遵从的环境学科综合性的要求,把握好在何种层面、何种尺度的环境学科的规范、统一,就会建设形成在环境学科、专业中自己的突出特色。

三、环境学科高素质创新性人才培养的对策

创新成果的出现,越来越依赖学科的交叉、横跨,更需要的是各个学科的融合。环境学科具备学科融合的优势,也就具备了高素质创新性人才培养方面的优势。针对目前环境学科及其人才培养方面所存在的问题,在认真思考和研究的基础上,采取合适的对策,一定会很好地发挥出环境学科的综合性优势,培养出高素质创新性人才。

1. 强化环境学科的哲学理念

环境问题的研究和解决,不是单一的某个学科或某两个学科能够完成的,需要环境所涉及的各个学科之间有机联系、横跨交叉、系统综合才能够实现。环境学科的建设,要深入学习和研究人与社会的科学发展规律,不断建设环境哲学思想,在环境哲学思想的指导下,强化环境学科的综合性、系统性。只有形成了鲜明的环境学科系统综合性特征,才能真正明确环境学科发展的内涵和方向,环境学科的综合性优势才能体现,也才能培养出高素质的人才。

在建立起环境学科综合性优势的情况下,各个高校根据自身环境学科的基础特点,也要突出建立自己的专业特色,培养具有"特质"的社会需要的人才。

2. 建立特色优势的人才培养模式

环境所涉及的多学科、多领域特点,为高素质人才培养提供了良好的优势条件。在不同的培养层次(本科、硕士、博士)上,进行各个环境学科培养方向(文、理、工、医、经、法、管等)的交叉融合,采取以环境问题为引导的研究探索型的有效培养形式,促进环境学科人才的培养。

各个高校根据学校的定位以及所具备的人才培养条件、环境,结合学校在社会方面的优势,对人才的培养层次、专业方向、社会职业进行准确的定位。在培养目标明确后,根据环境学科综合性的特点以及学校发展的特色方向,科学地进行人才培养方案的制订,在具体的培养实践中,要加强实践教学环节,引导学生由被动的学习转变为对环境问题、环境思想的求知、探索、研究,保证人才培养目标的实现。

3. 建设综合学科特点的师资团队

在高等学校实现环境学科的发展与创新性高素质人才培养的实践中,教师起着关键的作用。由于环境学科的各门学科具有联系、交叉、横跨的特性,所以具有不同学科专业知识背景的各个教师之间的沟通、交流、融合,对环境学科的

发展和人才培养非常重要。这样,涉及环境学科中的不同学科背景的专业教师组成团队,相互研讨、启发,将学科发展方向、学科建设内涵厘清,将人才培养目标在系统性的思想教育、教授知识、实践锻炼等教育环节充分实现,就会达到以环境学科的综合性优势,培养创新性人才的最终目标。环境学科人才培养的教师团队建设,是环境学科发展的基本要求和必然要求,高校有了环境学科各个学科综合的优秀教师团队,才能确保培养人才素质的提高。

在科学技术高度发展的今天,学科的综合性已经成为高素质创新性人才成长的重要条件。环境学科是新兴学科,具有鲜明的学科综合性的特点。克服目前我国环境学科所存在的环境综合性缺乏系统的问题、人才培养目标定位的问题、培养模式问题、师资队伍的团队建设问题等,充分利用环境学科的综合性优势,设置环境学科的高校一定会培养出优秀的高素质创新型人才。

参考文献:

[1] 陆根法,尹大强,许鸥泳等. 中国高等环境教育发展战略建议[J]. 环境科学学报,1998,18(6):569-578.

[2] 刁生富. 科学综合化与大学人才培养[J]. 科技进步与对策,2002,12:92-93.

[3] 韦进宝,吴新国,袁福环. 中国高等环境教育发展的重大战略与建议[J],环境科学学报,1998,18(6):579-585.

[4] 刘大银,胡亨魁,周才鑫等. 中国高等环境教育体系现状分析[J]. 环境科学学报,1998,18(6):586-592.

The Advantage of Environment Disciplines in Training of High Quality and Innovative Talents

Qin Shanghai, Xu Guohui

Abstract: Global environment problems are increasingly standing out with the development of economy. The appearance of environment problems is complicated. To study, use and protect the environment need the support of a good many disciplines and the relevant environment discipline have the character of integration. Today with the development of science and technology, integrative discipline is the current of the cultivation of the high-quality and innovative talent.

Keywords: environment discipline; integration; innovative talent

(秦尚海:中国海洋大学信息科学与工程学院研究员、书记 山东 青岛 266100)

以海洋学科为显著特色的高水平大学建设思考

陈　鷟 ▉

摘要：文章总结介绍了中国海洋大学如何发挥海洋学科优势，代表国家，振兴行业，特色立校，科学发展，辩证把握发挥海洋特色与协调其他办学行为的关系，走出了一条建设高水平特色大学的道路以及在此过程中所取得的成就和经验。

关键词：中国海洋大学；海洋学科；高水平

1998 年 5 月，时任中国国家主席江泽民提出建设世界一流大学的命题，揭开了中国"985 工程"建设的序幕。在国家的重点支持下，清华、北大等几所名校确定了建设世界一流大学的目标。紧随其后，一批综合实力较强的重点大学也确立了建设高水平大学的目标。与上述中国名校相比，中国海洋大学总体水平和综合实力尚有差距，但有优势突出的海洋学科，相对集中了一批海洋学科领域造诣深、贡献大的知名学者和代表人物，建成了具有学科特色的教学科研支撑体系。海洋学科的学术水平、人才培养和创新能力在国内处于显著的优势地位，在国际上也有较大的影响。为了抓住国家高等教育改革发展的机遇，学校经过认真研究，提出了建设高水平特色大学的发展思路。通过十余年的探索与实践，海大的高水平特色大学建设取得了较为显著的成效。学校对自身的历史定位、战略任务、发展道路，均有了较为深刻的认识。

一、代表国家，振兴行业——学校的历史定位和战略任务

在确定了高水平特色大学建设目标之后，学校对高水平特色大学的内涵、学校在新的历史时期的定位和应该承担的战略任务进行了深入研讨。

我们感到，中国的快速发展已成为历史大势。国家经济社会快速发展必然伴随着百业俱兴。而百业俱兴必然给高校，特别是具有学科特色的大学提出新的任务和要求，带来新的机遇和挑战。发挥特色优势，支撑相关行业的发展，在特色优势领域代表国家参与国际合作和竞争，是学校义不容辞的责任。

基于这样的认识，海大明确所谓高水平特色大学，就是指这样一类学校：总体规模和实力稍逊于少数名牌大学，但具有较长的发展历史，形成了深厚的文化底蕴；学科设置较为齐全，规模适中，办学质量与水平受到社会广泛认可；在此基

础上，有特色鲜明、优势突出的学科群和学科方向，相对集中了一批该学科领域的代表人物，建有优化合理的人才梯队，建成了国内最先进的具有学科特色的教学科研支撑体系。特色学科的学术水平、人才培养和创新能力居于国内领先、国际先进地位。"高水平"即世界水平，"特色"主要是指学科特色。具体到海大的高水平特色大学定位，应准确表述为"以海洋和水产学科为显著特色的高水平大学"。学校就是要"在海洋领域异峰突起，代表国家到国际上争得一席之地"（陈至立语），"要做海洋强国建设的中流砥柱"（周济语）。

二、特色立校，科学发展——学校迈向高水平大学的必由之路

高水平特色大学目标确定之后，实现目标的技术路线就成了必须解决的课题。经过思考、探索和实践，我们认识到特色立校，科学发展，是海大迈向高水平大学的必由之路。

首先，特色就是竞争力。特色是一事物与其他同类事物的本质性区别。特色对于海大的发展具有特别重要的作用。对外而言，特色使海大从众多高校中脱颖而出，受到广泛的关注和支持。其特色具有明显的行业背景。学校从诞生开始至整个发展过程都得到了行业的引领和支持，自然获得了生存发展的空间；对内而言，特色使学校有明确的建设发展重点，在确立办学理念、制定发展战略、开展具体工作的过程中，都能做到重点突出，有的放矢。对于校内统一认识，凝聚力量，重点突破，加快发展，发挥着重要的引领作用。特色是海大鲜明的旗帜，坚持特色立校是海大生存发展的战略支点。

其次，还要科学处理好如下一系列重要关系，才能有利于特色的进一步强化和拓展，有利于特色竞争力的充分发挥。

1. 处理好特色学科与综合学科的关系

在强调特色、突出重点的同时，我们深刻认识到，在学科发展既高度分化又高度综合的今天，特色的进一步提升和拓展，必须有综合学科的支撑及交叉融合。特色之"峰"，必须建立在综合之"原"上。平地起峰，高度有限。而"登高而招见者远"。这既是学科发展的需要，也是培养既具有科学精神又兼备人文素质的高素质创新型人才所不可或缺的。为此，海大提出了"强化发展特色，协调发展综合；以特色带动综合，以综合强化特色"的学科发展思路，很好地指导了学科建设乃至学校事业的整体发展。

2. 处理好规模、结构、质量与效益的关系

因为与一流大学相比，海大整体基础存在差距，而且得到的投入支持有限，所以，学校的规模应该适中，而不宜贪大求多；结构更应该优化，要利于发展特色；质量务必追求一流，这是学校的生命线；在管理运作上，要争取以有限的投入

赢得最大的效益。基于这样的认识,海大提出了"重特色,求质量,先做强,再做大"的总体发展策略,明确了"两步走"的发展战略,制定了学校二十年《战略发展规划》,对学校发展的规模、结构、质量和效益制订了明确计划,提出了科学预期,使学校的发展有章可循,稳步推进。

3. 处理好教学与科研的关系

海大建设高水平特色大学,既要有一流的人才培养,也要有强势的科学研究。两者不可偏废。人才培养是大学的根本任务。海大更担负着为国家海洋事业培养骨干力量和领军人才的特殊使命。与此同时,海大要巩固学校的特色优势地位,并承担服务相关行业的责任,就务必保持特色优势领域中强势的科学研究。因此,处理好教学和科研两者的关系,使之相互促进、相得益彰,显得尤为重要。中国海洋大学以"谋海济国,树人立新"为己任,以造就国家海洋事业的领军人才和骨干力量为特殊使命。作为国家海洋科技重大项目的主要承担者之一,中国海洋大学既要坚持以人才培养为根本,又要保持在海洋科研领域的优势地位。学校坚持以强势的科学研究促进人才培养,通过科研汇聚人才提升师资队伍的整体水平;及时将科研成果转化为教学内容,让学生了解学科前沿,掌握最新的知识和技术;所有科研实验室对全体学生开放,为培养学生的创新能力构筑平台。学生也成为学校科技创新工作中的一支重要力量。

4. 处理好学校自身发展与国家相关行业的关系

特殊的行业背景是海大存在和发展的基础。学校的兴衰与行业的兴衰息息相关。行业的兴盛需要学校的人才和智力支撑,学校的发展更需要行业的引领与支持。所以,海大需要主动与相关行业同呼吸、共命运,准确把握行业发展的脉搏,甚至参与研究制定行业发展的战略,为自身赢得地位和支持。中国海洋大学在长期的办学过程中,始终与国家海洋局和所有涉海单位保持着密切的联系,关注国家海洋事业发展的需求,及时调整学科和人才培养结构,积极推介、转化学校的研究成果,打造中国海洋类人才就业平台,并以副组长单位的身份,协助主持了新中国第一个海洋科学远景规划——《国家海洋科学发展规划》的制定。学校的努力赢得了行业的关注和支持,学校也因此成为中国第一所由教育部与地方政府和行业共建的高校。

5. 处理好学校自身发展与地方经济建设之间的关系

海大因其特色而与国家相关行业的联系可能更为紧密,可能更多地直接服务于国家。但是,任何大学的发展都离不开所在地方政府的支持。地方各类政策、地方政府的协调作用乃至地方政府直接的财政投入,都是学校应该积极争取的。近年来,海大的发展就很好地说明了这一点。学校"以服务为宗旨,在贡献中发展",充分发挥特色和综合优势,推出《蓝色兴鲁》和《蓝色兴市》行动计划,重点从海洋创新角度积极服务地方经济建设,较好地处理了学校自身与地方经济社会发展的关系,在"985 工程"、"211 工程"、国家实验室和新校区建设等多方面赢得了山东省、青岛市的大力支持,使学校得以快速发展,形成了"名城与名校互动"的良好局面。

6.处理好学校发展与国际环境之间的关系

海大在综合的海洋学科领域代表了国家水平,在国内一枝独秀,无人匹敌。因此,国际化是学校实现快速发展的必由之路。只有到国际参照系中才能明确自身的相位,才能了解学科国际热点和前沿,看到自身的优势和差距,得到与强手对话的机会,在国际交流、合作、竞争中得到快速发展。加之海洋开放的自然属性,决定了海洋学科的国际化属性,海大较早就重视学校发展的国际化。特别在教育部支持下,学校倡导成立"国际涉海大学协会",并任秘书长单位。以此为依托,学校在中德高层次海洋人才培养、中美 10+10 合作等多项国际合作中受益。学校的国际影响力不断提升,也为学校正在牵头建设的青岛海洋科学与技术国家实验准备了良好的国际化背景。

中国海洋大学坚持特色立校、谋海济国,建设高水平特色大学的发展道路,取得了显著的成就。海大的毕业生成为各行各业,尤其是中国海洋、水产行业的骨干与中坚。目前中国国家局 45.8% 的副司级以上领导干部和数千名优秀业务骨干毕业于海大。学校也成为国家海洋科技的重要力量,在海洋综合调查、海洋基础理论研究、应用研究及推广等方面,都作出了突出的贡献。海大的高水平特色大学建设,引起了社会的广泛关注,得到了国家行政主管部门的高度肯定。学校因此而跻身于国家"211 工程"和"985 工程"行列,并得到持续重点建设和国家的重点支持,实现了快速发展。

Thoughts on High Level University Development with Distinctive Marine Disciplines

Chen Zhuo

Abstract:This paper introduced how Ocean University of China (OUC) was developed as a key university with its strength in oceanosraphy and fisheries. Its achievements obtained and lessons learned on this process were also examined. OUC, as a representative of the marine-related higher education institutions in China, based on its strength in marine sciences and the principle of scientific development,coordinated the relationship between marine sciences and other disciplines and paved a way of key university with remarkable strength.

Keywords:Ocean University of China; marine science; high-level

(陈　　蔼:中国海洋大学文学与新闻传播学院副研究员、书记　山东　青岛 266100)

关于高校跨学科人才培养的几点思考

董振娟 ■

摘要：现代科技的发展和经济社会的发展对高校人才培养提出了新的要求，跨学科综合性人才的培养成为现代高等教育的重要任务。但是我国高校中存在诸如教育观念陈旧、课程设置狭窄、师资力量不足等问题，一定程度上阻碍了跨学科人才的培养效果。

关键词：高校；跨学科人才培养；问题；对策

随着现代科学技术的发展和现代经济社会的发展，跨学科人才培养逐渐成为高等教育人才培养的发展趋势。这既是科技、经济与社会发展的迫切需要，也已经成为世界各国高等教育界的共识。培养具有交叉学科、跨学科背景的人才，成为现代高等教育的重要任务。多学科协同、学科综合化及相关学科群体的支撑等成为培养跨学科复合型人才的重要途径。传统意义上的学科体系和专业人才培养模式，显然已不适应时代的发展。

而在我国，绝大多数高等学校仍固守着传统的专业性人才培养模式，存在众多制约跨学科人才培养广泛推进的因素。

一、专业化人才培养的观念根深蒂固

人类在工业社会时期，由于工业化生产的需要，科学的发展也表现为学科的高度分化，农业社会时代处于混沌状态的综合化学科被分化为有着不同研究对象和任务的各门类学科。研究各门学科的知识分子也分为两极，"一极是文学知识分子，另一极是科学家，特别是最具代表性的物理学家。二者之间存在着互不理解的鸿沟——有时（特别是在年轻人中间）还互相憎恨和厌恶，当然大多数是由于缺乏了解。他们都荒谬地歪曲对方的形象。他们对待问题的态度全然不同，甚至在感情方面也难以找到很多共同基础。"[1]与此同时，即使是科学与技术之间也存在很大的鸿沟，斯诺在《两种文化》里指出："我想公开地说，大多数纯科学家本人对工业生产也一窍不通，许多人现在仍然如此，可以把纯粹科学家和应用科学家纳入同一文化，但他们之间的鸿沟也很大。纯粹科学家同工程师之间经常发生误会……他们的本能使他们理所当然地把应用科学视为二等头脑的职业。"[1]由于工业社会发展的需要,培养专业化人才成为了当时教育的首要目标。

然而社会发展已从工业社会进入到知识经济社会,这种分化和文化的冲突已经不适应社会发展的需要。科学开始在高度分化的基础上走向高度综合化。科学技术综合化的趋势使跨学科复合型人才的培养成为高等学校的共识。面对新的经济社会发展趋势,我们必须充分认识到新世纪要求高等学校培养的人才不再是过分强调"知识"型为主的"专门化"人才,而应是重视素质教育,强调自然科学、技术科学与人文社会科学的结合,具备国际化、社会化、创新潜质的高素质人才。对人才质量的知识、能力与素质的总体要求应是:具备合理的知识结构,掌握科学工作的一般方法,能正确判断和解决实际问题;具备较好的国际化交流能力、合作精神以及一定的组织能力;具备良好的科学精神和人文精神,创新精神与创业精神,了解科学与社会间的复杂关系,能参与跨学科的合作;具备终生学习的能力与习惯,能适应和胜任多变的职业领域。[2]

跨学科人才培养作为一种新的教育理念,它强调在人才培养的过程中,要有计划、有组织、有目的地采取多种途径与方式,使学生有机会学习多学科的基础性知识和专业性知识。充分确立跨学科培养的理念,就是要在人才培养的整个过程中突破传统的学科专业之间的壁垒;强调在更高的层次上沟通建立学科专业的有机联系;着眼于知识的整体化和综合化,努力在有限的时间里,从知识的内在统一性上,从知识的相对完整性上掌握和运用最有效的知识。而不是从零散的、被人为切割成支离破碎的学问中去穷究细枝末节。[3]

二、专业及课程设置仍以学科为中心

我国高校的教育模式是以专业设置为基础的培养方式。尽管现在大部分高等学校设置了学院一级,而实际上只是虚化了学系,专业的实体性组织并没有改变,学生一入学,就被确定在某一专业学习,并按专业进行分班教学和开展活动;教师专注于从事专业课程的教学和本专业学生的培养;专业所拥有的教学资源供本专业的师生使用。[4]

由此可见,虽然人们可能在认识上确立了跨学科综合性人才培养的重要性,但在实际的操作层面仍然在很大程度上固囿于专业学科人才的培养。

同时,由于我国高等教育大部分仍在计划经济的轨道上运行,计划性和统一性特征仍非常鲜明。高校自身也缺乏专业自主发展与自我约束的有效机制,导致高校专业无序发展,使专业数量越来越膨胀,专业面向越来越窄,明显不适应21世纪国家对人才建设的要求。导致毕业学生就业困难,而企业却招聘不到合适的人才。

布鲁贝克在其《高等教育哲学》中谈到了课程组织,他认为大学课程组织有两种方式,一是按课程结构组织,二是跨学科组织。以院、系为单位,实现学科大跨度构建,学科大跨度构建为学科的交叉、综合和渗透提供了具体途径。多学科交汇、融合起来而形成的具有综合性质的学科就是综合类的学科。综合学科是科学发展的产物,而现代科学发展的一个重要特点就是在高度分化的基础上高度综合,即出现综合化的趋势。因此,对某一门学科、某一客观现象、某一学科中的理论问题都应采取多学科研究。如伯顿·克拉克提出要从八个方面,即从历史的、政治的、经济的、组织的、社会学的、文化的、科学的和以政策为中心的方面对高等教育进行研究。[5]

在跨学科人才培养模式的构建方面,已经有许多高校进行了积极的实践。南京大学在"三个融为一体"(融业务培养与素质教育为一体,融知识传授与能力培养为一体,融教学与科研为一体)的人才培养思想指导下,构建了"厚基础、宽口径"的人才培养模式。新生入学第一年,要求所有学生不分专业打通公共基础课,第二年以学科打基础,第二学年下学期至第三学年分流进入专业基础课。为加强理工科学生的人文素养,南京大学理工科学生在四年本科期间也必须自由选修 14 个学分的人文素质课。

北京大学以培养"厚基础、宽口径、高素质"的复合型人才为目标,坚持"加强基础、淡化专业、因材施教、分流培养"的教改方针,在本科低年级实行通识教育,高年级实行宽口径的专业教育,逐渐由学年学分制过渡到自由选课学分制以及弹性学分制。学校非常重视本科低年级主干基础课和通识课的建设,把它们作为本科生课程体系的两大支柱。这有利于充分发挥综合性大学学科交叉的优势,完善学科布局,优化学科结构,多出精品,多出原创性成果。

美国麻省理工学院(MIT)是美国南北战争爆发后建立起来的,其发展与美国社会的工业化基本保持同步,这使得 MIT 主动承担起服从和服务于国家与社会需要的使命。MIT 承诺为学生提供坚实的科学、技术和人文知识的基础,鼓励学生在发现问题和寻求解决问题的过程中开拓进取,培养创新能力。在课程设置上,强调文理结合。理科学生必须修完科学、数学、人文和社会科学同等比例的核心课程。人文社会科学则要求学生在文学和原著研究,语言、思想和价值,艺术、文化和社会以及历史的研究五类课程中选三类。在人才培养过程中,为激发学生的积极性、主动性,学校为学生提供了形式多样的学习方案,主要有本科生研究机会方案(UROP)、独立活动期(LAP)、变通的新生方案等。为了保证跨学科课程的有效开设,学校将 25 个系整合为六大部分:工学院、理学院、人类学院、管理学院、建筑学院及卫生学院,以便于统筹管理。在 25 个系之间又构建了许多横向联系的研究链,把同类的研究部分跨系组成 42 个研究中心或研究实验室。人文社会科学也受到足够的重视，成为专业教育的基本组成部分，开阔了学生的视野，培养了学生强烈的社会责任感，增强了他们的分析能力。[6]

三、教师跨学科研究能力和教育能力不足

在跨学科教育中，老师是一个关键，只有老师具备了跨学科教育与科研的思想、精神与知识能力水平，才能更好地在教学及科研活动中对学生进行跨学科的培养。如教师在课堂上展示自己最新的跨学科研究成果，使学生能够接触到跨学科研究的前沿，从而激发学生跨学科学习的积极性。而我国目前的高校教师大部分具有鲜明的学科特点，其知识结构及研究大都囿于所从事的学科。许多教师一直是在高度分化的本学科学习中从本科读到博士的，其知识和能力结构相对单一，在承担跨学科人才培养的任务中存在局限。

因此，跨学科人才的培养需要加强对教师跨学科意识和研究教育能力的培养。一方面，高校应该提供多种条件，鼓励教师在本校或外校进修不同的专业，在资金和薪酬上鼓励老师辅修第二学位或第三学位。另一方面，还要加强不同学科教师之间的合作与交流，使不同领域的老师组建科研创新团体，进行科研活动，并对这些研究人员的学术评价、职务晋升、个人待遇方面根据其跨学科研究的特点，专门研究相应的政策。

参考文献：

[1] 斯诺.两种文化[M].北京：三联书店，1994.

[2] 刘拓等.突破旧模式探索本科人才多元化培养新方案[J].中国高等教育，2004(1):33.

[3] 胥青山.跨学科人才培养与高校学科组织创新[J].辽宁教育研究，2004(1):26.

[4] 刘上海等.高校跨学科培养创新型人才的现状与措施[J].商场现代化，2009(2):62.

[5] 王恩华.大学学科建设——学科的交叉与融合[J].湖南第一师范学院学报，2003(3):27.

[6] 李培凤，王生钰.跨学科人才培养模式案例分析[J].国家教育行政学院，2004(1):41.

Some Thoughts on Training of Interdisciplinary Talents in Institutions of Higher Education

Dong Zhenjuan

Abstract: The development of science and technology, ecology and society bring forward new requirements to the cultivation of talent in the university. The cultivation of interdisciplinary and innovative talent becomes the important mission of modern high education. But there are many problems in the universities of our country, such as the educational conception is outdated, the design of curriculum is limited, the faculty is lacking, ect. It embarrasses the effect of the cultivation of interdisciplinary talent.

Keywords: university; the cultivation of interdisciplinary talent; problem; countermeasure

（董振娟：中国海洋大学社科部副教授 山东 青岛 266100）

我国中小学海洋教育的现状分析与对策建议 *

曲金良 ■

摘要：文中调研了中小学海洋教育的现状，分析了存在的问题，并提出了确定我国中小学海洋教育的基本理念、目标和内容体系；抓紧进行全国中小学海洋教育的组织实施；保障"中小学国家课程教科书海洋教育知识内容标准"的规范性的几点建议。

关键词：中小学；海洋教育；对策建议

一、我国中小学海洋教育的基本现状与问题

（一）我国对中小学海洋教育的已有重视

在我国国民教育中，关于我国既是内陆大国同时也是"海洋大国"的相关概念和知识，长期以来是一直被忽视、被遮蔽的。20 世纪末以来，共青团中央、国家海洋局、《瞭望周刊》以及不少课题组的调查显示，我国公众海洋意识相当薄弱，现实状况令人堪忧，必须从中小学认真抓起，从"娃娃"抓起。为此，全国"两会"代表、相关团体和社会各界多有呼吁和倡导，中央领导同志高度重视，国家相关部门相继推出了一系列措施和行动。例如：

2009 年，九三学社中央委员会网站刊出《关于在我国中小学生中加强海洋教育的建议》，建议国家加强海洋基础知识教育，统一全国中小学各版本教材中有关海洋知识的内容，明确基本的数据和概念，加强海洋国土观教育，加强海洋与国家主权教育。

2009 年，中央领导同志作出"海洋知识进学校、进教材、进课堂"的重要批示。

2009 年，国家海洋局向教育部发出《关于商请加强中小学海洋知识教育的函》，建议由教育部和国家海洋局联合成立"全国海洋知识教育委员会（或办公室）"并成立专家咨询委员会（或专家咨询组），就"海洋知识、特别是海洋权益知

---

* 本文基于 2010 年完成的国家海洋局海洋出版社委托课题"全国中小学海洋教育现状"研究成果而成。

识进学校、进教材、进课堂问题"研究制定解决方案和具体对策,在九年义务教育阶段增加海洋内容的分量,将海洋相关知识纳入高考必考范围,改变目前海洋知识教育可有可无、似有实无的"软任务"状况。

(二)我国目前开展中小学海洋教育的主要形式

我国目前开展中小学海洋教育的主要形式有:

一是开展"海洋知识竞赛"。其中规模最大、范围最广、层次最高的是由国家海洋局、教育部、团中央开展的"全国大、中学生海洋知识竞赛"。

二是创办小学"少年海洋学校"。主要出现在沿海、海岛地区等有海洋环境条件的小学校,由中国海洋学会批准命名,已在舟山、青岛等地建立多所。

三是创建全国和地方"海洋科普教育基地"。中国海洋学会已先后在北京、青岛、成都、大连、舟山、厦门、广州等城市,将17个海洋馆、博物馆、海监船、大学、小学等命名为"全国海洋科普教育基地"。

四是设立海洋教育"校本课程"。我国中小学教育目前设有国家课程、省本课程、校本课程三级课程体系,一些沿海、海岛地区的中小学,尤其是"少年海洋学校"、"海洋科普教育基地"学校,自设海洋特色"校本课程",自编海洋特色"校本教材",实施特色海洋教育。

五是在全国范围内开设高中"海洋地理"选修课程。这是本世纪初以来国家基础教育课程改革带来的变化。"海洋地理"作为高中地理的一门"选修课程"模块单列。人民教育出版社《海洋地理》教科书2001年出版,《人民日报海外版》等媒体以《新地理课本呈现"一片蔚蓝色"》为题作过报道,教育部基础教育司专门组织召开了"中小学教科书有关海洋内容座谈会","专家们对世纪之初强化了海洋内容的新版教材给予了肯定"。

(三)我国中小学海洋教育目前存在的主要问题

我国中小学海洋教育尽管近年来取得了一系列成就,但还没有从中小学教育的根本上解决问题。主要表现在以下几个方面。

一是"少年海洋学校"、全国性和地方性海洋科普教育基地,主要分布在沿海地区海洋科普条件较好的城市,对于全国中小学海洋教育而言不具有普遍意义。全国中小学每年在校生近1.8亿,对于其大多数,尤其是对于中西部广大农村中小学来说,普遍建设"少年海洋学校"、海洋科普教育基地是不可能的。

二是只在沿海地区中小学才有条件、有可能实施的海洋内容"校本课程"教育,同样对于全国中小学海洋教育而言不具有普遍意义。即使在开出了海洋内容"校本课程"的中小学,也因其作为"乡土教材"不具有普遍性而被排除在升中学、考大学的考试范围之外,导致这些中小学海洋内容"校本课程"的教学效果大打折扣。

三是"新课改"之后的"国家标准"课程,不是强化了海洋教育,而是弱化了海洋教育。"新课改"之后高中地理设置了"海洋地理"选修课,因此有媒体称赞"新地理课本呈现'一片蔚蓝色'",但事实并不容乐观:因为有了"海洋地理"这门选修课,高中地理的全部三门必修课和其他六门选修课几乎全都剔除了海洋内容,一点儿"蔚蓝色"不剩;"海洋地理"只是七门"地理"选修课之一,高中生选修的概率只有1/7,而且只有2个学分,不可能讲授较多内容;由于"海洋地理"内容广泛,综合性极强,且是新设选修课,各高中要找到现成的合适师资,也大多是个难题。高中选修课是学生可选可不选、学校可开可不开、高考可考可不考的,各高中在高考压力大、升学率是"第一要务"的竞争状态下,将"海洋地理"搁置,因而形同虚设,是普遍现象。对此,已有来自基层教研部门和身处高中地理教学第一线的教师尖锐指出了这一问题的严重性。

由以上分析可见,目前我国中小学的海洋教育,尚处在地区的局部性、学校的部分性、课程的随机性和边缘性阶段,对于全面普及中小学海洋教育的国家战略需求与教育目标而言,尚一无制度保障,二无规定措施,三无长效机制。

海洋教育是全民族的大事,必须从娃娃抓起,从中小学教育抓起,远非仅靠一两门课程、一两本教科书可以解决问题,必须从全国中小学全部相关课程及其教科书入手,贯穿、融入中小学全部主干必修课程之中,只有这样,才能从制度保障、规定措施、长效机制上真正落实"海洋教育进校园、进课堂、进教材"问题。

二、我国中小学现行教科书中海洋内容所占的比重

我国中小学海洋教育的基本状况,从普遍意义上说,不在于尚属个例的"少年海洋学校"、沿海一些中小学的海洋特色"校本"课程及其乡土教材,而在于全国中小学普遍采用的"国标"课程及其教科书各版本中的海洋内容所占的比重。这是分析判断和评价我国中小学海洋教育状况的基本依据。

为此,我们将小学、初中、高中各年级按照"国家标准"开设的全部主干课程和全国范围内较普遍采用的"国标"教科书"人教版"(人民教育出版社)、"北师大版"(北京师范大学出版社)以及"苏教版"(江苏教育出版社)、"鲁教版"(山东教育出版社)、"粤教版"(广东教育出版社)、"湘教版"(湖南教育出版社)、"沪教版"(上海教育出版社)等主要版本的内容进行了一一对比,将其中的海洋相关内容所占比重情况一一作了调查、分析和统计,得出如下认识。

1.语文课教科书

在全部调查统计的中小学语文教科书各版本中,海洋相关内容所占比重平均为4.9%(加权,下同),其中小学平均占4.86%,初中占6.1%,高中占3.9%。

各版本中海洋相关内容所占比重的平均值差别不大,如人教版为5.5％,湘教版为4.83％,粤教版为5.23％;但各学段教科书差别较大,如同是粤教版,其初中语文占7.8％,而高中语文则仅占1.8％。

2.思想政治课教科书

我国中小学思想政治课,包括小学"品德与生活"("品德与社会")、初中"思想品德"、高中"思想政治"。调查统计发现,思想政治课"国标"教科书中海洋内容所占比重很少。以"人教版"为例,小学6个年级的教科书共有12册、154个篇目之多,只有5年级下册中"蔚蓝色的地球"1个篇目显示了"海洋地球"的意识,另有11个篇目有所涉及。到了初中、高中,6年的思想政治课教科书共15册,全然不见海洋的踪影。

3.历史课教科书

我国义务教育阶段的历史课在初中开设。从大多数教科书版本看,编写者无海洋意识,无论是初中一、二年级的中国历史部分还是三年级的世界历史部分,无一篇讲述海洋历史。但毕竟中国自古是一个内陆与海洋兼具的大国,毕竟世界历史的进程与海洋密切相关,所以历史教科书中"涉及"海洋的内容不少。以"人教版"为例,中国历史部分约有24％的篇目"涉及"海洋内容,世界历史部分约为23.8％,海洋内容比重加权分别为8％和7.93％,均值7.98％。高中历史教科书同样无一篇讲述海洋历史,也同样"涉及"海洋的关联内容不少,如"人教版"必修课3册涉及篇目占13.3％,加权为4.43％。初、高中平均加权为6.67％。

4.音乐课教科书

通过调查多种版本的中小学音乐教科书发现,具有海洋元素的内容不少,有的还专设"东海渔歌"、"海滨音诗"等海洋题材单元。全国普遍使用的人教版中小学音乐教科书中,海洋内容元素所占的比重是:小学12册中占4.2％,初中6册中占6.95％,高中全一册中占3％。中小学综合统计占5.4％。

5.美术课教科书

中小学美术课教科书,人教版小学12册216篇目,海洋内容及关联篇目有5篇,占2.3％;初中6册,无一海洋内容;高中全一册,只在"外国绘画欣赏"中有"涉及"海洋的题材内容。整体来看对海洋内容关注不够,编者无海洋意识。苏教版小学第10册第14课为"海洋生物",从调查到的教学效果看,令人满意。

6.科学课教科书

"科学"课程在小学三至六年级开设,是初、高中的物理、化学等课程的初级课程,新课改前有的叫"自然"。从人教版、教科版(教育科学出版社)、苏教版、冀人版(河北人民出版社)等"科学"教科书来看,都很少涉及海洋内容。就连有的教科书设有"宇宙"、"生物与环境"、"水族的公民"、"环境和我们"等专题,也对海洋全然忽视。

7. 地理课教科书

地理课在初中和高中开设。地理包括人文地理和自然地理,海洋人文地理和海洋自然地理应占很大比重,但地理教科书并非如此。以人教版初中地理教科书为例,大多只是关涉海洋、提及海洋,而讲述海洋的内容,只有七年级上册第二章"陆地和海洋"2节,占全册53节的3.37%;八年级上册"中国的自然环境"、"中国的自然资源"等章,竟都不讲海洋内容。至于高中地理,因专设"海洋地理"选修课,所有必修课程和其他选修课程几乎全面"去海洋化",我们前面已作分析。

8. 物理课教科书

物理课程在初中和高中开设。尽管海洋是关涉到"物理"学科方方面面的庞大自然界系统,无论初中物理"国标"还是高中物理"国标",却全无一个"海"字。各版本的物理教科书也很少关注到海洋物理现象及其相关问题。即使高中物理分成12个模块之多,也无一模块关乎海洋物理。

9. 化学课教科书

化学课程也同样自初中开始设置。无论是初中化学还是高中化学,都未对海洋化学相关内容给予应有的重视。初中化学"国标"只在"水与常见的溶液"这一知识点中提到"海水制盐";初中化学教材如人教版全2册,上册中只有"爱护水资源"、下册中只有"生活中常见的盐"涉及海水;高中化学分必修2个模块和选修6个模块,全部8个模块的"国标"中只提到"以海水、金属矿物等自然资源的综合利用为例",人教版教材中只有半节课是"开发和利用海水资源"。

10. 生物课教科书

生物课在初、高中开设,而初、高中生物课"国标"中无"海"、"洋"一字。但检读人教版初中生物教科书,在"生物圈"、"生态系统"、"地球上生命的起源"等内容中对海洋生物有所观照;高中生物教科书讲到海洋生态系统、海洋生物资源开发利用和保护,被列为"课外读物"。相对而言,北师大版八年级下册生物教科书涉及海洋内容较多,如"生命的发生和发展"、"物种的多样性"等章节。高中生物课必修、选修共6个模块,都未重视海洋生物、海洋生态与环境问题,涉及的海洋相关知识星星点点。我们检视全国中学生生物学比赛、全国高考生物试卷,在大多年份中无任何海洋内容,海洋"知识点"是零,是可以想见的。

总结如上分析并作统计,我国目前中小学主要课程教科书中海洋知识所占的比重,可汇总如表1。

表1　我国中小学主要课程教科书海洋知识比重一览表　　　单位：％

序号	小学阶段		初中阶段		高中阶段		总加权比重
	课程名称	海洋比重	课程名称	海洋比重	课程名称	海洋比重	
1	语文	4.86	语文	6.1	语文	3.9	4.9
2	品德与生活＆社会	5.5	思想品德	2	思想政治	2	4
3			历史	7.98	历史	4.43	6.67
4			地理	3.37	地理	7.18	5.6
5	音乐	4.2	音乐	6.95	音乐	3	5.4
6	美术	2.3	美术	1	美术	2	1.87
7	科学	2					2
8			物理	3.3	物理	2	2.65
9			化学	5.17	化学	6.55	5.86
10			生物	4.5	生物	3	3.75
我国中小学主要课程教科书(10门课程主要版本)海洋知识平均权重							4.27

通过以上调查分析，我们可以发现，尽管中小学教科书对海洋相关内容的教育已经有所重视并有所体现，但仍然存在着三大问题：

(1)我国作为一个海洋大国，中小学基础教育课程中的海洋内容总体而言偏少，这对于实现增强全民族海洋意识和海洋观念的国家目标，远远不够。

(2)我国中小学基础教育主干课程的教科书，除了"海洋地理"这一选修课教科书，总体来看海洋意识缺失。尽管现行教科书中海洋知识内容占有一定比例，但多是"不自觉"的，因而零碎、不系统，不能产生海洋教育的实际效果。

(3)我国中小学文史教科书中，在关涉海洋的问题上，有些思想观念、理论观点大有问题，"毒害"青少年，不利于国民海洋意识的增强、海洋观念的提升、爱国感情的培育和海洋强国建设所需要的民族自豪感和自信心的养成。

因此，强化教育者尤其是中小学教科书编写者的海洋意识，树立正确的海洋观念，加大教科书中海洋知识教育、海洋观念教育内容的比重，是一项十分迫切而又十分艰巨的国家使命，应该由国家决策并付诸行动。

三、我国中小学海洋教育实施的对策建议

(一)确定我国中小学海洋教育的基本理念、目标和内容体系

1.我国中小学海洋教育的基本理念

我国实施中小学海洋教育"进校园、进课堂、进教材"的"三进"方针,是国家实施国民海洋教育的重大战略决策,也是具有根本性、基础性的制度安排。我国中小学常年在校生近1.8亿人口,中小学生是国家的未来,是国家全面实施国民海洋教育的主要对象,因而中小学海洋教育担负着国家实施国民海洋教育的主要使命,必须发挥中小学作为国民海洋教育主阵地、主渠道的本质功能和作用。我国的中小学海洋教育要实现"进校园、进课堂、进教材",必须通过中小学的课堂教学、教科书教学主渠道主阵地进行,而不是在此之外另行设置外加的课程、另行编写外加的教科书,使中小学海洋教育游离于中小学的基本课堂教学、教科书教学主渠道主阵地之外,形成"两张皮"。

2. 我国中小学海洋教育的基本目标

我国中小学海洋教育的基本目标,即主要通过中小学主干课程及其教材教学所应该达到的教育目标,应是使全国中小学生:

(1)了解、关注人类拥有的"共同遗产"——海洋的基本面貌和现实状态。

(2)了解、关注我国的"海洋国土"和基本"海洋国情"。

(3)了解、重视海洋对于人类生存环境与社会文化发展的重大作用。

(4)了解、重视海洋对于我国自然环境与社会文化形成和发展的重大作用。

(5)了解、理解世界不同区域主要国家、民族利用海洋发展自己的不同模式和历史道路。

(6)了解、理解我国利用海洋发展自己、维护海洋区域世界和平秩序的主要模式和历史道路。

(7)了解、熟悉人类获取和开发利用海洋资源的基本科学原理、主要手段和途径。

(8)了解、熟悉世界和我国面临的主要海洋环境问题、原理、原因和保护与解决途径。

(9)了解、支持我国海洋资源利用和海洋产业发展的国家战略。

(10)了解、支持我国的海洋主权和海洋权益主张与基本国策。

(11)形成、坚守热爱海洋,呵护海洋,和谐、和平、可持续发展利用海洋的基本人生态度和社会公德。

(12)形成、坚守为和谐、和平、可持续发展利用海洋而人人有责的国民自觉公德理念。

3. 我国中小学各科教科书海洋教育的基本内容体系

我国中小学海洋教育的基本理念和基本目标的实现,需要有在中小学各阶段各科教科书中的适度充分和丰富的海洋知识内容体系来支撑。

中小学海洋教育的海洋知识内容体系,可分为海洋地理、海洋社会、海洋历史、海洋文艺、海洋环境、海洋资源、海洋技术、海洋经济、海洋管理共十个大类，每个大类包括多个二级类目，可分别融入中小学各科课程教科书的对应类目内容。如"海洋地理"，包括"世界海洋地理"、"中国海洋地理"、"海洋自然景观"（"海洋人文景观"列在"海洋社会"等大类）等，其可对应融入的中小学课程暨教科书，既有初高中地理、小学科学等主要对应课目，又有小学品德与生活 & 社会、初中思想品德、高中思想政治、初高中物理、化学、生物以及小学初中高中都有的语文、音乐、美术等关联对应课目。再如"海洋社会"，包括海洋人类聚落、海洋社会组织、海洋社会生活、海洋宗教信仰、海洋民俗风情、海洋旅游观光、海洋休闲活动等，其可对应融入的中小学课程暨教科书，既有思想政治、历史、语文、地理等主要对应课目，又有音乐、美术乃至物理、化学、生物等关联对应课目。其他大类也是同理。

基于如上我国中小学海洋教育应实现的总体目标和各科教科书应分别对应充实"融入"的海洋教育内容体系，可以设计出每门课程教科书中应至少"融入"的具体海洋知识内容的设置。

4. 我国中小学海洋教育基本内容在各科教科书中应占的比重

为实现我国中小学海洋教育的基本目标，基于中小学各科课程教科书应分别对应充实"融入"的海洋教育内容体系，可以通过调研、分析、论证，确定出每门课程教科书中应至少"融入"的具体海洋知识内容所占该教科书内容总量的恰当比重。

由于中小学各阶段、各课程的内容性质的区别，其具体海洋知识内容各自所占的比重应有所不同。例如，语文课程承担着综合素质性育人功能，其在小学、初中、高中学段的海洋知识内容可以有所差别，但总量上应以不少于 10％的比重为宜；中学历史教科书对中外历史的叙述需强调海洋在人类历史演进中的作用，尤其需大力加强中国既是一个内陆大国又是一个海洋大国的历史文化教育，因此中外海洋历史内容在历史教科书中所占的总体比重（初中、高中阶段可有所不同），以不低于 15％为宜；初中、高中的地理课程关涉海洋自然地理和人文地理知识体系范围既广，内容又多，在初中地理课、高中必修课中的比重亟需加强，以总量不低于 15％为宜（对各高中开设"海洋地理"选修课与否不宜作统一要求）；而至于有些与海洋内容关联度不是太紧密的课程，如数学、外语等，则不必硬性规定海洋内容占比重过多。比如数学，只要教科书编者海洋意识较强，在结合现实生活的例题中对海洋相关内容有适度的呈现即可，其具体的比重，在 1％～2％或 2％～3％之间，都是可以的。

至于我国中小学课程中海洋教育知识内容总量占全部教科书内容总量的整体比重，参考日本中小学各学段各学科海洋知识内容总体约占 20％、台湾地区要求原则上占到10％，我国中小学教科书海洋知识总量所占的比重，以8％～10％为原则，至少不低于8％，应该是适宜的，也是完全可以做得到的。

具体做法，可以先从"课标"的全面修订入手，就小学、初中、高中各门课程应该融入的海洋教育内容，分别设计出各自恰当的内容比重，并分别制定出各自相应的必修内容要点；在不增加现行"课标"规定课时总量、内容总量，以不增加学生课业负担的前提下，合理完善课程内容体系，合理置换掉原教科书中的一些可被置换掉的相应内容。

(二)抓紧进行全国中小学海洋教育的组织实施

我国中小学海洋教育基本目标的实现，如上所论，必须通过中小学正常的课堂教学这一教育主阵地主渠道进行。因此应当由国家相关部门尽快成立相关机构，尽快组织实施。

(1)由教育部会同国家海洋局牵头，组织成立"国家海洋教育领导小组"并成立"国家海洋教育专家委员会"，负责全国中小学海洋教育"进校园、进课堂、进教材"，全面融入中小学课程教科书的组织实施。

(2)由"国家海洋教育领导小组"和"国家海洋教育专家委员会"适时组织进行中小学国家课程教科书全面融入海洋教育知识内容的立项调研与设计工作，制定"中小学国家课程教科书海洋教育知识内容标准"，作为国家适时修订现行中小学各科"国家课程标准"的基本依据。

(3)按照"中小学国家课程教科书海洋教育知识内容标准"，适时启动对现行中小学教科书各"国家课程标准"的修订，并适时进行对现行中小学"国标"课程教科书的修订编写工作。

(4)选择适度规模的一部分条件较具备地区，进行按照新修订的中小学"国家课程标准"新修订编写的中小学教科书的教学使用实验。

(5)经过一段时间的实验，总结经验，修订完善，在全国中小学中推广施行。

(三)保障"中小学国家课程教科书海洋教育知识内容标准"的规范性

"中小学国家课程教科书海洋教育知识内容标准"作为我国实施中小学海洋教育的指导文件和修订现行中小学教科书"国家课程标准"的基本依据，应努力保障其作为国家教育行为的规范性。这主要包括：

1.海洋知识教育在各科教科书中的知识内容比重的规范性

保障中小学教科书中海洋知识内容的适度比重，是保障国家中小学海洋教育基本目标实现的核心制度措施。海洋知识相应内容在各科教科书中具体占比重多少，应根据我国需要和可能性、可行性，参照国际经验，广泛征询各方意见建议,通过整体和专题研究,在"中小学国家课程教科书海洋教育知识内容标准"中分别给出明确规定。其基本原则应是:其一,各科教科书内容总量不加,以不增加中小学生的课业负担;其二,能够体现国家海洋教育意志,可以保障中小学海洋教育基本目标的实现;其三,小学、初中、高中不同层次有不同的适应学生年龄段、适应其难易程度的内容体系,做到海洋教育内容"有兴趣、有意义、有系统"的"三有"的统一。

2. 海洋知识教育在各科教科书中的知识内容的规范性

中小学教科书中的海洋知识内容的规范性,体现的是国家对世界"海情"和我国"海情"的基本事实及相关数据、相关表述的权威口径。由于目前全国海洋教育尚无统一的领导、指导和统一的规范,许多海洋知识数据、内容多种"说法"并存;即使在目前使用的国家课程教科书中,也有不少海洋知识数据、内容的表述相互矛盾、抵牾,亟须制定规范,形成统一的基本认识和权威的表述口径,以利于中小学生乃至社会公众对海洋知识内容的基本掌握。

3. 海洋观念教育在各科教科书中的表达的规范性

中小学海洋教育的宗旨是增强全民族的海洋意识,以提高中小学生对海洋重要性和国家海洋发展重要性的认识,强化其爱国情感和将我国建设成为世界海洋强国的自觉性。因此,对海洋、对世界和我国海洋发展的历史、对当代建设海洋强国的目标走向的基本理念,包括基本观念和基本观点,在全国中小学海洋教育中是国家意识、意志的标准表达,不是"学术自由"的空间。如对郑和下西洋至今有不同评价,有的课堂教案将之戏称为"洋(杨)白劳",意即下西洋是白忙乎、白劳作、徒劳无功,可见思想观念混乱。因此应在"中小学国家课程教科书海洋教育知识内容标准"中作出明确规定。

4. 海洋教育的知识与观念内容在全国高考科目中体现的规范性

尽管中小学海洋教育的目的不是为了高考,但必须与高考结合,将海洋知识内容纳入高考必考范围。高考"必考"(而不是"选考"),对学生"必学"(而不是"选修"),无疑是一种"绑定",在我国大学招生实行全国或地区统考制度下,对于学生重视和强化海洋知识内容的学习掌握,无疑是一种"制度化"保障。因此,"中小学国家课程教科书海洋教育知识内容标准"应作出与高考相衔接、并在高考各科目试卷中占一定比重的规范化规定。

(四)完善中小学国家课程教科书编写的"准入"标准

国家基础教育的统一,是国家统一的重要标志,也是受教育者对国家认同的重要载体。国家统一的基础教育的内容,体现的是国家意识、意志。因此,建议国家课程的教科书由国家统一编写,国家课程标准教材不得市场化、不得竞争;对具体承担教科书编写的"班子",须提高"准入"资质的"门槛"标准。国家课程教科书由国家统一编写,省本课程教科书、校本课程教科书仍由各省各地安排,这样既可保障国家意识、意志和全局目标的实现,又可发挥国家、地方两个积极性,并减少教材竞争造成的浪费,减少因教材、教辅过多过滥导致学生无所适从和价格过高给学生家庭造成的经济负担。同时,提高国家课程教科书编写队伍"准入"资质的"门槛",也是消除和避免教科书出现内容质量问题(教育部为此经常发布《关于对中小学教材进行检查的通知》,被"叫停"的并非个例)的制度保障。

(五)加强我国中小学海洋教育的师资培训

全国中小学国家课程教科书充实融入海洋教育内容之后,全国每年将有近1.8亿在校中小学生使用新修订编写的各科"国标"教科书上课,近1200万中小学教师使用新修订编写的各科"国标"教科书备课、讲课。教学的关键在教师。要使近1200万中小学教师熟悉、适应充实融入了海洋教育内容的新教材,掌握、精通充实融入的海洋教育新内容,必须实施对中小学教师大面积大规模的海洋教育知识内容专题培训。诚然,对全国近1200万中小学教师的全面培训是不现实的,但有计划、有步骤、适度规模的分期分批的常规化、常态化的中小学师资海洋教育专题培训,应当尽早开展起来。目前教育部正在实施"中小学教师国家级培训计划"(简称"国培计划",从2010年开始),由中央财政支持。我国中小学教师海洋内容教育的专题培训可纳入"国培计划"施行。先行接受培训的中小学教师,就是全国全面铺开中小学课程海洋教育教学的"种子队"。

面向全国范围的中小学海洋教育专题师资培训,需要大量的专题培训教材。建议"国家海洋教育领导小组"和"国家海洋教育专家委员会"成立之后,适时组织研究制定中小学教师海洋教育专题培训总纲和分科目大纲,并据此编写出版分科目培训读本。此可与"中小学国家课程教科书海洋教育知识内容标准"的制定和"国标"课程教科书的修订编写,同步或先后组织施行。

The Analysis of and Proposals on Marine Education in Elementary and Secondary Schools

Qu Jinliang

Abstract: This paper investigates the status of marine education in primary and secondary schools, and analyzes the existing problems and puts forwards several suggestions such as determining the basic concept, objectives and contents of marine education in primary and secondary schools; paying close attention to the organization and implementation of the national marine education in primary and secondary schools; and ensuring to implement the primary and high school national curriculum textbooks standards in terms of marine education knowledge and content.

Keywords: primary and secondary schools; marine education; countermeasure and suggestions

（曲金良：中国海洋大学海洋文化研究所教授、所长 山东 青岛 266100）

关于实施"蓝色海洋教育战略工程"的构想

薛振田 ■

摘要:论文以海洋经济与海洋教育相互影响,相互促进为理论基点,分析山东及青岛市实施蓝色海洋教育战略,建设半岛蓝色经济区的意义和优势,提出实施"蓝色海洋教育战略工程,为半岛蓝色经济区建设提供强大的人才和智力支持库"的战略构想和对策。

关键词:海洋教育;蓝色经济;智力支持

一

21 世纪是海洋的世纪,开发海洋资源越来越引起世界各国的重视,海洋经济日益成为一个国家或地区发展的重要增长极。党的十七大报告提出"发展海洋产业,构建现代产业体系"的思路,胡锦涛总书记 2009 年 4 月视察山东时提出"要大力发展海洋经济,科学开发海洋资源,培育海洋优势产业,打造山东半岛蓝色经济区"的构想。2012 年 1 月 4 日,国务院正式批复《山东半岛蓝色经济区发展规划》。这是"十二五"开局之年第一个获批的国家发展战略,也是我国第一个以海洋经济为主题的区域发展战略,标志着山东半岛蓝色经济区建设上升为国家发展战略。山东省提出了到 2020 年基本建成山东半岛蓝色经济区的具体目标。打造山东半岛蓝色经济区是深入贯彻落实科学发展观的战略要求,它有利于进一步充分发挥山东经济大省、海洋大省的优势,优化区域发展布局,促进区域经济协调发展,是增强我省在全局发展中的地位与作用的重大战略机遇,意义重大而深远。

蓝色经济区是以临港、涉海、海洋产业发达为特征,以科学开发海洋资源与保护生态环境为导向,以区域优势产业为特色,以经济、文化、社会、生态协调发展为前提,具有较强综合竞争力的经济功能区。蓝色经济区的建设需要强大的科技、人才和智力支持。"蓝色经济区"必须以"蓝色教育区"为支撑。这是基于教育和经济相互关系考察得出的结论。海洋经济与海洋教育是相互影响,相互促进的。海洋教育可以为海洋经济提供强大的科技、人才和智力支持。经济要发展,教育应先行。以此为理论基点,我们提出实施"蓝色海洋教育工程,为半岛蓝色经济区建设提供强大的人才和智力支持库"的战略构想。"蓝色海洋教育工程"战略的提出,是建设山东半岛蓝色经济区的一项重要战略举措,是为蓝色经济区建设培养各类人才的一项基础性工作,也是贯彻"科教兴海"、"科教强省"、"教育先行"战略的具体要求。

二

山东是一个经济强省,也是一个海洋大省和教育大省。山东拥有 3100 多千米的海岸线,滩涂面积 3200 多平方千米,沿岸海湾 200 多处,岛屿 326 个,海洋自然资源丰度指数居全国之首。2008 年,山东省海洋生产总值 5346 亿元,比上年增长 19.4%,占全国海洋生产总值的 18%,占全省生产总值的 17%,居全国第二位。山东省海洋区位优势明显,海洋资源丰富,海洋产业基础较好,海洋科技和海洋教育力量雄厚,在发展海洋经济,实施蓝色海洋教育战略方面有着天然和人文的优势。尤其是作为山东改革开放龙头城市的青岛。作为我国东部沿海重要经济中心城市和对外开放城市,青岛发展海洋经济、建设蓝色经济区具有较好的基础和条件。

一是区位和自然条件优越。岛城的海洋资源优势很明显。青岛东与日本、韩国隔海相望,经济腹地延伸至黄河流域大部分地区,拥有近海海域 1.22 万平方千米,陆地海岸线长 711 千米,占全省的 24%,滩涂 375.3 平方千米,占全省的 12%,海岛 69 个,天然港湾 49 处。其中胶州湾、鳌山湾、董家口等是优良天然港址。岛城海域生态环境良好,近岸 95% 以上海域符合国家一、二类海水水质标准。作为区域性国际航运中心,青岛拥有位居世界前十强的亿吨大港,青岛港与世界 150 个国家和地区的 450 个港口有经贸来往。海洋生物资源丰富,"山、海、城、文、商"完美结合,为海洋经济的发展奠定了良好基础。青岛因海而生、凭海而兴,发展海洋经济、建设蓝色经济区具有天然的优势。二是海洋科技力量雄厚。除了本身拥有的天然"硬件",岛城还拥有较强的海洋科技人才队伍,这也为青岛发展海洋经济提供了"软件"——智力支持。青岛市拥有中国海洋大学、中国科学院海洋研究所等 28 家海洋科研与教育机构,占全国 1/3 以上,有 20 个部级重点实验室、7 艘千吨级以上海洋调查船;有海洋领域的两院院士 17 位,涉海领域两院院士占全国的 60% 左右,各类专业技术人才 5000 余人,特别是高级海洋生物专业技术人才占全国同类人才的 40% 以上。青岛海洋科技成果显著,在国家 973 计划海洋领域启动的 14 个项目中,有 11 个项目的首席科学家和主持单位在青岛。我国海水养殖的五次浪潮都在青岛发起,是名副其实的中国海洋科技城。

三是强大的产业支撑。多年来,青岛海洋渔业、港口物流、船舶制造、滨海旅游等传统产业稳步发展,海洋生物制品、海洋药物、海水淡化等新兴产业加快发展。特别是海洋生物产业迅速崛起，海洋生物医药产值已占全国的 40%，是我国海洋药物及海洋生物制品研发和生产基地。

四是基础设施日趋完善。经过多年的建设，青岛港口集群基本形成，拥有生产性泊位 94 个，港口货物吞吐量居世界第七位，集装箱吞吐量居世界第十位；空港起降能力达到 4E 级标准，已开通 94 条国际、国内航线，通航国内 50 个城市及国际 8 个城市。集疏运体系进一步完善，高速公路、铁路连接全国网络。中美、环东亚、亚太新国际海底光缆均在青岛登陆，为蓝色经济区建设提供强有力的保障条件。

青岛因海而生、凭海而兴，海洋赋予了青岛独特的文化基因和人文内涵。青岛发展海洋经济、建设蓝色经济区具有得天独厚的优势条件，必须抓住这一重大机遇，加快打造山东半岛蓝色经济区的核心区和国际一流、国内领先的海洋经济强市。近年来，青岛市海洋经济保持较快发展速度，2008 年实现总产值 1222 亿元，居全省之首，全国同类城市第二位，海洋产业增加值达到 462 亿元，占全市生产总值的 10.4%。尤其是 2010 年更是取得长足发展，全年全市海洋产业总产值达 1400 亿元，实现增加值 550 亿元，约增长 16%，高于全市生产总值的增长速度。在海洋产业方面，武船重工海洋工程与特种船、中石油海洋工程、扬帆造船等项目竣工投产，中石化 LNG 项目、国际会展中心及水上度假城项目（一期）博览中心、华强科技文化产业园开工建设，港中旅青岛海泉湾度假城商业街竣工，百发海水淡化项目施工进展顺利，国家生物产业基地医药中试生产中心、712 船舶电力所项目、702 所深海装备试验检测基地等加快建设。目前，青岛已经构建起较为完善的蓝色经济产业体系，形成了临港石化产业、造船、海洋工程等临港产业集群。青岛市提出了建设半岛蓝色经济先行区、核心区的目标，也进行了部署和规划。按照规划，到 2015 年，青岛市将初步建设成为我国蓝色经济科学发展的先行区、山东半岛蓝色经济的核心区、海洋自主研发和高端产业的聚集区、海洋生态环境保护的示范区等。到 2020 年，青岛成为区域性海洋新兴产业发展中心、国际海洋科技教育人才中心、国际滨海旅游度假中心和国际海上体育运动中心，成为充满活力、人与海洋和谐相处的蓝色经济强市。青岛在发展蓝色经济方面已经取得了令人瞩目的成就，应当以此为基点，继续发掘自身的优势和活力，在半岛蓝色经济区的建设中有更大的作为。

三

虽然青岛及山东在海洋经济发展上取得了很多成绩，有很好的积累，但仍面临着很多问题和挑战。半岛蓝色经济区的建设离不开强大的科技和智力支持。海洋科技创新和海洋人才培养是支撑山东半岛蓝色经济区建设的关键要素。实施"蓝色海洋教育战略工程",就是为了给解决蓝色经济区建设提供强有力的人才智力支撑。对于这一战略的实施,我们提出如下几点不成熟的想法或建议。

1.加快区域内高校的专业调整和设置的统筹工作

据了解,半岛蓝色经济区有高等学校53所、在校生60.6万人,分别占全省高校及在校生总数的42%、36.7%,高等教育实力较强。但区域内高等学校的定位、服务方向、专业设置有待进一步调整优化,现有的学科专业和经济区产业结构尚未全面匹配。根据区域内高校已有的特色和半岛蓝色经济区发展的需要,区域内的高校当前首先要做好专业的调整设置工作。考虑到人才培养的滞后性,相关专业设置工作应该在2015年之前完成。例如,滨州、东营等地高校要重点发展农业技术、水产养殖、畜牧兽医、生物技术、精细化工、海洋化工、环境生态、现代物流、食品加工、装备制造等专业;青岛、烟台、威海、潍坊等地高校要重点发展装备制造、电子信息、船舶工程、核电技术、港口物流、水上运输、生物技术、制药技术、生态环保、文化旅游等专业;日照及周边高校要围绕鲁南临港产业带建设,重点发展机械制造、材料能源、港口物流、交通运输等专业。区域内每所本科院校重点发展5～8个学科专业群,每所高职院校重点发展3～5个专业群,实现优质课程资源共享。加快薄弱、空白专业的建设和设置工作。教育主管部门统筹部署,有关院校要积极响应,主动调整专业设置。

2.加快高技能实用人才的培养工作

蓝色经济区的建设,需要大批实用型高技能人才和高素质的劳动力。为培养高技能实用人才和高素质劳动力,我省必须大力推动中等职业学校的校企合作工作。山东省提出了到2015年,在蓝色经济区域7市内建成5个区域性公共实训基地、20个骨干专业实训基地的目标。此外,还要大力推行"一体化"教学模式、订单培养、企业参股入股创办技工学校等培养模式,为蓝色经济区建设输送高素质劳动力。

3.加快智力引进工作

在海洋高级人才方面,山东省乃至青岛市仍然存在人才结构不合理、人才培养与现实脱节、人才发展平台建设不足等问题。一方面,靠区域内院校培养,另一方面,也要加快人才引进工作。山东省2010年出台了《关于进一步加强山东半岛蓝色经济区人才智力支持工作的意见》,提出将以重点高校和国家级科研机构为依托,尽快集聚一批院士、"百千万人才工程"人选等高层次领军人才和创新团队,并重点选派蓝色经济区发展急需紧缺的高层次人才赴海外进修,蓝色经济区聘请外国专家的立项数量和资助项目不低于山东全省的50%。为使人才"引有所用",山东省提出,将加快重点实验室、博士后科研创新基地及博士后站、产学研中心、中试基地、工程中心等高层次人才载体建设,规划到2015年,蓝色经济区博士后科研流动站达到 50 个、工作站达到 100 家,为海内外高层次人才和团队创新创业打造良好平台。为了更好地适应建设半岛蓝色经济核心区的现实需要,青岛市也在实施"青岛市加快引进海外高层次创新创业人才专项计划",计划用 3～5 年时间,引进 2000 名左右的海外创新创业人才,将形成三个层次的梯次结构:第一层次人选 300 人左右,重点引进能够突破关键技术、发展高新技术产业、带动新兴学科的海外高端人才,提升和优化我市人才结构,建设一支创新型领军人才队伍。第二层次人选 600～800 人。一般应在海外取得博士或硕士学位;在国外高校、科研院所担任相当于助理教授以上专业技术职务,或具有国际知名企业、金融机构 3 年以上工作经历,取得较好工作业绩。第三层次人选 1000 名左右,为各区市、各单位急需紧缺的创新创业人才或实用型人才。在引进人才的专业结构上,着眼于半岛蓝色经济核心区建设的需要,结合青岛实际,在进一步强化海水良种培育、海水养殖、水产品加工等传统优势产业人才支撑的同时,重点向海洋船舶、海洋化工、海洋医药、海水综合利用、海洋新材料、海洋工程建筑、海洋装备制造、海洋矿产与新能源、海洋交通运输物流、海洋文化旅游、海洋生态环保等新型蓝色经济产业倾斜,以人才优势支撑蓝色经济发展,以人才优势争取国家蓝色经济发展重大项目布局青岛。当前人才引进的重点要向先进制造业和现代服务业领域倾斜,着眼于半岛蓝色经济核心区建设的需要,以人才优势支撑蓝色经济发展。这是一项很好的应对举措,应使这项工作尽快落实开花、结果。

4. 重视与蓝色经济相关的其他学科的人才(涉海、临海等"泛蓝色"跨学科人才)培养工作

山东半岛蓝色经济区的提出是一个新的构想和发展思路。当前全省正紧紧围绕这一蓝图进行深入的学习和研究,厘清思路,精心谋划。当前人们更多地将注意力集中在海洋优势产业的培育及产业布局的调整、海洋资源开发利用和保护等领域。虽然人们也注意到人才培养问题,但多是将关注的焦点放在海洋专业人才上。建设半岛蓝色经济区,不仅需要高素质的海洋科技方面的"纯蓝色"专门人才(海洋学科人才),而且同样需要大量的与蓝色经济相关的其他学科的"泛蓝色"人才(涉海、临海等跨学科人才),如物流业、旅游业等方面的人才培养。我们认为应充分发挥青岛作为中国海洋科研和教育中心的排头兵作用,培育海洋优势学科,加大海洋高层次专业人才的培养力度,并积极推进教育资源的整合和重组,加强涉海类、临海类专业和理工学科的建设,积极推进海洋类跨学科人才培养工作,加强对建设与蓝色经济相应的人才智力支持库的研究等。

5. 重视海洋基础教育、海洋社会教育工作,营造浓厚的海洋教育社会氛围

一种教育类型,海洋教育不仅包括海洋高等教育,从层次和类型上说,它也

应当涵盖海洋基础教育、海洋职业教育、海洋社会教育等形式。而且海洋基础教育、海洋社会教育是各级各类海洋人才成长的根基,是为广大海洋劳动者奠定基本素质的关键环节。应当把海洋基础教育、海洋高等教育、海洋社会教育作为一个完整的系统进行通盘考虑,而不能"顾上不顾下,顾左不顾右"。除大力发展海洋高等教育外,还必须强化中小学的海洋教育工作,通过开设"蓝色家园"地方教育课程,组织丰富多彩的蓝色海洋教育活动,在全省营造浓厚的海洋教育社会氛围,为各级各类海洋人才的成长奠定良好的根基。

海洋是人类生存与可持续发展的宝贵财富。山东省是海洋大省,青岛市三面环海。随着蓝色经济的发展,海洋环境将面临更大的压力。除采取有效措施加强海洋环境管理外,对青少年进行环境教育和海洋观教育,强化蓝色文明意识很有必要。海洋观教育是一种综合性的教育,它包括海洋价值观、海洋国土观、海洋权益观、海洋防卫观等。海洋教育活动包括学校海洋教育、家庭海洋教育、社区海洋教育与媒介海洋教育。实施海洋环境教育及海洋观教育可从以下途径入手:一是继续在全市中小学推广和普及我市已开发的《蓝色家园》、《生命教育》、《环境教育》三大青岛地方特色教材。二是定期组织青少年参加海洋夏令营活动,组织其参观国内外著名的海洋游览区、海洋博物馆、水族馆及科技馆等活动,增强其海洋意识。三是完善校外教育资源和网络。充分利用社区、电视、因特网、图书、报刊等形式和场所对大中小学生进行海洋教育。四是设立专向研发课题,组织专业人员,利用计算机技术设计和开发虚拟海洋博物馆,并将其覆盖至大中小学校图书馆,让全市学生不出校门就能以模拟的方式进入海洋中,学习海洋相关知识,领略海洋的奇观。

Conceiving of a Strategic Project on Blue Ocean Education

Xue Zhentian

Abstract: Based on the theoretical arguments that marine economy and education interact, this paper analyzes the significance·and advantage of the Shandong Province and Qingdao City to implement blue ocean education strategy and construct Peninsula Blue Economic Zone. And this paper puts forward the strategic vision and countermeasures that is to implement the blue ocean education strategic project and provide personnel and intellectual support to the construction of Blue Economic Zone of Shandong Peninsula.

Keywords: marine education; blue economy; intellectual support

(薛振田:青岛理工大学人文与社会科学学院副教授 山东 青岛 266033)

信息时代跨学科海洋高等教育中泛在学习环境的构建*

陈凯泉 ■

摘要：海洋类院校中海洋学的学科优势明显，且学科资源丰富。这些优势资源应在本科教育中通过跨学科教育的形式，以信息技术为支撑，实现一定程度上的共享。实施跨学科的海洋高等教育应科学地配置和整合已有的资源，设置专门的大学生学习指导中心，开展面向问题的合作性研究性学习，建立更多有效的跨学科研究机构和综合性研究平台，并借助泛在互联网络和计算设备，从技术设施、学习资源和学习共同体三个方面为大学生构建支撑泛在学习的技术文化环境。

关键词：跨学科；海洋高等教育；泛在学习；学习环境

一、引言

学科发展的同时伴随着学科的分化，有学科优势并且特色鲜明的研究型大学中这种学科分化体现得尤为明显，如海洋学科分化形成了物理海洋学、化学海洋学、生物海洋学和地质海洋学等学科，这些研究型大学的重要院系主要是以这些分化形成的特色学科为基础。学科分化的同时是特色型专业在一些其他专业渗透交叉，形成了如专门处理海洋数据信息的海洋信息技术专业。学科的分化及渗透交叉显然有利于对各专门领域的专深研究，但又造成了对学科统一性的打破，尤其在本科生教育层面容易形成知识组成较为狭窄、学科视角单一等问题。本科生教育同样是一种更高层次的基础教育，科学家霍尔顿曾指出"一个充满生气的研究论题的思想源泉并不局限在狭窄的一系列专业上，而可能是来自最不相同的各个方向"[1]。对本科生的教育更应综合多学科知识的背景，以跨学科教育的形式给大学生一个统一而又全面的学科视野。同时，在信息时代，信息技术广泛而又深入地渗透到大学生的学习和生活，但在具体的大学生学习实践中，学习者主动性不足、学习交互行为匮乏、所谓的探究性学习活动形式化严重、

————————————
* 基金项目：本文系山东省教育厅人文社科研究项目"信息时代研究型大学的组织创新"（J10WH73）及中国海洋大学文科基金项目"数字化时代研究型大学的组织变革"（H09YB16）的研究成果。

学习资源利用意识欠缺等表现普遍，大学生学习质量的提升依然具有较大空间。海洋高等教育应以跨学科的思想为指导，以信息技术为支撑，构建起培养创新型海洋人才的泛在学习环境。

（一）跨学科教育的概念及特性

美国哥伦比亚大学著名心理学家伍德沃思（R. S. Woodworth）在1926年提出了跨学科（Interdisciplinary）这个概念。1984年版商务印书馆出版的《英华大辞典》把跨学科解释为："涉及两种以上训练的；涉及两门以上的学科。"跨学科式的研究中心、学院或研究院现已成为大学内的一种新型组织，以跨越多个学科的形式进行综合性的专业教育也被诸多大学纳入到人才培养的发展规划中，跨学科教育作为一种新型教育范式取得了良好的效果。如麻省理工学院的"科学、技术与社会规划学院"（Science，Technology and Society，STS）[2]就是有组织、有计划地在自然科学、技术科学与人文科学、社会科学相互交叉的学科领域进行跨学科教育。跨学科教育既适应了现代科学技术发展综合化、社会问题复杂化的发展趋势，又促进了高校教学质量的提高，对于培养学术理论创新人才和高级复合型应用人才具有重要意义[3]。

跨学科教育兼具研究与教育两种学术行为，它不仅能推动多个学科间的交叉研究和知识创新，而且能大大拓宽学生的学术视野和提升学习效率，且又不同于传统的专业教育和通识教育。传统专业教育注重线性与纵深，以专深为主线；通识教育注重扩大学生的知识面，以广博为主线。跨学科教育以一定的学科领域为立足点，在横向上注重相关、相邻学科知识领域的引入与拓宽，同时又非常注重寻找多个学科间的联系，在相关相近学科中寻找共同点或矛盾的统一点，以此为手段解决专业问题和发展新的知识增长点。因此，跨学科教育必须建立在多学科教育的背景上，但它又有着特有的、专深的研究方向和应用背景，即不同学科间的联系。这种联系可以分为两类，一是学科的生长点，体现了学科发展的内在逻辑，如生物力学、物理化学，可以总结为基础研究领域的跨学科教育；二是解决自然、社会现实问题的启动点，横跨了自然科学、社会科学等领域，如环境法学、城市规划学等，可以总结为应用研究领域内的跨学科教育[4]。知识的交叉性和教育的研究性是跨学科教育范式的两大基本属性[5]，从中可以延伸出跨学科教育的两大基本特征：教学内容的综合性、教学与科学研究的互动性。

（二）大学生学习环境概述

大学生学习环境是众多学习环境中在大学校园情境下的一种特殊形态，与基础教育相比，大学校园里的学习环境需要发生极大的变化，这种变化主要源于学习内容的性质差异及学习者的心智成熟。首先，大学阶段的学习内容是基础教育阶段学习内容的一个延续，对基础性依然非常重视，但与社会实践的距离已经大大拉近，学习的深度也进一步加深。这一阶段的学习需要与社会的实践及科学研究的实践保持一个更为紧密的联系。其次，学习者自身的心智成熟，大学校园里的学习者绝大多数都已达到或超过十八岁的成人年龄，学习者的独立思考能力和自我驾驭能力渐趋成熟，学习兴趣和学习内容的就业相关度被大学生高度重视，这些都体现为学习者对学习内容的选择性增加，学习过程的自主性更为明显，学习者开始有意识地从学习环境中获取"给养"来满足自身的学习需要。

学习内容的性质差异及学习者的心智成熟两方面决定了大学校园在学习环境的构建上首先应以学习者为中心，创设便利舒适的学习空间、生活空间和信息空间[6]；第二，要有丰富的学习资源供应，如图书资料、实验设施和优秀的教师，以支持学习者开展自主探究活动；第三，从文化氛围上唤醒大学生的主体意识，培育大学校园以持续学习、思考、创新、发展为主旨的学习型校园文化[7]；第四，支持和推进师生之间、学习者之间、学生与同行专家之间的深度交互，形成良好的学习共同体网络（Community of Learners Network）。空间、资源、文化、学习共同体网络这四个方面的环境"给养"是大学生开展有意义学习（Meaningful Learning）的重要保障，高校在这几方面都开展了广泛而又深入的建设工作，如大学信息化环境的深入建设，专门的大学生学习指导中心[8]的设置，本科生研究训练计划[9]的实施，但在具体的大学生学习实践中，学习者自身的主动性不足、学习交互行为的匮乏、形式化严重的所谓探究性学习活动、学习资源利用意识欠缺等表现普遍，大学生学习质量的提升依然具有较大空间。

（三）创设以学习科学为指导的泛在学习环境

学习行为是人类众多行为中最为复杂的行为之一，人类千百年来对学习的本质不断进行着探索，尤其是近年来，在认知科学、计算机科学、生物医学工程、教育学、心理学等众多学科领域的关注下，人类对学习机制的本质认识有了较大的飞跃，形成了一批最新的研究成果，并且形成一个新的学科——学习科学。犹如150年前临床医学的诞生给医学带来了巨大变革一样，学习科学的出现也将给教育和学习带来同样的变革[10]。信息技术的飞速发展也已经在走过大型机时代、个人电脑（PC）时代之后进入一个普适计算的时代，在这个时代，桌面设备、无线手持设备、嵌入式设备、传感设备等学习终端通过有线或无线的互联网连接在一起，构成一种无缝的设备生态系统[11]，信息空间与物理空间走向融合，信息技术变得"透明"和无处不在。普适计算又进一步催生了泛在学习，泛在学习可以使任何人在任何时间（Anytime）、任何地点（Anywhere）、用任何设备（Any-device）获取任何学习内容（Any-content），泛在学习通过进一步发展的信息通讯技术，改变 E-learning 所具有的局限性，欲创造出不受时空限制的、创意性的、高度自主的、以学习者为中心的崭新的教育环境[12]，这是一种真正有意义的学习环境，可以促进有效学习的发生。大学生学习环境的构建应充分吸收最新的学习科学研究成果，重塑师生的学习理念，并在这个"透明"的普适计算环境中最大程度地发挥信息技术的效用，以支撑大学生的泛在学习。

二、实施跨学科海洋高等教育的必要性及组织架构

海洋学是一种地理发现式的科学。而地理发现要紧紧以数学、物理、化学、生命等学科为基础，从这些学科中寻找学术滋养以对海洋现象的机制、规律进行分析，但这些基础学科有着各自的思维方式和研究特点。在海洋类院校中，依托于上述基础学科也就形成了诸多关涉海洋研究的学科分支。通常海洋学可分为物理海洋学、化学海洋学、生物海洋学和地质海洋学四大学科。物理海洋学主要研究以潮汐、波浪、海流等为主体的海水运动的物理特性以及温度、盐度、密度等海洋基本要素的分布及变化；化学海洋学致力于探讨海洋环境中发生的化学过程，包括海水和生物、底质中化学物质的组成、结构、存在形态、相互作用、变化转移的规律及其分布、分离、提取和利用等；生物海洋学所研究的是海洋生态系、群落结构、动态变化、生物生产力和水产养殖；地质海洋学涉及的是海洋的地质地貌、洋盆构造、海底矿产资源、海底沉积物的形成过程和有关海洋的起源及演化。随着科学技术的不断发展，海洋各学科的相互结合、相互渗透日益加强，于是又产生了一些边缘科学和新兴科学。例如，以研究海洋工程技术为重点的工程海洋学，以研究卫星、宇宙飞船收集和传送情报资料为重点的遥感海洋学以及环境海洋学、军事海洋学、渔业海洋学等[13]。

（一）跨学科海洋高等教育的必要性

海洋学的各研究分支在我国近几十年以来的大学专业院系设置变迁过程中逐渐分离，各自成为独立的院系，每个院系独立解决某一个或某几个方面的问题。当然这种方式利于专业研究的纵深挖掘，有利于专业教育的纵深发展，但由于思维方式的不同，每个研究分支在研究过程中对问题的解决办法逐渐会形成特定的模式或者模型。院系划分的细致必然导致在解决类似问题上各起炉灶，但不一定是最优甚至是次优。而世界原本是一个统一的整体[14]，海洋本身是一个统一的自然存在，人类在研究中其实为了一种方便或者是效率的考虑而把对海洋的研究划分成了诸多隔离的学科，所以一种本应有的学科统一视野应该被得到重视。

虽然近几十年各个独立的研究分支都在贡献于海洋学这个共同的知识宝库，但在宝库内的知识是否在各个研究分支间获得了交流或者共享呢？我们所培养出来的关涉海洋事业发展的人才是否在离开学校之际能以较为全面的视野

看待海洋？这是在现有教学院系组成模式下不得不需要面对的问题。因为只有各个研究分支所贡献出来的知识能在更广阔的范围内获得共享，这些知识的价值才得以最大化[15]；也只有学生能从一个更加宏观的层面把握住我们的海洋究竟是什么的时候，学生们才能使业已学习的专业知识获得最大程度的效用发挥，并且也只有具备这种广阔的学科视野，学生才能看到自己所学知识的局限和边界，才能有效调用各个学科领域的知识以应用于本学科内的问题解决。

（二）实施跨学科海洋高等教育的组织架构

通过调研国内外开展跨学科教育的现状，跨学科教育的组织层面可以分为国家层面、学校层面和校内的院系层面三种层次。第一，从国家层面而言，我国的跨学科组织多数是为满足政府部门资助的重大综合性研究课题的需要而设置的，由高水平大学申请，国家相关部门评审、批准，带有明显的行政特征，其中最具代表性的就是国家工程研究中心。第二，从学校层面来看，日本的东京工业大学、东京外国语大学、东京医科口腔科大学、东京艺术大学和一桥大学，这5所国立大学采取联合办学，大大促进了跨学科教学与研究。国内的天津大学和南开大学也是各取所长，以校际联合办学的形式组织跨学科教育。第三，在校内的院系层面，这些机构一般只从事纯学科研究，如北京大学比较文学与文化研究所，清华大学综合了化学、材料、电子等学科的有机光电子实验室，中国科学技术大学以理论物理、基础数学和宇宙学三元交叉的理论研究中心等。从上述三种关于跨学科教育的组织模式来看，现有的跨学科教育组织多数是纯粹的学术研究，并非是面向本科教学的独立的教学实体，当然研究生层面的教学在这种组织模式下可以获得良好支持。

三、普适计算环境中的泛在学习

信息技术发展的过程是实现人际、人机间互联的一个过程，人类知识的迅猛发展也得益于这种互联。互联网的飞速发展、无线互联网的普及，使人类大脑与客体存在的承载与信息技术的信息宝库互联，就如同人类大脑记忆中的长时记忆库得到了拓展。思维的过程是各种信息的碰撞和交流，人类思考的过程也从单一的个体化走向群体化的思考，互联网延伸了碰撞和交流的空间。学习科学所发掘到的人类学习的科学性、复杂性、情境性、社会性、实践性等规律要有其实现的现实条件和环境、工具，在普适计算（Pervasive Computing, Ubiquitous Computing）的环境形成以后，人类记忆库的拓展与思维的延伸变得异常便利。

（一）普适计算研究概述

普适计算的概念源自于最早由施乐（Xerox）帕尔托研究中心（Palo Alto Research Center)首席科学家马克·威瑟(Mark Weiser)于 1988 年提出的泛在计算(Ubiquitous Computing)。其基本思想是为用户提供服务的普适计算技术将从用户意识中彻底消失,即用户和周围环境(无数大大小小的计算设备)在潜意识上进行交互,用户不会有意识地弄清楚服务来自周围何处[16,17]。普适计算是计算机发展的第三次浪潮,第一次浪潮是大型机时代,这个时代需要多人共享一台大型机,单体计算机的计算能力非常有限,并且价格昂贵,网络的规模、存储的信息量都非常小;第二次浪潮是个人电脑(PC)时代,每个人得以使用一台计算机,个人电脑计算能力发展迅速、普及迅速、价格便宜,并且这些计算机之间逐渐形成互联;第三次浪潮是一个普适计算的时代,每个人可以享用多台计算机,计算机的形态从传统的个人电脑发展到个人电脑、智能手机、平板电脑等诸多计算设备,并且每个人的计算设备的集合是与他人的计算集合通过有线或者无线的互联网连接在一起,人们可以在任何时间、任何地点、采用任何方式进行信息的收集、加工、处理、发布。从第二次浪潮到第三次浪潮的发展过程是人类计算设备形态的飞速发展期,电脑以各种新的形式呈现出来,比如手机从传统的收发信息和接拨电话发展为拥有与电脑近乎相似的硬件架构和功能架构,手机渐趋成为智能手机,本质上就是一个掌上电脑,兼具网络互联的功能。

技术的特征决定了技术的应用,在计算机历史发展的第二个阶段,信息技术对人类具有显然的强迫性,比如限制学习者必须在电脑(笔记本或者台式机)面前,依赖鼠标与键盘,坐在教室或者书房里进行学习,这种技术渗透于学习的方式无形中限制了学习者的自由。普适计算与计算机历史发展的第二个时代相比已经发生了根本性的变化,信息技术变得小巧、可移动、隐形、低功耗、人机交互人性化,这些特征使得人类摆脱了对桌面计算的依赖。普适计算使得人类可以像使用水、电、纸、笔一样随时随地获取信息服务,应用该技术的泛在学习也自然而然地发展起来。马克·威瑟(Mark Weiser)1991 年在其文章《The Computer for the 21st Century》[18]中曾经说过,普适计算是机器去适应人类的环境而不是强迫人类进入机器的环境,这使得信息技术的使用如同林间漫步一样轻松。

(二)泛在学习的概念及其特征

源生于普适计算的泛在学习(Ubiquitous Learning,以下简称 U-learning)作为一个名词由 Jones 和 Jo 于 2004 年提出[19]。泛在学习这个名词虽然提出不久,但人类长期的学习历史中就有对泛在学习的渴望,远程学习、开放教育等都使学习超越了学校的围墙、走出了传统教室的限制,在职人员的非正式学习、学生坐在校园内草地上的阅读等都是对学习时空条件的突破。泛在学习的内涵体现在:学习的需求无处不在,学习的发生无处不在,学习的资源无处不在[20]。泛在学习可以发生在各种场景中,比如教室内的问题解决、博物馆里的互动、户外环境中的探测、生活中的语言学习等等，Bomsdorf 认为泛在学习使得"个人学习活动嵌入到日常生活之中"[21]。为了展示未来的教育和学习环境，微软公司学习科学与技术（Learning Science and Technology）小组的 Randy Hinrichs 于 2004 年提出 VISION2020 项目[22]，即对泛在学习的技术支持环境的研究。

普适计算所提供的信息技术环境使信息技术成为一种透明的存在，技术的使用主体在不知不觉中融入信息技术所提供的智能空间（Smart Space）中进行思考，U-learning 不仅是对人体视听器官的延伸，而且对人的思考、感知进行了延伸。U-learning 把技术隐于无形，又提供了丰富的信息和交互的渠道，这些信息和交互不需要学习者花更多的心思和时间进行技术操作。如 MIT 的"没有围墙的博物馆"项目（Museum Without Walls，MWoW）[23]，该项目以无线手持设备、嵌入式设备、无线网络（WIFI）为支撑，使学习者进入到一个基于位置的（Location-Based）、讲故事型（storytelling）的学习环境，该项目随着学习者在校园的走动把麻省理工学院 100 多年的历史都通过无线手持设备呈现出来，这个项目的原型系统可以使学习者"沉浸于"对 MIT 秀美风景和辉煌历史的体验而无须关注于技术的操作。所以普适计算将学习者从技术操作中解放出来，实现了"学习者与技术最优化的智能整合"[24]，使学习者把主要精力投入到了"思考"，"从思考中学习"成为泛在学习的本质内涵。

普适计算支持下的泛在学习体现出更高要求的学习特征：①长时性或永久性（Permanency）：学习的过程和学习的成果都会被不间断地记录下来；②资源的易获取性（Accessibility）：普适计算下的云计算和云服务等技术使信息存储的兼容和转换问题得以解决，学习者可以在任何时间和任何地点获取到任何学习内容；③即时性（Immediacy）：桌面计算束缚的打破及技术的无缝嵌入使信息获取可以随时随地进行；④交互性（Interactivity）：专家、教师和同伴成为更易接近的学习资源；⑤教学活动的场景性（Situation of instructional activities）：无线手持设备和嵌入类设备使得基于技术的学习可以随时发生在实践的场景，学习可以在自然有效的方式下进行；⑥适应性（Adaptability）：每个学习者学习风格迥异，对时间、空间、学习资源的来源及呈现形式有不同的习惯，泛在学习可适应于不同的学习者构建不同的学习空间。

四、跨学科海洋高等教育中泛在学习环境的构建

泛在学习继承了 E-learning 的许多特征，如学习资源的多媒体性、交互界面的智能性等，是对 E-learning 的一种延伸[25]，但泛在学习欲"创造出不受时空限制的、创意性的、高度自主的、以学习者为中心的崭新的教育环境"[26]。早在 1993 年，虚拟现实领域的美国著名学者 Michel Heim 就提出"虚拟，就是不受时

空限制",所以泛在学习在虚拟性和即时性(资源获取及学习交互)上有了巨大的进步。

（一）泛在学习环境的特点

泛在学习环境是为进行有效的学习,在虚拟环境中整合了用于协作学习、信息共享、信息交流和信息管理的多种工具的集合,基于广泛的资源存储和即时性的共享,为学习者与学习资源的交互提供充分的技术环境支持,但又并非以在网上重现课堂环境为目的。这种环境表现为以下几个特点:①不同的技术应用模式决定了不同的学习模式,普适计算隐技术于无形,学习者的中心地位得以凸显,不同于自发的基于信息技术的传统学习,大学生泛在学习环境显然应采取以学习者为中心的模式。②在普适计算环境中,用户与周围环境是潜意识的交互,用户不会有意识地弄清楚服务究竟来自何处,客观环境也不要求用户知道技术的存在及信息服务的来源,技术从用户意识中彻底消失,因此技术的服务功能被强化,而可视性被减弱,学习者甚至会忽略它的存在。③在泛在学习环境中,学习者的注意力集中到了学习任务本身,而不再是技术环境,学习是一种自然的、积极的、主动的行为,泛在学习环境应该使学习者沉浸于学习。④普适计算有两个本质属性:信息空间与物理空间的融合、计算对人透明。这两个属性使得学习空间进而演变成为一个智能空间,智能空间是对技术对学习的非妨碍状态,同时又为用户提供灵活多样的自主选择,外部环境与学习者构成一个开放的、多样的、可持续的学习生态系统,其中的各个要素与环境间相互作用、和谐共处,维持着动态平衡。学习者忽略技术的存在、主动沉浸于任务学习、在智能空间中自由思考,这些泛在学习环境所具备的特点体现了人们对信息技术的一种观念转变,是从过多地依赖于技术回归到利用技术实现自身发展的教育本质[27]。

（二）跨学科海洋高等教育中泛在学习环境的构建

作为一种调整,跨院系选课是一项跨学科教育中非常重要的策略,这种制度保证了学生可以在全校任何院系里自由选课,但这种制度缺乏对选课的系统性指导。跨学科教育并不是让学生完全自由地学习任意课程组合,构成海洋学基础的课程应该是一个系统的构成。本科生阶段的学生还缺乏足够的能力来甄别和选择这些课程,而这些课程的供应(尤其是优质的课程资源)在现有的学科分离模式下其实分散在各个院系当中。所以,开展海洋学的跨学科本科生教育可考虑以下三项措施:

第一,设置一个指导本科生对海洋学基础课程进行选择学习的指导机构,这个机构应该为学生的课程选择编制指南,使学生清楚这个系统的知识构成应该主要包括哪些内容,这些优质的课程资源分布在哪些院系,具体的任课教师分别是谁。

第二，要突破原有的教学模式，面向问题的研究性学习及合作性学习应该成为跨学科教育的一种重要形式。本科生阶段跨学科教育的主要内容应该是基础课程的传授，但知识探究和发现本身也是知识获取的一种重要手段，以问题为载体，使各个分支学科的院系学生混合在一起形成小组，开展研究性的合作学习，是促进知识交融的一种有效形式。

第三，本科生跨学科教育不能短时间内打破现有的学科划分，而应建立更多有效的跨学科研究机构和综合性研究平台[28]，并鼓励本科生参与这些机构的日常工作。前面在分析跨学科教育的特点时虽然提到学科划分的一些缺陷，但这种划分也是一种对效率的追求，因为只有专才可以深。如果为了跨学科教育的目的打破这种学科的划分，那么科学研究的效率可能会受到损害。海洋学是一门自然科学，自然科学研究中的实验是一种非常重要的研究手段，我们应鼓励学生走进实验室，走进这些跨学科的研究机构，纵然他们还不能像研究生那样做出知识创新，但一些验证型的、知识综合应用型的实验应该可以进行。同时，在这些实验室里本科生能较好地与诸多学科的硕士生、博士生进行交流，这也是更高层面的跨学科学习。

基于以上措施分析及泛在学习环境的特点，泛在学习环境对设备的便携性、网络的无线覆盖和软件支撑系统的智能性和灵活性显然具备更高的要求，并且应该从一个系统、整体的角度进行配置、整合，需要从技术设施、学习资源、学习共同体三个方面进行通盘的考虑。大学生泛在学习环境的概念模型如图1所示。

1. 技术设施

在泛在学习环境中，学习者是主体，由信息空间和物理空间构建的智能空间是客体，学习过程就是主体与客体的交互过程。为了有效地支撑泛在学习，需要构建一个使学习者能随时随地使用任何终端设备进行学习的技术环境，为学习者提供各种技术手段，主要包含泛在学习网络和泛在学习的终端设备两部分。

（1）泛在互联网络是对卫星网、互联网、移动网络等各种网络环境的融合，用户终端通过这些网络进行学习。其中的 WAP（Wireless Application Protocol）和移动互联 3G（Third Generation）或 4G（Fourth Generation）等技术尤为重要。WAP 是在手机、互联网、计算机之间进行通讯的开放全球标准，WAP 是泛在学习与 Internet 之间的纽带与桥梁。WAP 技术可以将互联网上的大量信息及各种各样的业务引入到各种无线手持设备中。以 3G 为代表的移动互联技术是结合卫星移动通信网与地面移动通信网形成的全球无缝覆盖的立体通信网络，解决了无线通信系统间的兼容性问题。移动互联技术把网络延伸到了人们所有生活和学习的空间，无线手持设备和嵌入式设备在移动互联技术的支持下彻底打破了桌面计算的束缚。

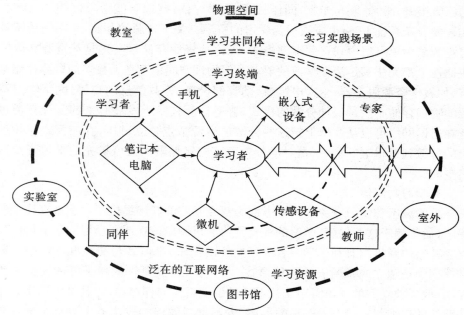

图1　大学生泛在学习环境的概念模型

（2）泛在学习终端具有四个基本特征：分散性、多样性、连通性、简单性[29]。它以知识内容的有效获取为目的，是用户与无所不在的网络交互的直接界面[30]。分散性和多样性是指泛在学习的终端形态多种多样，既可以是固定的，也可以是移动的，既可以是可视可触的手机，也可以是穿戴在身上或者嵌入到博物馆、科技馆展览品内的射频识别电子标签 RFID（Radio Frequency Identification）和传感器（Sensor）。连通性指通过一定的协议和标准，各种学习终端可以互为连通、互相传递信息。简单性指学习终端简单适用，不需要学习者事先具备复杂的操作技能。各种终端设备都有特定的应用场景，无线手持设备处于中心的位置，又连同桌面计算设备、嵌入式设备、传感设备形成学习终端的集合，为学习者提供无缝的学习机会，随时获得资源和交互，延长学习时间，增强学习效果。

2.学习资源

泛在学习环境是物理空间与信息空间有机融合后的一种新型学习空间的创造，在这个空间里学习者群体规模不断扩大，但都以丰富的学习资源作为保障。学习空间内首先需要的就是这些学习的资源，除了传统 E-learning 以文本、图形、图像、音视频、动画等各种形式来增强学习资源的媒体丰富性外，学习资源的概念在泛在学习环境下还应该有进一步的发展，首先要把可感知的、可用以情境反思的实体场景也作为学习的资源,其次是因为普适计算环境使人际间连通性的巨大提升,教师、同行专家、同伴、智能的学习伙伴(如智能学习代理 Agent[31] 和智能专家系统 ITS)也应被视为学习的资源。关于资源的存储,常用的传统学习资源采用单点集中式资源存储模式,无论从资源存储量上还是从资源获取的快捷性上都无法满足泛在学习的要求。但物理空间中存在无数多的资源存储结点,如教学资源服务器、个人电脑、移动存储设备、公共信息门户等,网络学习资源的物理存储必然是一种分散的模式,普适计算技术下发展起来的云计算通过泛在通讯网络可以从逻辑上把这些分散的资源节点建立链接,存储模式从物理上的分散到逻辑上的集中,是对学习者而言构建无限大又可扩充的学习资源网络空间。

3. 学习共同体

技术设施和学习资源这两个方面为泛在学习的开展提供了物态教育技术的保障,而依赖于这些保障,学习的社会性协商机制应该在泛在学习网络上得以建立。社会协商机制有利于学习者满足交往的需求,学习者与交往群体的关系通常体现为场独立或者场依赖两种形式[32]。场依赖型显然依赖于群体的交流和互动,但场独立型的学习者对交往群体的资源诉求同样存在,尤其是大学生对交往群体的接纳与支持有着较高的渴望,看到学习同伴的成功或失败是对学习者的重要激励和鞭策,有助于形成学习者的自我效能感。并且,学习共同体的社会协商行为会促进学习文化的形成,这对学习者社会能力的发展也必然具有较高的促进作用。

泛在学习共同体的建立有赖于管理者和教师的引导和监控,主要措施有:第一,动态的建立规模适中、关系紧凑、兴趣集中的分组,且要加强不同小组之间的沟通,促进学习共同体的活跃,从而推进更深入的协作。第二,积极引导交流,提供人际支持,使共同体形成黏性,推进深度互动。第三,及时调控,加强管理,以利于共同体的创建和维持。学习共同体要制定相应的规范和基本行为准则,引导学习者之间彼此尊重、理性处理分歧。第四,建立学习者个人电子档案,对学习发展情况进行追踪记录,根据反馈信息及时纠正他们学习中的各种问题,帮助他们改变不良的学习习惯,排遣消极的学习情绪,从而有效地保持共同体的凝聚力[33]。

五、结语

泛在学习环境是在传统学习环境基础上的延续。近十几年学习环境的巨大变化过程是各类信息技术逐渐渗透于教学中的一个过程,各类信息技术软硬件设施在逐渐变化着教学的每一个行为,但这种变化并非是系统的,而是对教学行为的逐点式、零散的变化。泛在学习环境的建设更不可能一蹴而就。因此,虽然当今泛在学习环境已经成为一种潮流,成为数字化学习环境构建的新目标,但我们依然要保持理智,不能把泛在学习环境的建设当成一种时髦,而应理性分析,逐步推进。

泛在学习作为一种理论的应用有诸多优势,但在学习实践中的现状需要我们保持高度的关注:①斯坦福学习实验室(Stanford Learning Laboratory,SLL)的研究人员就发现[34],泛在学习资源的碎片化(Fragmentation)形式会导致学习过程中周围干扰因素的干扰强度增加,"沉浸学习"(Immersive or Engaged Learning)的效果并不甚理想。②技术哲学中对技术双刃剑的特性分析在普适计算环境中依然未完全消失,如无线手持设备普遍存在的显示屏面积较小所引发的学习疲劳,对保持学习的注意力也非常不利。③泛在学习和 E-learning 学习一样对学习资源有着必然的依赖,并非因为普适计算环境的形成就能在短时间内解决网络上资源的繁杂和良莠不齐,互联网空间上信息组织的随机性、无序性、中心化管理缺失、正确与错误信息并存等特性依然需要教育者、管理者和学习者进行仔细的甄别和判断。④最为重要的是,普适计算环境的形成对学习者技术使用的难度降低、束缚减小,但对学习者的学习方法认知、学习计划管理、自我监控调节能力却有了更高的要求。大学生泛在学习环境的技术设施建设也许较易实现,但学习者学习方式的调整、网络学习共同体的形成和学习资源的建设依然需要管理者、教师及时引导和管理。

参考文献:

[1] 戴安娜·克兰. 无形学院——知识在科学共同体的扩散[M]. 北京:华夏出版社,1988:97,99.

[2] 美国麻省理工学院科学技术社会学院[EB/OL]. http://web. mit. edu/sts/ [2009-08-13].

[3] 钱佩忠,李俊杰. 高校跨学科教育组织的建立及其运行[J]. 浙江工业大学学报(社会科学版),2005,12(2):167-168.

[4] 刘宝发. 国内外高校开展跨学科教育和研究的情况比较[J]. 重庆科技学院学报(社会科学版),2009(4):175-176.

[5] 张永. "学习型社会"界定的反思:基于信息空间理论的视角[J]. 教育学报,2011(4):21-27.

[6] 王玉斌. 学习型大学校园文化的生成与发展:管理学的视角[J]. 河南师范大学学报(哲学社会科学版),2010(2):267-268.

[7] 安徽工业大学大学. 大学生学习指导中心[DB/OL]. http://xxzd. ahut. edu. cn/info/news/nry/1653. htm[2011-05-10].

[8] 中国海洋大学. 本科生研究训练计划（SRTP）[DB/OL]. http://jwc. ouc. edu. cn:8080/jwwz/news. jsp? news_id=1414[2011-05-12].

[9] 韦钰. 什么是学习科学？我的理解[DB/OL]. http://blog. ci123. com/weiyu/entry/10010[2011-07-12].

[10] 比尔·巴克斯顿（Bill Buxton）. 我所了解以及热爱的多点触摸系统[DB/OL]. http://www. techcn. com. cn/index. php? doc-view-136251. html [2011-06-18].

[11] 赵海兰. 支持泛在学习（u-Learning）环境的关键技术分析[J]. 中国电化教育，2007(7):99-103.

[12] 柳洲,古瑶,马莉莉. 强化我国研究生跨学科教育的对策分析[J]. 高等理科教育，2006(6):56.

[13] 德雷克·博克. 回归大学之道[M]. 侯定凯译. 上海:华东师范大学出版社,2008.

[14] weiser M. The Computer for the 21st Century [DB/OL]. http://www. ubiq. com/ hypertext/weiser/SciAmDraft3. html[2011-07-16].

[15] 徐光祐,史元春,谢伟凯. 普适计算[J]. 计算机学报,2003(9):19-27.

[16] Weiser, M. The computer for the twenty-first century. Scientific American, September, 1991:94-104.

[17] ones, V. & Jo, J. H. (2004). Ubiquitous learning environment: an adaptive teaching system using ubiquitous technology[DB/OL]. http://www. ascilite. org. au/conferences/perth04/procs/pdf/jones. pdf [2011-07-06].

[18] 付道明,徐福荫. 普适计算环境中的泛在学习[J]. 中国电化教育,2007(7):94-98.

[19] Bomsdorf, B. (2005). Adaptation of learning spaces: supporting ubiquitous learning in higher distance education [A]. Mobile Computing and Ambient Intelligence: The Challenge of Multimedia, Dagstuhl Seminar Proceedings Germany: Schloss Dagstuhl: 1-13.

[20] RANDY HINRICHS. A vision for lifelong learning: year 2020[DB/OL]. http://www. nurunso. pe. kr/pds/308/a_vision_for_lifelong_learning_year_2020. pdf[2011-07-28].

[21] MIT. Museum Without Walls Project [DB/OL]. http://museum101. wetpaint. com/page/%22Museums＋Without＋Walls%22[2011-08-01].

[22] 余胜泉,程罡,董京峰. e-Learning 新解:网络教学范式的转换[J]. 远程教育杂志,2009(3):3-15.

[23] 丁钢. 无所不在技术与研究型大学的教学发展[J]. 清华大学教育研究,

2008(1):46.

[24] 赵海兰. 支持泛在学习（u-Learning)环境的关键技术分析[J]. 中国电化教育,2007(7):99-103.

[25] 李卢一,郑燕林. 泛在学习环境的概念模型[J]. 中国电化教育,2006(12):9-12.

[26] 密歇根大学杜德斯达特中心[EB/OL]. http://www. dc. umich. edu/[2009-08-15].

[27] 李卢一,郑燕林. 泛在学习环境的概念模型[J]. 中国电化教育,2006(12):9-12.

[28] 庞春红,郦晓宁. 泛在学习的多维透视[J]. 河北大学学报(哲学社会科学版),2010(5):107-111.

[29] 陈凯泉. 智能教学代理的系统特性及设计框架[J]. 远程教育杂志,2010(6):98-103.

[30] 桑新民. 学习科学与技术[M]. 北京:高等教育出版社,2006.

[31] 况姗芸. 网络学习共同体的构建[J]. 开放教育研究,2005(4):33-35.

[32] Jill Attewell & Carol Savill-Smith. Learning with mobile devices[DB/OL]. http://citeseerx. ist. psu. edu/viewdoc/download? doi=10. 1. 1. 97. 4405&rep=rep1&type=pdf♯page=164[2011-08-18].

The Construction of Ubiquitous Learning Environment in Interdisciplinary Marine Higher Education

Chen Kaiquan

Abstract: Marine-related colleges and universities have prominent advantages and abundant resources in the marine disciplines. These advantages and resources should be shared to some extent through interdisciplinary education at the support of information technology. The implementation of the marine interdisciplinary education in higher institutions requires the distribution and integration of existing resources in a scientific way. We also should institutionalize a special learning center to conduct issue-oriented cooperative learning, and establish more effective interdisciplinary research institutions and comprehensive research platforms, and construct technical and cultural environment that support ubiquitous learning, at the help of internet and computing devices, in the three fields of technical facilities, learning resources and learning community.

Keywords: interdisciplinary; marine higher education; ubiquitous learning; learning environment

（陈凯泉:中国海洋大学教育系讲师 山东 青岛 266100）

Proposals for the New Marine Education and Marine Industry in China [*]

宋宁而 ■

Abstract: The development surrounding the ocean circle in China is remarkable in the world these years, especially in the field of shipping industry, showing a similar developing trend with developed countries such as the U. K. and Japan. However, with the passing of the peak time in these two developed countries in shipping industry, a problem has to be faced to on the shortage of human resource with sea experience who are supporting the shipping related industries. It can be prospected that the same problem will happen in China in the near future if only countermeasure is not taken in the field of ocean education supplying human resource to ocean community. Against such a background, this paper proposes what the new ocean community in China should do in the field of shipping industry.

Keywords: ocean community; human resource; shipping industry

With the coming of the 21st century, the ocean industry in China has already entered an important time of developing. One of the important parts of the ocean industry, the ocean transportation industry and the concerned industry (as a whole, named as "shipping industry" in the ensuing paragraphs) is now increasing continuously, showing an obvious trend of developing. For the goal of sustained development of the shipping industry in one area, it is necessary to have a large number of human resource with high-level competent in the field of shipping. It's found out that one of the most important groups of human resource in this field is the group of ocean-going seafarers who master the core technique and knowledge of ocean transportation. However, with the development of shipping industry, the human resource of national seafarers will have to face the problem of exhaustion, and therefore bring out the result of

* Acknowledgement: This work is base on the project sponsored by SRF for ROCS, SEM ([2010] 1174).

becoming more and more rigid in the field of the whole maritime community, which is already made clear by the experience of shipping developed countries. Therefore, it has been found out that in order to keep the developing vitality of shipping industry, the key is to keep the continuous and effective supplying of maritime technician. Thinking about the globalization of shipping industry, it can be prospected that the development of shipping industry in China will also change according to this discipline. Therefore, we can say it will be meaningful to learn about the experience of how to educate seafarers in other countries and give proposals for the new idea of how to supply human resource for the new ocean community in China.

1. Current picture of maritime industry and human resource in China

The construction of ocean industry has changed dramatically ever since the coming of the 21st century. As shown in Fig. 1, the proportion of the primary ocean industry of ocean fishery has shown a sharply decreasing, and the secondary ocean industry concluding ocean resource exploiting mainly has shown a trend of developing steadily. However, the proportion of the tertiary ocean industry mainly about shipping industry and coastal travel industry has been increasing sharply from 32 percent in 1991 to 52 percent in 2005 [1]. Nowadays, the third ocean industry has become the largest part of ocean industry in China.

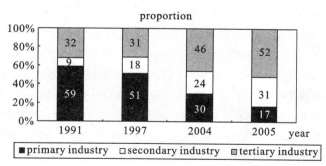

Fig. 1　Proportion of Ocean Industries (1991-2005)

Inside the third ocean industry, much more attention has been paid to the shipping industry. As know now in the world, the total number of container throughput from the ports of China in 2007 is 1. 13 billion TEU excepting for Hong Kong and ports in the area of Taiwan[2], which is No. 1 all over the world.

As one of the most important groups of human resource in shipping industry, ocean-going seafarers are playing an important roll in the development of this industry. Therefore, more and more attention has been paid to the scale and competent of these seafarers. There are 510,000 Chinese seafarers nowadays working for the shipping industry of China[3], which shows to be the largest scale in the world. There are 5 maritime universities and universities having maritime colleges inside, 6 maritime high schools, 12 seaman schools and 34 training centers for seafarers totally in China, which means the system of seafarers education nowadays in China shows to be quite complete, and can supply enough seafarers to meet the need of shipping industry in China.

2. Potential problem of human resource in the field of maritime industry in China

It is the character of globalization that makes shipping industries in different areas be quite similar to others. Therefore, the development of shipping industry in China also shows its similarity to other shipping developed countries to some extent. It is found out by the investigation that almost all the traditional shipping developed countries has shown a universal rule on the change of ocean transportation industry from rising to expansion, and then to reduction, finally to the stage of losing its center position in the whole shipping industry, replaced by concerned shipping industries such as the U. K., Denmark, Sweden, as well as Japan and South Korea. However, with the moving of core industry inside the shipping industry from ocean transportation industry to concerned shipping industries, the drain of seafarers had become a problem to be faced in almost all these countries. For example, the U. K. as the traditional shipping developed country is now facing the situation of continuous decreasing of national seafarers by a rate of 10 percent every year [4], which has already influenced its shipping industry deeply. And as to the European countries as a whole, similar problems to the U. K. has happened. It is prospected that the number of all the European seafarers will be less than 30,000 people by 2010, if only the decreasing trend cannot be stopped. As for shipping developed countries in Asia, as shown in Fig. 2, the number of national seafarers in Japan has decreased sharply from the peak time of 60,000 people in 1975 to less than 2000 people in 2005[5]. In South Korea, as its shipping industry developed a little later than Japan, its national seafarers had still been increasing by the 80s in 20th century, but the increasing trend changed since 1986, and the number also started to be decreasing, which showed almost the same trend with that of Japan as shown in Fig. 3.

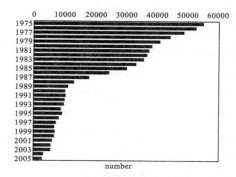

Fig. 2   Change of Japanese seafarers'
number (1975-2005)[6]

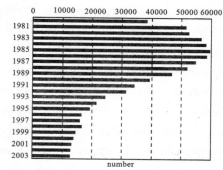

Fig. 3   Change of South Korea seafarers'
number(1980-2003) [7]

It is prospected that although the shipping industry of China has not faced the similar problem as that in Japan and South Korea yet, thinking about condition of the same position in Asia, and developing a little later than these two developed countries, in the near future, it can be prospected that similar problem of the drain of Chinese seafarers will happen in China. Almost all these shipping developed countries' experiences show that if waiting until the drain of seafarers becomes a fact, the industry will miss its good timing to solve it. Therefore, to keep the sustained development of shipping industry in China, it is necessary to have an analysis of this problem, and give a proposal of how to escape it before it happens.

3. Analysis of the problem

Through the investigation in these shipping developed countries, it is found out that the decreasing of seafarers appeares together with the development of economic. With the increasing of people's cost, the shipping companies, those engage in ocean transportation by merchant ships will decrease their national seafarers hired by their companies. While, in the next step, to answer the decreasing of national seafarers in shipping companies, maritime universities and maritime high school will also decrease their fixed number of students recruiting in next year. Then, the reduction of students in maritime education institutions will reflect on the policy of shipping companies by hiring more foreign seafarers whose cost are lower than national ones obviously. At last, a negative chain will happen between shipping companies as the reception side and maritime education institutions as supplying side, and speed up the drain of national seafarers, who are important human resource in shipping industries.

However, it has been made clear through the investigation on the shipping industries in the U. K. , Denmark, Sweden, and Japan that although shipping companies try to hire foreign seafarers for lower cost, the concerned shipping industries supplying service for ocean transportation, such as port, physical distribution, shipping management, maritime law, maritime insurance, maritime finance will be in great need of human resource having rich experience of ocean transportation, which means the only choice is seafarers back from work on board to work on shore.

In the mean time, it was found out by the investigation that almost all the posts in concerned industries needing national seafarers were in the level of management, which had brought out the problem of security, and made the national seafarers as a necessary condition for working in these posts.

In conclusion, it is clear that when shipping companies refuse to hire national seafarers as many as past, the shipping concerned industries are worrying about how to get these seafarers to work for their management posts. It is obvious that the drain of national seafarers will make difficulty to the development of shipping industries.

The additional analysis had disclosed that almost all the seafarers' flowing schemes inside those shipping developed countries showed to be simplistic. As shown in Fig. 4, when students graduate from maritime universities and other maritime education institutions, their only choice is to enter shipping companies, and to work as seafarers for several years, and then change their posts to work on shore according to their hope. After that, only a little part of them will flow to the concerned shipping industries. This is proved to be nearly the only route for seafarers to flow inside shipping industries. Therefore, whenever the need of shipping companies for

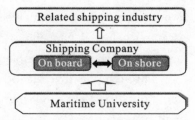

Fig. 4　Traditional flowing route for human resource of seafarers

national seafarers happens to reduce, this only route will become narrow gradually, which will bring out the result of the lack of vitality and drain of necessary human resource in the whole shipping industries.

The reason for this problem can be concluded in detail as following.

Firstly, it is on the developing discipline of shipping industry. With the developing of economy, the share of ocean transportation of one country or one area in world market will decrease gradually, and the center industry will move from ocean transportation to some other concerned shipping industries. For example, although the U. K. had been shared more than half of world market over the whole 19th century [8], when entering the 20th century, especially after the second world war, the share of merchant ships from U. K. had been decreasing continuously from 22. 4 percent in 1948 to 2 percent in 1988 [9]. As to the whole European shipping industry, similar problem had to be faced as that in the U. K. , and the center of ocean transportation in the world had moved from Europe to East Asia at that time.

After that, taking the baton of the U. K. , Japan had been the champion of ocean transportation in the world for a time, but after a period of time, it also lost its advantage gradually in the world market. In 2007, Tokyo port, as the only Japanese port inside the top 30 ports in the world had already dropped to No. 25. As a matter of fact, quite a number of shipping companies in the world choose to escape the Japan line because of its high cost and low efficiency, and taking other ports in East Asia instead of Japanese ports. Therefore, it can be found out that it is a general discipline of ocean transportation from expansion to reduction. For example, nowadays, London is not the center of ocean transportation in the world any more, but has become the center of the world maritime insurance.

Secondly, it is also because of the importance of seafarers' education to shipping industry as well as to the country. When in the beginning of shipping industry in a country, national seafarers are so important to their country that the education of them is always started according to the order of government. For example, seafarers' education in the U. K. was born exactly in the order of Queen Elizabeth I, bringing up seafarers as quickly as possible for its colonial policy. Also, as the beginning of seafarers' education in Japan, Japanese government gave the government order to Mitsubishi Company for training their national seafarers in the time of Meiji Restoration. With the same motive, all the shipping countries will take seafarers' education as need of their countries, and give enough protection for it by making a straight route for all the seafarers to flow into shipping companies, which brings out the simplification of flowing route for human resource.

Thirdly, it is also because that the supplying of national seafarers changes obviously later than the change of shipping industry. As known, education needs a period of time to train human resource so as to meet the need from industry, while shipping industry in one country always changes violently because of its high dependence on foreign trade. So it can hardly escape that a negative chain will appear between education institutions and shipping companies, slowing down the developing speed of shipping industry.

4. Proposal for preventing human resource in maritime industry from drain

It can be concluded based on the analysis above that to prevent human resource from drain, reconstruction of flowing route for human is necessary.

4.1　Pool for national seafarers as human resource

As the root cause of the problem is on the traditional flowing route of "maritime university-shipping company-concerned shipping industry", what should be done is to tear up this restriction, and as shown in Fig. 5, to construct a platform facing to the whole shipping industry, and to construct a pool

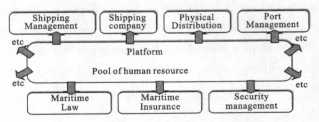

Fig. 5　Pool of human resource and information exchange platform facing the whole shipping industry

of human resource based on this platform. All the information about shipping industry could be got and exchange of information should be done regularly on this platform. Through this platform, human resource can flow to shipping management, physical management, port management, maritime law, maritime insurance, safety management and other posts inside concerned shipping industries without the restriction from shipping companies.

4. 2 Maritime graduate school

The pool and platform of human resource should be built inside maritime university for its advantage of large volume of information and holding enough human resource. If a maritime graduate school can be built inside maritime university, it is possible to supply enough high-level human resource with ocean-going experience to the whole shipping industry freely and continuously.

As shown in Fig. 6, the curriculum of maritime graduate school should be made strictly meeting the need of shipping concerned industries about what kinds of competence are expected by those industries. In addition, for those having no experience of ocean-going but showing their will to enter shipping industries to work, training course on board should be given to them for about 2 years which was thought to be an ideal length for training an amateur to a seafarer by the investigation.

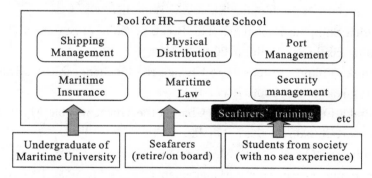

Fig. 6   Pool of human resource-source of students and
the curriculum of maritime graduate school

4. 3   Construction of flowing route of human resource for sustained development in the field of maritime industry

Generally speaking, the proposals can be concluded as following. To keep sustained development of shipping industry, it is necessary to reconstruct the flowing route for human resource. By building maritime graduate school inside maritime university, we can set up the graduate school as a pool for human resource for shipping industry, and exchange information with shipping industry freely and sufficiently. And as a result, human resource can flow to the posts need them inside shipping industry and keep the energy of the whole shipping industry.

Nowadays，the Chinese shipping industry is in the time of rising，and the drain of human resource need by shipping industries is just a potential problem by now. However，through the experience of shipping developed countries，we can find out that it is necessary to think out a solution before the potential problem becomes overt，which means preventing problem from the whole shipping industry becomes rigid. In this meaning，the proposal given in this paper has strategy significance for the sustained development of shipping industry in ocean community in China.

References：

［1］Feng Cui. Ocean Exploitation and Development of the Economy and Society ［J］. Future and Development,2006. 10，P11.

［2］Shanghai Shipping Exchange. Ports Competitiveness by World Ports Top Rank in 2007［N］. Shipping Exchange Bulletin,2008. 4. 21.

［3］Shanghai Shipping Exchange. The Break of Chinese Seafarers' Time［N］. Shipping Exchange Bulletin,2008. 4. 21.

［4］Yoshitaka Fukuo. Proposals to Change the Unchangeable Maritime Community，Kaibundo，2006. 7. 17，P58.

［5］Yoshitaka Fukuo. Proposals to Change the Unchangeable Maritime Community，Kaibundo，2006. 7. 17，P9.

［6］Kinzo Inoue. Ocean Safety Management，Seizando，2008. 10. 8，P15.

［7］Kinzo Inoue. Ocean Safety Management，Seizando，2008. 10. 8，P15.

［8］Ronald • Hope. A New History of British Shipping ［M］. John Murray，1990 Ronald • Hope,A New History of British Shipping ［M］. John Murray,1990，P461.

［9］Ninger Song. Study on Human Resource in Maritime Community ［D］. Library of Kobe University,Kobe University,2007. 1，P56-57.

（宋宁而：中国海洋大学法政学院讲师 山东 青岛 266100）

我国海洋科学专业毕业生就业流向浅析

——以中国海洋大学为例

乔宝刚　李秀光　薛清元 ■

摘要:21世纪是海洋的世纪,开发海洋已成为我国的根本性战略,其核心是海洋人才的竞争。作为涉海高校,不仅应该在21世纪的海洋科学事业方面有大的作为,而且在海洋科学人才培养方面也应该有大的发展。本文以中国海洋大学为例,从全国海洋科学专业毕业生就业情况、就业流向、专业建设三个方面进行探讨,给出建议。

关键词:海洋科学;毕业生;就业流向;创新

21世纪是海洋世纪已成为全球性的共识,不仅表现在21世纪是人类全面认识、开发和保护海洋的新世纪,而且更重要的是培养高水平海洋科学人才的新世纪,这已成为各国发展和人类进步的根本性战略。21世纪,海洋将成为决定我国经济实力和政治地位极其重要的因素,为了把我国由一个海洋大国发展成一个海洋强国,作为涉海高校,我们不仅应该在21世纪的海洋科学事业方面有大的作为,而且在海洋科学人才培养方面也应该有大的发展。

一、海洋科学专业毕业生就业情况

国家对于海洋科学采取积极支持发展的政策,也大力发展海洋科学的教育。目前海洋科学专业的毕业生一般采取自主择业、双向选择的就业政策。近年来随着行业的发展,目前该专业的毕业生就业状况较佳,特别是海洋资源开发、海水养殖、海洋生物医药、海上运输、海洋油气开发和食品工业等部门吸收人才最多。近几年,我国在海洋科学上取得了巨大的成绩,尤其是在海洋资源利用、海底石油勘测、海产品生产等方面,已经达到世界领先地位。因此本专业就业形势良好,由于本专业工作环境的特殊性和国家的政策倾斜,从业人员的收入状况良好,且有持续增加趋势,特别是本专业的高级人才供不应求,所以行业制定优惠政策以吸引人才。

中国海洋大学自1959年以来,为国家培养了数万名涉及物理海洋学、海洋化学、海洋生物、海洋地质、海洋水产、海洋工程、海洋气象等专业的海洋科学研究、教学和管理的专门人才,其中的优秀代表已成为中国科学院和工程院院士、长江学者特聘教授、国家杰出青年基金获得者等我国海洋科学的栋梁之才,在海洋科学研究、教学、生产和管理等岗位上发挥着骨干作用。由于培养的人才质量较高,我校海洋学科的各类毕业生,包括本科生、硕士生和博士生都受到了用人单位的广泛欢迎和高度评价。以我校海洋科学本科毕业生为例,近五年就业率均达到90%以上,就业情况良好。

二、海洋科学专业毕业生就业流向分析

进入21世纪,随着海洋科学研究的深入、领域的扩大以及海洋资源的开发和海洋环境保护力度的加大,国家对海洋科学人才的需求不断扩大,由此带动了海洋科学教育规模的增大。以中国海洋大学为例,2008~2010年,三年共培养海洋科学本科毕业生270人,为2005~2007年培养总人数的1.8倍,为国家海洋事业发展输送了大量人才。然而,学生数量的增多并未直接促使学校毕业生从事海洋事业人员的增加,本科毕业生升学比例保持稳定,到涉海单位工作的比例低于2008年前,到非涉海单位工作比例近10个百分点,海洋科学专业毕业生到对口领域工作人数保持稳定,比例下降。我们通过走访用人单位,召开学生座谈会,分析存在以下几方面的原因。

(一)基层涉海岗位难以得到学生青睐

开发利用、综合管理海洋必然需要大批的相关专业人才,而其中相当大一部分需补充到各基层涉海单位。而在一些学生的习惯和意识里,基层单位就是偏僻、落后、艰苦和困难的代名词。在基层工作的人好像低人一等,不如在城市就业的人能力强、水平高、本事大,不如在城市有发展前途。另外,政策性歧视也是有增无减,不管是资金安排还是发展机会,不管是资源配置还是人员分配,人们总是习惯把城市放在首位,然后才想起基层。基层涉海岗位难以得到学生青睐。

(二)部分学生改变职业兴趣

海洋科学专业旨在培养具有良好科学素质,系统而扎实的数学、物理基础,掌握海洋科学基本理论、现代海洋调查和资料分析技术以及计算机应用与信息处理技术,具有从事海洋科学研究和海洋调查基本能力的高级专门人才。在专业学习过程中,部分学生的职业兴趣在对专业认识逐渐深入的过程中,经历实践而引起兴趣的变化,产生了新的兴趣发展方向,而有的是对自己的职业兴趣停滞发展了,毕业后选择了新的职业方向。

(三)国内众多院校开设海洋科学专业,人才竞争加剧

我国目前涉及海洋科学领域的高校有中国海洋大学、大连海事大学、哈尔滨

工程大学、上海海洋大学、厦门大学等 37 所高校的院、系和专业，涉及海洋教育领域的中等专业学校有 29 所。上述大中专学校和开展学位教育的各类其他海洋研究所构成了中国现行海洋教育体系的主体，每年为海洋科技应用领域培养了大批专业技术人才。国家海洋局于 2010 年 9 月与清华大学、北京大学等国内 17 所高校签署协议，全面实施中国海洋人才培养战略，海洋科学专业毕业生逐年递增，人才竞争加剧。一些毕业生由于海洋领域遭遇就业竞争激烈的问题，为了完成就业的过渡，他们暂时选择转行，在转行的过程中他们有的通过学习而适应甚至胜任了该职位的需要；并且稳定了自己在该职位发展的信心和兴趣，也有的在这个过程中不能磨合而造成了转行的失败。

三、加快海洋科学专业建设，促进人才合理流动

21 世纪是海洋的世纪，需建立适应 21 世纪要求的海洋科学人才的教育模式和培养规格。各高校应针对自身实际情况，考虑学校的类型和层次定位，合理设置海洋学科专业，制定符合海洋经济和海洋科技发展需要、特色鲜明的海洋人才培养目标，避免海洋人才的趋同性和同质化现象。高校不仅需要转变教育思想观念，推进素质教育，实现由注重专业对口教育向注重全面素质教育转变；由注重知识传授向注重创新能力培养转变；由注重单纯的学科系统性向注重整体优化的综合性转变，还需加强对学生就业观念的引导，同时探索合作办学模式，帮助毕业生发展专业兴趣。为此，在本专业的建设中须采取以下一些主要措施。

（一）强化学生创新能力的培养

人才培养、科学研究和社会服务是高等学校的三大基本职能，前者主要以教研室的组织形式工作，而后两者主要以课题组的组织形式工作，教研室和课题组二者的关系处理不好，关系脱节就会限制教学内容的更新和科研与教学资源的共享。因此，为了强化学生创新能力的培养，应该形成以知名教授为核心，以海洋科学专业基础课为纽带，可承担系列海洋科学专业课的课程组。这样有利于教学内容更新、科研与教学资源共享、师资队伍的培养以及学生能力的培养；要采取措施鼓励著名教授学者为本科生授课，用高水平的教学和科研成果促进海洋科学高素质创新人才的培养；以学生科研能力的培养为切入点，引导和鼓励高年级学生进入实验室，参与教师的科研工作，开展科技活动，设立科技创新基金，为开展科技活动的学生提供必要的资金支持，并鼓励学生自拟课题开展研究；实验课教学中，要增加综合性、设计性和研究性实验，以利于培养学生的独立思维和创新能力。这样可以真正将知识传授型教学转变为获取知识能力的培养上来，全面提高学生综合分析、科学研究、开拓创新、国际交往等能力，使学生的整体素质能够满足 21 世纪海洋科学发展的需要。

（二）提升学生实践能力

实施实践教学，主要是通过以实验、实训为主要教学形式的课程设置与教学环节，可以更好地将理论与实践相结合，在实验、实训中锻炼学生的动手能力。应将实验、实训与教师的科研开发工作相结合，围绕实验、实训建立相应的研究机构，既可为教师的科学研究工作服务，也可为学生提供实际锻炼的机会，从而有效地提高海洋科学人才培养的质量和规格，并能进一步提升教师的专业水平。在实训项目的选择上，应考虑不同学校的特点，因地制宜，不能将所有的实践教学环节都放在实训基地，应根据实际情况，采取校内实训与校外实训相结合的方法，加强与海洋行业多种形式的、灵活的、全方位的立体式合作，既吸收、利用企业先进的技术、设备，也要考虑为企业创造相应的环境。

（三）加强对学生就业观念的引导

鼓励学生到基层涉海单位工作，除各级政府部门齐心协力采取措施改善基层工作环境，提高工资福利待遇外，学校也需采取多种形式，有针对性地做好毕业生的思想教育工作，使他们树立正确的成才观、就业观，把个人理想和国家需要、社会需求结合起来，使他们认识到"行行可建功、处处可立业、劳动最光荣"的就业观和成才观，告诉毕业生走向基层既有挑战又有机遇，不仅可以大有作为，而且可以大有收获。宣传基层就业优秀典型，营造出毕业生面向基层就业的良好氛围。

A Brief Analysis on Employment Orientation of Graduates in Marine Sciences in China

Qiao Baogang, Li Xiuguang, Li Xiuguang, Xue Qingyuan

Abstract: The 21st century is the century of ocean. The ocean development has become China's fundamental strategy, whose core is the competition of the talents in marine professionals. As a marine university, it should get the high achievement not only in the marine scientific fields of 21st century, but also in the talents training in marine professionals. Taking the Ocean University of China as an example, this paper presents the discussion and suggestion from the aspects of employment results, employment direction and profession construction of the ocean science graduates.

Keywords: marine science; graduates; employment result; innovation

（乔宝刚：中国海洋大学毕业生就业指导中心秘书 山东 青岛 266000）

创办高中海洋教育班　发展蓝色海洋新特色

林光琳 ■

摘要：根据国家、省、市《中长期教育改革和发展规划纲要（2010—2020）》的精神，依据学校独有的办学条件，研究海洋特色教育的开发和实施，形成了独具特色的海洋校本课程体系；创办学校高中海洋教育创新人才培养班，开创海洋教育新局面；不断拓宽与挖掘海洋教育资源，构建坚实海洋教育基地；建立丰富多彩的海洋特色教育活动体系，深入推进海洋教育，打造海洋教育特色品牌。

关键词：海洋教育班；海洋校本课程；海洋教育基地；海洋教育活动

　　培养具有创新精神和实践能力的人才，是我国教育发展的重要目标之一。青岛39中作为中国海洋大学附属中学，在全面推进素质教育、开展蓝色海洋教育、培养海洋科学创新型人才方面有着得天独厚的办学条件。国家和省、市中长期教育改革和发展规划纲要颁布以来，我校积极响应青岛市"推进蓝色海洋教育实验"的精神，深入研究海洋特色教育的开发和实施，形成了独具特色的海洋校本课程体系，成为青岛市教育局首批蓝色海洋教育特色实验先行先试学校，同时被国家海洋局授予首个"海洋意识宣传教育基地"。2011年，39中高中海洋教育创新人才培养班（简称"海洋教育班"，下同）开始招生，成为创新和实践人才培养崭新的亮点。

一、"海洋教育班"创办背景

1. 创新人才培养的需要

　　国家、省、市《中长期教育改革和发展规划纲要（2010—2020）》都明确指出，"以培养创新人才为目标，创新人才培养体制、办学体制、教育管理体制，改革质量评价和考试招生制度，改革教学内容、方法、手段，建设现代学校制度。""支持有条件的高中与大学、科研院所合作开展创新人才培养研究和试验，建立创新人才培养基地。"[1]"支持普通高中办出特色。推进学校办学模式和育人方式多样化、个性化，支持鼓励普通高中建设特色课程，形成自身办学特色。实施高等学校与特色高中联合育人计划，通过联合开发课程、开放高校实验室等方式，对有特殊才能的高中学生进行联合培养。"[2]"探索适应蓝色经济区建设需要的蓝色海洋教育特色,打造教育新品牌,建设海洋科普基地,开发海洋地方课程和学校课程,形成一批以海洋教育为特色的中小学校,推进普通高中多元办学、多样培养、特色发展的有效机制"[3]。这都为学校创新人才培养、特色发展、多元发展,指明了方向,明确了目标。如何创新培养体制,搭建培养平台,构建培养机制,创设培养环境,落实培养措施,成为学校探索的重点。

2. 打破各学段教育的封闭性,建立一种贯通的平台和联结机制

目前,我国各学段教育的封闭绝对性使得各学段教育严重脱节,不利于有效衔接,不利于人才成长,不利于学生未来发展。中国海洋大学管华诗院士曾指出,现在的大学生入学分数高,培养潜力低,带着明显的现实功利色彩考入大学,缺乏专业兴趣、专业基础、专业志向,究其原因,是我国高中阶段,在招生和人才选拔制度、教学内容和教学方法等方面与大学的需求还有较大差距,高中毕业生在选择大学和专业时普遍存在盲目性,尤其缺乏专业发展应具备的实验、研究和创新能力。我们认为,创办高中海洋教育班便是培养高中生未来专业兴趣、夯实专业基础、确立专业志向的重要举措,是在中学与大学之间建立上下贯通的平台与联结机制的重要尝试。

3. 海洋经济方兴未艾,急需大量人才

"21世纪是海洋的世纪",我国是一个海洋大国,但还不是一个海洋强国。我国海洋经济发展有巨大的潜能,国家把发展"山东半岛蓝色经济区"作为2011年第一个通过的国家发展战略。海洋经济已经成为国家和各省、市经济发展的重大课题,中国经济走"可持续发展"的道路就必须要加快开发和利用海洋资源,海洋产业发展空间大,急需海洋类人才。目前我国民众的海洋意识不强,海洋教育尚未普及,还存在着许多值得我们关注的问题。海洋科学知识的匮乏使得一些地方政府决策失误,直接造成对环境与资源的损害。全民海洋意识的唤起,需从加强青少年一代海洋意识教育入手,把海洋知识"进学校、进教材、进课堂",让其从小认识海洋、了解海洋、重视海洋,这就需要也有必要将海洋教育纳入高中阶段。"海洋教育班"的创立就是着眼于山东半岛蓝色经济区的发展和人才需要,面向海洋世纪的人才结构需求,以便在中学阶段充分挖掘学生个性潜力,培养学生专业兴趣、奠定专业基础,为涉海高校输送具有一定专业素质、致力于海洋科学研究的创新型人才。

二、系统规划、优化方案,集多方之力创建海洋班

1. 精心规划,确定方案

自2010年3月起,青岛39中开始启动海洋教育创新人才培养前期准备和

筹划工作。先后制订了《海洋教育创新人才培养工程实施方案》、《课程方案》等一系列草案,在一定范围内讨论征求意见,各学科教研组初步论证了海洋特色课程计划。两次邀请中国海洋大学、科研机构专家学者围绕"海洋教育创新人才"培养召开研讨会,对方案的可行性进行分析与探讨,并多次与中国海洋大学领导沟通,明确意向,扩宽了我校创新人才培养的视角。三次邀请青岛大学课程专家,为课程规划设置出谋划策。外出到上海复旦大学附中等三所试验学校学习考察,借鉴经验。邀请教育局基教处、教研室、督导室、教科所等专家领导论证,经过反复研讨,制订了《青岛三十九中(海大附中)海洋科学创新人才培养工程实施方案》以及与之相配的《课程方案》、《三年发展规划》和《海洋教育班招生方案》,初步形成我校蓝色海洋教育暨创新人才培养的基本思路。

2. 海大积极支持,有效机制保障

青岛 39 中海洋教育创新人才机制的创建得到了教育局和海大领导的高度重视,局领导和大学领导多次给予明确和具体的指导。在教育局和海大的大力支持下,双方签署了《中国海洋大学与青岛市教育局海洋教育创新人才联合培养协议》,委托我校全面实施,积极探索出一条与大学联合培养海洋科学研究创新人才的新模式、新途径和新机制,为创新人才的可持续发展奠定基础,为蓝色海洋教育特色发展铺平道路。

与中国海洋大学签订协议,一是联合培养,海大派专家团队直接参与过程培养,坚持"人人有课题,人人搞研究,人人出成果"的培养方式,提高创新能力。二是单独设立自主招生政策,针对海洋教育班,海大将"单独投放指标,单独制定招生录取办法"。三是拓宽发展渠道,国家海洋局、海大帮助联系厦门大学、日本东北大学以及美国涉海大学等高校,为学生提供考察、游学的机会,为学生深造提供更多选择。

3. 引进海洋科研人才,打造高水平教师团队

为促进学校海洋特色教育的专业化,提升我校海洋教育师资水平,我校与中国海洋大学以及青岛的海洋研究机构合作,逐步引进蓝色海洋教育的高级人才。我们引进了曾两次参加南极科考的海洋科学方面的博士生,作为课题研究、科考实践的指导老师;聘请海洋科研专家组成专家团,定期组织论坛讲座;大学教师组成讲师团,定期开设特色校本课程和大学预科课程,指导课题研究;研究生、博士生组成志愿者服务团,定期指导课程学习、任务实验、研究性学习、课外活动、带领课题研究,邀请加拿大北极科考首席科学家来我校访问等。师资力量雄厚、导师团队充实、科研队伍壮大,这些办学要素将对我校"海洋教育创新人才培养班"的建设起着重要影响。

三、发挥海大资源优势,构筑校本海洋课程体系,开发附中品牌

中国海洋大学是全国"211"和"985"建设项目高校,在海洋科学研究领域处于全国乃至世界领先地位。学校作为海洋大学附属中学,在开发建设海洋特色以及海洋教育创新人才培养方面享有得天独厚的优势。海大的各种教育资源都为学校发展提供便利,在师资队伍和课程建设、实验考察、学生研究性学习、综合实践活动、参与课题、自主招生等方面享有独特优势,为创新人才培养提供支持。

目前,全校性海洋知识普及教育已经初步具备基础,以海洋教育为载体,以培养学生的专业兴趣、专业基础和专业志向的课程体系、培养机制以及发展规划已构建完备。初中基础年级开设了选修课,组织了相关学习研究活动,培养学生热爱海洋的兴趣和对海洋的初步认知。高中已开设了海洋物理、海洋化学、海洋生物、海洋地理等海洋类校本选修课程,激发了学生研究、探秘海洋奥秘的浓厚兴趣,调动了学生研究海洋奥秘的积极性,办学质量不断提高,为海洋大学等涉海高校输送一批专业兴趣浓厚、基础素养发展全面、富有创新意识的优秀学生成为可能和现实。

四、积极拓宽海洋教育资源,构建坚实海洋教育基地

2011 年 4 月 18 日,我校与中科院黄海水产研究所、青岛海洋地质研究所、青岛水族馆等驻青海洋科研机构签订《海洋教育联合育人协议》,中科院黄海水产研究所、青岛海洋地质研究所、青岛水族馆成为我校海洋教育实践基地。通过与科研院所团结合作,优势互补,实现海洋科学研究机构与优质高中的强强联合,借助双方资源优势,构建基础教育阶段海洋特色教育体系,探索高中创新人才培育的新机制,积极推动海洋科技人才的培养和海洋科普工作,为青岛海洋城市的建设、海洋科技的发展和海洋文化的繁荣发挥积极作用。

我们以国家海洋局授予全国首个"海洋意识教育基地"称号为契机,制定了旨在培养学生的实验、研究和创新能力的系列海洋特色实验课题和海上科考活动,国家海洋局北海分局将给予大力支持,而且,作为后续科考系列活动,首个海洋班的海上科考将于 7 月 23——29 日举行。随后,进一步加强与青岛其他海洋研究机构的合作,为海洋教育提供更多课程和实践资源。

今年暑假,经过精心准备和专业培训,我校中学生志愿者团队将进入青岛科技馆的海底世界为来自天南海北的旅游者进行讲解,将充分展示青岛中学生的海洋专业基本素养和良好精神面貌。

五、海洋教育深入推进，特色活动丰富多彩

为引领学生走进海洋科学，激发学生了解海洋、研究海洋的兴趣，我校定期举办各类"海洋专家进附中"系列讲座，组织学生不定期地参观中国海洋大学和其他科研实验室，观摩高校研究生的实验过程，启发学生对海洋科学的兴趣；还通过开展海洋科技知识竞赛、海洋科普展、海洋科普图书阅读等活动，在全市范围内培养出一批对海洋科学有浓厚兴趣的学生，2011年1月25日，我校与青岛晚报联合举办的"蓝色畅想、海洋探秘"海洋科普冬令营更是将"敢于探索、勇于创新"的科学精神传递给了岛城年轻的学子。

2011年5月22日，我们组织的全国首次中学生海洋科考活动，受到社会各界的极大关注，中央电视台、山东电视台、青岛电视台都给予了报导。中学生海上科考队成员们，在规范严格的专业技师指导下，通过亲手实验，了解海洋气象、海洋物理、海洋化学、海洋生物等多方面的海洋科学研究工作的内容；通过亲身实践，提高对海洋的认知能力和兴趣，并近距离感受科学工作者应该具备的专业素质。

今后我校将进一步加强与青岛其他海洋研究机构的合作，充分利用海洋教育优势资源为海洋教育班提供更多课程和实践资源，逐步建立起自己的海洋科技实验室、海洋特色图书馆，并进一步加强与国内外各海洋研究机构的合作，通过积极参与海洋科研项目，让学生直接参与课题研究。同时，我们还要进一步丰富海洋特色活动，如凭借青岛39中深厚的艺术底蕴，举办以"海洋"为主题的海洋艺术节（绘画、舞蹈）等科技创新活动。在海洋课程开设方面，进一步完善、拓广和细化，如海洋食品、海洋军事、海洋通俗文化等等的设置，使课程内容更加丰富和多样化。随着海洋教育班办学经验的深入，我校将编写高中《蓝色海洋特色教育》校本课程，使高中阶段关于海洋教育的丰富经验得到更广泛的推广。

总之，海洋教育班在万众瞩目中成立了，尽管今后还有漫长曲折的路要走，但我们一定会坚定不移地走下去。我们相信，通过我校自身的努力和各方的支持和帮助，青岛39中海洋教育的未来一片光明。

参考文献：

[1] 中共中央国务院印发.《国家中长期教育改革和发展规划纲要（2010—2020年）》[N]. 中国教育报，2010-07-29.

[2] 山东省委省政府印发.《山东省中长期教育改革和发展规划纲要（2010—2020）》[EB/OL]. http://www.sdedu.gov.cn/sdedu_ztxx/qsjygzh/[2011-03-06].

［3］青岛市委市政府印发.《青岛市中长期教育改革和发展规划纲要（2010—2020）》［EB/OL］. http：//www. qdedu. gov. cn/qdedu/index. html［2011-06-05］.

Setting up Marine Education Classes and Developing New Features in High School

Lin Guanglin

Abstract：In the light of the "Outline of China's National Plan for Medium and Long-Term Education Reform and Development（2010-2020）" and its implementations by the provincial and municipal governments，our school relies on its unique conditions and conducts research into the development and implementation of marine education，and develops a school-oriented marine curriculum system. As a high school，we set up the marine education class for the cultivation of innovative talent and break a path for marine education. We continue to enlarge and tap the resources for marine education and construct a solid base for it. We build up an education system with rich and colorful marine-related activities and hope to promote the marine education and make it an outstanding brand of our school.

Keywords：marine education class；school-oriented marine curriculum；marine education base；marine education activities

（林光琳：中国海洋大学附属中学副校长 山东 青岛 266003）

区域推进现代海洋教育　全面提高学生海洋素养

唐汉成　戴建明 ■

摘要：随着国务院批复同意浙江舟山群岛新区的设立，舟山市普陀区教育局提出以区域推进现代海洋教育接轨新区建设，力图构建以现代海洋教育为切入口（特色）的素质教育框架。本文就该区的现代海洋教育的意义、内涵、目标、框架和主要举措等作了简要的阐述。

关键词：现代海洋教育；素质教育

一、问题的提出

舟山是我国唯一的海岛型设区市，区位条件优越，拥有丰富的海岛、深水岸线、渔业、旅游、矿产等海洋资源。随着浙江舟山群岛新区的成立，舟山将在更高层次上参与国际港口、物流及航运业的竞争，也对我们如何教育培养海洋专业人才提出了更高的要求。

作为海岛基础教育，如何给学生刻上海洋的烙印，使他们的知情意行终身体现出海洋的"元素"，如对大海的情怀、热爱海岛热爱家乡的情感，对海洋、海岛、渔业、渔村、渔民的认知，"弄海"技能的学习等。特别是通过教育，使我们的学生印上千百年来积淀的海洋文化和我们普陀"开放、务实、创新、进取、公道、大气"的城市精神，使他们更阳光（健康、自信、进取）、更"洋气"（有海洋气质：大气、开放、创新）、与众不同，这就需要改革我们现行的教育弊端，使我们的教育观念、思维方式和教师、学生素质都要适应形势的发展。我们在总结已有一定基础和特色的海洋教育基础上，提出以现代海洋教育作为切入口，改革现行的教育，使普陀教育成为与舟山海洋综合开发试验区相适应的"教育改革试验区"，成为推进我区教育内涵发展的途径、素质教育的平台、区域教育的品牌。

二、核心概念与目标

狭义上的现代海洋教育，就是海洋专题教育，指在现代国际关系、现代国际海洋法和海洋强国战略的背景下，以跨学科为特征、以现代人及国家与海洋的关系为核心内容的一门教育科学。目的是唤起受教育者的现代海洋意识，提高预见和解决海洋问题的技能,树立正确的海洋价值观、道德观、可持续发展观和海洋国家观,促使受教育者由传统"陆地思维"向"海陆协调思维"转变。广义上的现代海洋教育是培养具有现代海洋素养、适应海洋经济发展的现代海洋人的教育,是大教育。这也是我们致力推进的现代海洋教育,因为单纯的海洋专题教育已不能达到适应与促进新区建设的目的。

我们期望通过持续推进现代海洋教育,一方面,建构适合中小学的现代海洋教育体系;另一方面,将海洋文化和海岛城市精神融入培养现代海洋人的教育目标,建构起主动适应海洋经济社会发展的基础教育体系。以现代海洋教育为切入口,改造我们的学校、教育,转换育人模式,逐步建构起学生由课内、课程为主转向以应用为导向、以实践为主要方式的学习模式。使学生能运用所学知识和技能,有效进行分析、推论、交流,提高学生在各种情景中解决和解释海洋问题的能力,即提高学生的海洋素养,培养"阳光+洋气"型的学生。

三、主要内容

我们力图构建以现代海洋教育为切入口(特色)的素质教育框架。为了便于操作,我们将现代海洋教育分为现代海洋专题教育和以海洋为切入口的素质教育两块内容,这并不是说二者是相互割裂的。

(一)现代海洋教育的专题内容

现代海洋教育的专题内容框架,初步确立为:

表1　海洋教育专题内容框架

一级主题	二级主题
海洋资源与保护	海洋生物资源 海洋矿产 海洋清洁能源 海岛开发与保护 海洋环保
海洋科学与应用	海洋物理与化学 海洋地质海洋地理(地形) 海洋气候(海洋气象) 海洋应用科学

（续表）

一级主题	二级主题
海洋经济与社会	现代海洋渔业 海洋食品与加工 海洋休闲旅游 现代海洋物流 海洋生物科技 现代海岛城市
海洋历史与文化	海洋历史 海洋文学 海洋艺术 海岛非物质文化遗产 海洋民俗信仰与祭典
海洋军事与国防	海洋国土 现代海军 海军武器 近现代海战

（二）以海洋为切入口的素质教育内容

以海洋为切入口的素质教育内容，初步设计为：

表2　以海洋为切入口的素质教育内容

核心要素		主要内容	实施要求
教育教学	海洋德育	德育课程	建立梯次递进、符合青少年成长规律的德育培养目标，构建具有海岛特色的德育课程体系。将海洋文化与普陀城市精神纳入德育课程
		德育方式	注重海洋体验，引导学生在走访海岛、渔村、渔民等生活实践中形成良好的品德
	海洋体育	海岛民间体育	传承舟山船拳、民间棋类、传统儿童游戏等民间体育
		阳光体育	开展具海洋特色的阳光体育和运动会
	海洋艺术	海洋音乐	传承渔工号子、舟山锣鼓、跳蚤舞等音乐舞蹈
		海洋美术	传承普陀渔民画、船模、剪纸等民间美术和手工技艺
		海洋科艺节	组织开展一年一次的具海洋特色的科技艺术节

（续表）

核心要素	主要内容	实施要求
教育教学	海洋课程	
	职教专业课程	开设合符普陀海洋经济和舟山群岛新区需要的前沿课程,如海洋清洁能源、港口物流等
	综合实践活动课程	以现代海洋教育为内容、以体验活动为主要学习方式,重视海洋科技研究性学习和海洋科普教育
	海洋教育地方、校本课程	开发并上好现代海洋教育地方课程、校本课程,重视海岛非物质文化遗产的传承教学
	国家课程的海洋化	适度改编音乐、美术、体育等国家课程的内容,增添地方海洋特色的内容
	海洋实践活动基地	拓展 3～5 个具有不同功能的学校海洋实践、实训基地:如海洋军事、海洋研究性学习、海鲜烹饪等。每所学校都有自己的实践基地
	海洋课堂	
	海洋课堂文化建设	建构大气、开放、创新的海洋特色的课堂文化
	学科渗透海洋教育	教案中增加现代海洋教育内容渗透的栏目,选择合适方法进行有机渗透
	海洋评价 海洋教育的评价	以 PISA 理念为指导,建立 3、6、9、11 年级学生海洋知识、能力的测评体系
	海洋校园文化	
	特色文化	构建行为管理规范、海洋特色鲜明、人海和谐共处、环境典雅别致的学校文化
	特色活动	开展海洋读书节活动;海洋争章活动等
教师发展	专业素质	提高校长和教师对现代海洋教育课程的领导力和执行力。建立有效的校本研修激励机制,促进现代海洋教育教师团队和梯队建设,加强"涉海""双师型"教师队伍建设
	课题研究	牵头学校、核心学校都有学校现代海洋教育大课题,1/3教师参与研究。倡导行动研究解决现代海洋教育教学实际问题,积极推动校际科研协作体建设,促进现代海洋教育课题研究成果的推广与转化
学生成长	综合素养	培养目标:阳光＋洋气。阳光:健康、自信、进取。洋气:大气、开放、创新
	学习方式	以现代海洋教育为切入口,逐步建构起学生由课内、课程为主转向以应用为导向、以实践为主要方式的学习方式

四、保障机制

(1)加强现代海洋教育的领导和管理。各校要成立领导小组,把现代海洋教育纳入学年工作计划和学校三年(高中五年)发展规划,加强制度建设,落实管理责任,建立现代海洋教育的长效机制;要积极探索建立有利于现代海洋教育实施的评价体系,教育局每年进行一次现代海洋教育推进工作先进集体和个人的评比,定期开展现代海洋教育特色学校评比。

(2)加强现代海洋教育理念进头脑、进课堂。各校要把现代海洋教育列入教师业务培训的重要内容,依托区本培训和校本培训,对全体教师进行有关现代海洋教育基本知识和必备能力的基础培训,引导教师转变传统教育观念,以培养现代海洋人为目标,将现代海洋教育作为教育工作的重要内容抓实抓好。全体教师要把现代海洋教育理念落实到每一节课中,认真做好现代海洋教育的学科渗透和海洋文化的传承。

(3)加强现代海洋教育校本课程和专题课程的落实。课堂是海洋教育开展的主渠道,只有确保课时,才能使海洋教育不流于形式。牵头学校每周应有2课时、网络学校原则上应有1课时的时间用于海洋教育,也可以学期总课时的同等量计。综合实践活动原则上以海洋教育为主,不够课时从地方课程、校本课程课时中统筹安排,有的实践活动也可以在确保组织的前提下以更灵活的方式开展。普通高中和职业高中可结合研究性学习或开设相应的专题课、选修课等进行落实。师资以综合实践活动和地方课程教师为主。教育局和学校要加强教师的培养与指导,使海洋教育更好地与当前的省、市地方课程与学校课程相整合。

(4)加强现代海洋教育资源的开发和利用。各校要积极协调相关部门,利用青少年活动场所、社会实践基地、海洋科技馆、海洋休闲基地等作为现代海洋教育基地,对中小学生进行现代海洋教育。要加强现代海洋教育的软件建设,建设并利用好区海洋教育网站,积极开发图文资料、教学课件、音像制品等教学资源,利用网络、影视等丰富现代海洋教育的内容和手段。

(5)加强现代海洋教育项目共同体建设。在各校申报的基础上,组建了海洋德育、海洋体艺、海洋课程三大项目共同体,要求牵头学校:从认知教学、实践活动、课题研究三个层面全面开展活动,努力探索"阳光＋洋气"学生的培养途径;学校和教师应为网络学校提供可操作的经验、案例和信息资料,组织和指导网络学校开展相关课题研究;应注重海洋教育社区化、社会化的辐射作用和示范作用,提高居民的海洋意识;多渠道建立海洋教育的活动基地和实验场所(室);每学期组织1—2次共同体活动,活动要有主题、有计划、有成效,力求每次活动能解决相应海洋教育项目的重点、难点问题,完成共同体项目的课题报告。对网络学校的要求:积极参与共同体活动,操作上重认知或活动、抓成果应用,参与共同体的子课题研究,确保项目取得成效;相关项目的主渠道学科教师海洋知识、技能丰富,教学中能有机渗透,并将此逐步建设为校本课程;班主任要学习海洋知识,树立海洋意识,每学期至少召开1次海洋主题班会;组织学生进行海洋实践、志愿服务等,做到海洋意识的普及与提高相结合。

(6)加强现代海洋教育的研究。各项目牵头学校必须有一个海洋教育的子课题(课题指南见总课题方案),其他有条件的学校也应有子课题。同时要引导广大教师结合自己的工作实际,积极开展现代海洋教育课题研究,要以教育教学过程中遇到的各种问题和需要为主线,通过校本研究活动,明确现代海洋教育的重点、难点,形成具有学校特色的理论和实践成果。以课题的持续深入研究,不断深化现代海洋教育。

Advancing Modern Marine Education by Regions to Fully Enhance Student Marine Quality

Tang Hancheng, Dai Jianming

Abstract: With the State Council approving the establishment of Zhoushan Islands District, Putuo District Education Bureau of Zhoushan City announces to advance modern marine education to support the new district construction, trying to build modern marine education featuring the quality education framework. The significance, connotation, objectives, framework and major initiatives of the modern marine education are briefly described in this paper.

Keywords: modern marine education; quality education

(唐汉成:浙江省舟山市普陀区教育局局长 浙江 舟山)

附　录

我国首届海洋教育国际研讨会综述[*]

宋文红　马　勇　江文胜 ■

　　由中国海洋大学主办的我国首届海洋教育国际研讨会于 2011 年 10 月 24 ～25 日在青岛召开。共有来自美国、英国、加拿大、日本、韩国、新西兰等国家 11 所大学的 17 位专家和国内 31 所大学和教育机构的上百位专家学者聚集一堂，围绕"中外海洋教育的改革与发展"主题展开研讨。教育部高等教育司刘贵芹副司长，国家海洋局人事司周金弟副司长，青岛市王广正副市长，中国海洋大学吴德星校长出席大会并致辞。大会特邀了中国科学院院士冯士筰教授担任学术委员会主席并作主旨发言。围绕"海洋学科专业教育的改革与发展"、"海洋教育的新进展和新趋势"、"大学改革与人才培养"等议题，参会者从不同的理论视角和专业领域展开了一天半的大会和分论坛研讨，在一系列跨学科或多学科的广泛学术交流中，分享了世界范围内海洋教育的实践经验和理论成果。依据会议研讨和所提交的论文情况，从六个方面择要述之。

一、遵循海洋科学教育规律，改革人才培养模式，满足国家需求和社会经济发展，成为各国研究型大学的重要使命

　　中国是世界上利用海洋最早的国家之一，在此过程中获得的海洋相关知识，通过著书修志、舆图建造，或刊行或师承传授，发挥了海洋教育的初步作用，但直到新中国成立之后才真正在大学开始海洋科学的教育。中国科学院院士冯士筰教授回顾了中国高校开展海洋科学教育的发展历程，将其划分为 1946 年以前的无为期、1946～1981 年的海洋科学专业教育时期以及 1981 年至今的完整学位教育体系时期三个阶段。特别指出，伴随着中国高等教育的大发展、涉海大学以及大学的海洋科学专业教育发展迅速，而海洋人才的培养是实现建设海洋强国梦想的重要保证，应对国家需求是海洋教育者的使命，因此海洋科学教育未来应在突出特色、分类教育和本硕衔接等方面深化改革。

　　曹文清教授围绕着"研究性教学与创新人才培养"，回顾了厦门大学自 1946

---

　　* 本文已刊于《中国大学教学》2012 年第 3 期。

年建立海洋学系以来的学科发展历程,以及目前根据国家需求而确定的海洋科学人才培养目标定位:以地球科学系统下的大海洋科学为基础,跨越理科范畴,融合其他科学,培养有国际竞争力的高水平研究型人才和高端技术人才及创新型高素质管理人才。在该目标下,厦门大学利用自身海洋科学的学科优势和科研优势,形成了研究性课程教学和海洋科学实践教学体系,以及海洋科学研究型教育的实践成效。中国地质大学(武汉)也是依托地学优势,创办了具有自身特色的海洋科学专业。其学科发展目标定位和建设目标是以国家目标和学术前沿为导向,以重大海洋地质问题、重要海洋资源和环境为目标,发挥地质大学的地学特色和综合实力,积极参与解决海岸带工程与环境问题,服务我国海洋产业。傅安洲教授以"地球系统科学中海洋科学专业创办探索与实践"为题,介绍了中国地大在海洋科学专业培养方面的办学经验。

海洋科学不仅涉及自然科学,还涉及政治、经济、法律等社会科学,因此,海洋科学教育具有跨学科特征,改革传统培养模式成为趋势。日本东京大学海洋联盟副机构长、大气海洋研究所木暮一啓教授,从历史缘起、组织和教育体系、实施意义等方面介绍了东京大学海洋联盟教育体系(AORI)的构建。分布在东京大学十个学院的至少230位从事海洋科学的研究者或教育者在各院自成体系的教育模式中缺少联系,需要一个跨学科的海洋教育联盟来推进海洋教育的人才培养。其跨学科教育模式改革的宗旨是为实现东京大学服务国家,特别是在实现日本确立的作为海洋国要为世界海洋作贡献的目标上发挥作用。

国内与会代表在发言中多次提到,2011年9月教育部和国家海洋局签署协议,合作共建17所教育部直属高校,大力发展海洋高等教育,培养造就一支规模宏大、素质优良的海洋人才队伍的举措。共建高校表示将积极发挥人才培养优势和科技创新优势,积极开展海洋战略、产业经济、政策法规等方面研究和科技难题攻关,为国家和地方海洋事业发展,为培养国家未来的海洋人才做贡献。

二、发挥大学的智力优势,探索海洋教育和研究的多元模式,推动大学国际化,是当前中国大学海洋科学教育发展的必由之路

海洋事业是全人类共同的事业,也是科学技术密集和人才密集型事业。在开展海洋科学教育方面,国外有很多值得借鉴的经验。以美国为例,建于1966年的《国家海洋赠款学院计划》(NSGCP),充分利用大学资源,致力于实现海洋资源的可持续发展,改善沿海社区的生活水平和促进国家经济的发展,发展至今已有数百所大学和科研机构加入,大大提高了美国国家海洋资源研究及成果应

用的能力。① 德克萨斯 A&M 大学即是美国首批被授予海洋赠款学院称号的四所大学之一。来自德克萨斯 A&M 大学的 Piers Chapman 教授介绍了自 2006 年开始,该校与中国海洋大学在海洋科学领域联合培养博士生的实践探索和成功经验,并提出:向本科生培养延伸、鼓励更多的美国学生学习汉语并来中国大学学习、拓宽合作的专业领域、增进全方位的合作与交流等持续发展的思路。该合作项目起于两校之间海洋科学家的科研合作,进而带动了人才培养的合作。英国利物浦大学的 Chris Frid 教授在报告(Teaching Marine Biology in the 21st century:Evolution or revolution?)中强调海洋生物学与全球水、食品和能源供应大挑战的持续而密切的关系,提出基于培养全球公民,进行国际研究、国际贸易而进行研究合作、学生交换和使大学成为合作伙伴等国际化视野下的路径思考。

美国克拉克森大学的 HungTao Shen 教授介绍了美国国家科学基金资助下(2000—2009),来自美国 41 个州 132 名学生在中国海洋大学和大连理工大学合作开展"中美海洋科学与工程本科生国际研究项目"的实施过程和经验,总结了学生和指导教师两个方面的收获及问题,最后指出:学生的国际化意识提升、教师的国际化参与活动、海外大学的国际化合作项目、暑期国际项目特别是国际合作项目、学生课程项目的早期规划等是可借鉴的海洋人才培养的国际化模式和路径。

加拿大魁北克大学的海洋科学研究、培训和创新协同机制是大学协同创新的一个优秀案例。拥有 5 万人口的魁北克市,人均拥有大学学位的比例高达 21.3%。大学则是魁北克地区社会经济发展的心脏,1.5 万学生来自 45 个国家,海洋科学研究是其优势。魁北克大学 Rimouski 校区的 Serge Demers 教授认为,凭借着科研及教育机构、技术转让及研究中心以及以创新为主的中小企业等三个层面的战略,魁北克海洋地区与魁北克大学共同协作,将自己定位成国内外海洋科学和技术领域的领先者。上述各科研及教育机构所产生的专门技术、知识和技能成为创新的动力源,进一步推动这一前沿市场。因此,大学及其合作伙伴被认为是直接为社会提供了人力资本、各种知识以及创新思想,形成了良性互动机制。

三、特色立校,传承创新,深化涉海学科专业体系改革,不断提高人才培养质量,是各校实现发展目标的重要保障

"港航并重、海河兼顾"是河海大学所秉承的特色,郑金海教授从理工交叉、构筑多学科支撑发展的海洋专业,培养国家急需的综合性海洋人才等方面介绍

---

① 参见李文凯在《全球科技经济瞭望》杂志发表的美国的《国家海洋赠款学院计划》2004 年第 6 期。

了该大学的探索和改革。特别是在国际化背景下,该校积极引进国际著名大学的开放课程作为教参,加强海内外学生交流的实践,有效促进了人才培养质量的提升。

"立足海岛办学,培养应用型海洋人才"是浙江海洋学院的人才培养特色。苗振清教授介绍了该校坚持特色,本着服务海洋事业发展的使命感,对接海洋产业、行业及社会需求,从调整优化学科专业结构、强化师资队伍建设、提高创新能力培养、创新人才培养机制等方面进一步完善海洋人才培养体系的实践。

前身是创建于 1912 年的我国第一所水产学校的上海海洋大学,提出"立足水产,面向海洋"的办学思路,确定了新时期的办学目标:成为水产、食品、海洋等学科优势明显,多学科协调发展,对生物资源、地球环境等具有高度诠释能力,在国际上有重要影响的,开放的教学科研型高水平特色大学。程裕东教授介绍了其在"新型海洋人才培养"方面的实践成效,彰显出学校的特色和发展的势头。同样是从水产学院更名为海洋大学的大连海洋大学也是以水产养殖、海洋科学和食品科学与工程等为主体学科,确立了以"两面(面向国家海洋事业、面向区域经济建设发展)两线(海洋经济产业、海洋科学研究)为主体,多层次多学科协调发展"的思路。张国琛教授以"海洋学科专业发展规划和构想"为题,着重介绍了该校学科—专业一体化建设、学科专业群建设等特色发展实践。

地处我国大陆最南端以及海洋大省的广东海洋大学,明确使命和目标,紧紧围绕广东省海洋经济发展对人才的需求,不断优化结构、突出特色,构建海洋人才培养模式和体系。叶春海教授着重介绍了学校在实施"双百工程",培养创新型海洋人才方面的探索。学校从每年新入学的本科生中选拔二百名优秀生,分学术类和管理类进行重点培养,通过夯实学科基础、培养科研创新精神或管理能力、提高学生适应能力的三段培养模式,力争培养卓越人才。

四、海洋科学人才培养注重基地建设和实践教学环节,海洋学科专业创新人才培养得到不断强化

海洋科学是属于地球科学,实践教学是非常重要的人才培养手段,多位与会专家围绕此问题进行了报告。首先,作为海洋科学新知识根本来源的野外观测是实践教学的重要组成部分,来自南京大学的张永战副教授介绍了该校在江苏海岸建设的海岸海洋实习基地情况,他从该区域的基本地学特征和蕴含的科学问题出发,明确了教学内容,进而结合基地的具体情况,提出了实践教学组织形式,并总结了教学取得的实效。该海岸野外实习基地的建设思路值得借鉴。

开展实践教学的形式是多种多样的,来自上海海洋大学的韩震教授介绍了该校海洋技术专业借助大学生创新活动这一平台,开展实践教学的经验。而中

国海洋大学的刘春颖副教授则全面介绍了国家理科人才培养基地——中国海洋大学化学基地进行海洋化学创新人才培养的做法,她的报告显示,在合理安排理论及实验室教学的基础上,海上观测实践教学对于海洋化学人才培养是十分必要的。而厦门大学的郑爱榕教授则将海洋科学实践能力的培养,拓展到海洋科学专业以外,将其纳入到跨学科素质教育中,在厦门大学取得了良好的成效。

　　当然由于海洋科学的特殊性,要想培养海洋科学的高级专门人才,必须要考虑到除其地学属性之外的如物理、化学等基础学科属性。中国海洋大学的江文胜教授则介绍了他们面向物理海洋人才培养的实验教学体系的构建,该实验教学体系紧密联系理论教学,以物理海洋人才所必需的实践能力为导向,构建了野外观测、物理模型实验、数值模型实验有机融合的教学体系。

五、海洋教育新进展、新趋势的一个重要体现是海洋人文与社会科学研究的持续开展和多种类海洋教育活动的不断拓展

　　21世纪是"海洋的世纪",特别是在陆地上人口越来越多、资源越来越短缺的情况下,人们越来越确信只有向海洋进军才能缓解资源短缺问题,因而,各个国家特别是沿海国家纷纷加大了海洋开发的力度,人类海洋开发实践活动日益频繁。这引起了人文社会科学对海洋的关注。20世纪80年代开始,在厦门大学杨国桢教授等学者的努力下,海洋文化研究在国内发展起来。参会的多所高校近些年来纷纷成立海洋文化研究机构。中国社会学会海洋社会学专业委员会2010年的成立以及开设的海洋社会学论坛颇引人注目。会上,中国海洋大学崔凤教授论述了"海洋世纪"的社会学含义,呼吁建立海洋社会学学科专业并进行了构想。他认为,海洋社会学作为社会学应用研究的一个新领域,研究内容是人类海洋开发实践活动的过程及其影响这一过程的社会因素以及人类海洋开发实践活动所产生的各种社会影响。韩国国立木浦大学的申正浩教授介绍了有关韩国海洋人文社科的研究与教育进展状况。设在国立木浦大学的专门研究海洋人文社科的岛屿文化研究院已有28年的历史,在海洋文学、民俗、历史、社会、文化、环境等方面成为韩国海洋人文社科研究最为权威的机构。该机构在东亚加强国际化交流的同时,正筹备招收海洋文化学专业的研究生,以此推动韩国海洋人文社科的研究和海洋人文社科教育的开展。

　　在欧美和日本等国家,对初中等海洋教育极为关注,并形成了详细的教育体系和内容。在我国则刚刚开始重视,如中学海洋教育班的创设、海洋教育校本教材的开发和课程的开设正处在探索阶段。中国海洋大学附中开始创办海洋教育创新人才培养班,成为青岛市教育局首批蓝色海洋教育特色实验先行先试学校。中国海洋大学附中林光琳介绍了海洋教育特色班的创办历程、指导思想、课程开

设目标、课程体系等,引起了与会者的极大兴趣和对学生未来发展的关注。浙江省舟山市普陀区教育局戴建明关于"区域推进现代海洋教育,全面提高学生海洋素养"的报告,展示了普陀区在促进教育综合改革、全面推进素质教育的背景下整体推进海洋教育改革的精彩"画面",其适合普陀中小学的现代海洋教育的目标体系、现代海洋教育的专题内容、以海洋为切入口的素质教育内容以及加强现代海洋教育校本课程和专题课程的落实等六点保障机制,具有示范价值。海洋职业教育作为海洋教育体系中的重要环节,在培养海洋职业性人才方面发挥着重要作用。宁波城市职业技术学院王孝坤提出了海洋职业教育具有公益性、社会性等特征,应建立政府相关部门多元协同管理体制等认识与观点。宁波县域海洋职业教育集团举办宁波象山县域海洋产业园区的具体举措等,是对我国海洋职业教育发展新途径的探索。

当今海洋权益教育与传媒海洋教育也是我国海洋教育亟待加强和横向拓展的重要内容和途径。中国海洋大学干焱平教授提出了在我国同周边海洋邻国权益之争的背景下,我国同周边海洋邻国海洋权益争议的几个焦点问题,以及维护我国海洋权益的观点,指出进行海洋权益教育的重要性和紧迫性。中国海洋大学傅根清教授从世界各地知名公益广告的视角为大家注解了海洋环境保护的意义和国民海洋环境保护意识培养的新途径,进而说明了海洋教育活动开展的广泛性、大众传媒进行海洋环境保护教育的针对性和有效性。

六、海洋教育以及海洋科学人才培养中的问题和思考

1.海洋科学人才特别是海洋创新人才的培养是一项系统工程,需要全社会的关注

我国高校创新人才的培养成为全社会关注的焦点。在本次会议所介绍的中外合作项目中,也反映出中国学生较美国学生在实践能力方面的不足,以及中国大学教师和学生的国际化视野需要加强等问题。宁波诺丁汉大学的 Paramor 博士则以其亲身教学经验对比了中英两国开展海洋生物教学的异同,她指出:中国学生理论知识方面要优于英国学生,但是在实践方面,中国学生明显缺乏基本的训练,从小缺乏与大自然亲近的机会。实际上这种教育的缺失,不仅仅对海洋科学人才培养不利,对于任何人的成长都是极为有害的。要想改变这一点不仅仅是各级学校的责任,而是包括家庭在内的社会方方面面的共同责任。

2.我国海洋科学人才培养同质化的现象较为严重,需要突出大学的办学特色

同质化问题是中国大学在学校发展目标和专业培养定位上需要特别关注的。尽管各个大学定位不同、学科方向优势不同,但是在发展思路上基本一致。对于学生的培养也体现不出差异化,即使创新人才的培养方案,也往往以所谓的

模式,期望批量化生产人才,这本身就存在着矛盾。海洋类大学和大学涉海学科专业的发展虽有共性,但只有找到适合自身的发展路径,才能真正培养出适合社会多样性需求的各类人才。

3. 中国海洋形势非常严峻,但国民的海洋意识却相对薄弱,急需加强海洋教育

探索和发展海洋成为当今世界各国可持续发展战略的重要内容,而大力开展教育活动、培育国民海洋意识和素养则是该战略实施的重要内容。许多国家和地区在公布海洋及其政策的白皮书之后,又推出了海洋教育方面的政策,将海洋及其相关知识进入中小学以及大学的课堂,培养未来的海洋科技、文化、经济、管理、法律和外交等领域的人才。中国大学所担负的服务国家的使命和为区域经济社会发展的理念已经深入人心。但是大学在实施海洋教育,辐射地方和中小学教育方面乏力。而美国有着成功的案例,其政府、地方和学校全面参与,推进国民海洋意识提升的实践有着很好的可借鉴之处。成立于 2000 年的卓越海洋教育中心(COSSE)是美国国家科学基金会(NSF)组织美国中小学教育工作者、海洋科学家、信息技术专家和高校教师代表共同努力的结果,并有效促进和提升了美国全国性的海洋教育。

4. 海洋教育的"点"少、"面"小,需要建立覆盖全社会的海洋教育体系

如果把我国海洋教育的开展笼统地分为学校海洋教育与社会海洋教育两大类别的话,从实践层面上看,两类教育中都有一些海洋教育的"点",但未连接成"面"。在海洋高等教育中,目前我国有 5 所海洋类大学和近 60 个涉海学科专业,相对于我国千所高校和众多的学科专业,也仅仅是"点",需要发挥综合性大学学科综合与集成的优势,开展面向海洋的研究与培养海洋类高级人才;在海洋中等教育中,虽有少量中小学海洋教育的改革试点和沿海部分区域的改革,但远远未推及数量广大的中小学基础教育;海洋职业教育与成人教育也仅仅处于倡议与起步阶段。因此,在国家实施"海洋强国"战略的新形势下,应不断推进和建立覆盖全社会的海洋教育体系,以培养各级各类海洋创新人才,提高全民的海洋素养。

总之,本次研讨会自筹备以来就受到国家教育部和国家海洋局的支持以及众多高校和学者的关注,会议期间和会议结束后,与会代表和旁听观众都对会议的成功举办给予了高度的评价。本次大会组委会的倡议得到参会学者的肯定,并正式成立了"海洋教育国际联盟",商议了今后会议的召开与交流的可持续发展问题;今后将以主题会议和国际会议的形式持续推动会议交流和研讨,两年一届的国际会议拟定 2013 年由浙江海洋学院承办第二届。此次会议通过分享世界范围内海洋教育的实践经验和理论成果,有助于推进人才培养改革和海洋教育事业的发展,对推进中国海洋高等教育人才培养和改革具有重要的里程碑意义。

2011 年海洋教育国际研讨会组委会与学术委员会名单

1. 组委会

主　　席：吴德星　中国海洋大学校长

执行主席：李巍然　中国海洋大学副校长

　　　　　李华军　中国海洋大学副校长

成　　员：陈　锐　中国海洋大学校长助理 党委、校长办公室主任

　　　　　宋文红　中国海洋大学高等教育研究与评估中心主任

　　　　　戴　华　中国海洋大学国际合作与交流处处长

　　　　　邹卫宁　中国海洋大学国际涉海大学协会办公室主任

　　　　　马　勇　中国海洋大学高等教育研究与评估中心副主任

　　　　　曾名湧　中国海洋大学教务处处长

　　　　　傅　刚　中国海洋大学研究生教育中心常务副主任

　　　　　荆　莹　中国海洋大学党委办公室、校长办公室副主任

2. 学术委员会

主　　席：冯士筰　中国科学院院士、中国海洋大学教授

成　　员：日本东京大学海洋研究所 Kazuhiro Kogure 教授

　　　　　美国德克萨斯 A&M 大学 地球科学学院 Piers Chapman 教授

　　　　　英国利物浦大学环境科学院 Chris Frid 教授

　　　　　加拿大魁北克大学（Rimouski）Serge Demers 教授

　　　　　浙江海洋学院　　苗振清教授

　　　　　上海海洋大学　　程裕东教授

　　　　　广东海洋大学　　叶春海教授

　　　　　厦门大学海洋与环境学院　　戴民汉教授

　　　　　中国海洋大学海洋环境学院　　管长龙教授

　　　　　中国海洋大学环境科学与工程学院　　高会旺教授

　　　　　中国海洋大学海洋地球科学学院　　李广雪教授

　　　　　中国海洋大学海洋生命学院　　包振民教授

中国海洋大学食品科学与工程学院　薛长湖教授

中国海洋大学化学化工学院　杨桂朋教授

中国海洋大学水产学院　李琪教授

中国海洋大学药学院　吕志华教授

中国海洋大学信息科学与工程学院　陈戈教授

中国海洋大学工程学院　史宏达教授

中国海洋大学文学与新闻传播学院　薛永武教授

中国海洋大学法政学院　徐祥民教授

中国海洋大学全国海洋观教育基地　干焱平教授

秘　　书：中国海洋大学高等教育研究与评估中心　宋文红教授

中国海洋大学海洋环境学院　江文胜教授

后 记

《海洋教育新进展》书稿即将付梓之际，我们有如释重负之感。所谓的"重负"是想把学者们在 2011 年首届海洋教育国际研讨会上的优秀成果尽快结集推向学术界、推向社会，看来这一愿望会马上实现。在卸"负"之余，回顾从筹备、召开首届海洋教育国际研讨会，到即将正式出版本书的历程，我们内心自然涌起许多的感谢！

感谢国家海洋局对本次国际研讨会的大力支持与资助，国际合作司张占海司长对于会议的筹办给予具体的帮助与指导，人事司周金第副司长在百忙之中亲自与会，并向大会致辞；感谢教育部高等教育司刘贵芹副司长的会议致辞。

感谢中国海洋大学李华军副校长对本次国际研讨会的统筹、组织与协调，在会议召开前，他两次召开统筹协调会，保证了会议的高效筹备和资源的有效配置与利用；在会议召开中，他不辞辛苦主持了全天的大会报告。感谢校长助理陈锐主任，正是他的外联内引，确保了会议的顺利召开。感谢国际交流与合作处戴华处长，他对本次国际研讨会自始至终的有效指导与协调，保证了本次会议的高质量与国际水准。

感谢参与会议有关工作的教务处曾名湧处长和为本次会议忙前忙后的老师和研究生们，特别是高教研究与评估中心的朱信号编辑、教学支持中心秘书常顺，教育系王海涛和陈凯泉老师等，法政学院和外国语学院的硕士研究生丁里里、周甜甜、李华与孙晓蓓等。

最后还要感谢中国海洋大学出版社的编辑们，她们为本书的面世付出了辛勤劳动。

编者

2012 年 10 月 5 日